高等职业教育水利类"教、学、做"理实一体化特色教材

水力分析与计算

主编　刘承训

主审　李宗尧

www.waterpub.com.cn

·北京·

内 容 提 要

　　本教材是依据安徽省地方技能型高水平大学专业建设方案，本着高职教育的特色，与企业技术人员共同开发编写的教材。全书共分 10 个项目，内容包括：绪论，静水压力分析计算，水流运动基本原理，水流阻力与水头损失，有压管流分析计算，明渠恒定均匀流分析计算，明渠恒定非均匀流分析计算，堰、闸泄流能力分析计算，泄水建筑物下游消能分析计算，渗流基础。各项目配有分析计算例题、常用图表、职业能力训练题。

　　本教材可作为高等职业技术学院水利类专业的教材，也可作为成人专科学校同类专业学员教学辅导以及水利水电工程技术相关人员培训阅读的参考书籍。

　　图书在版编目（CIP）数据

　　水力分析与计算 / 刘承训主编. -- 北京 ： 中国水利水电出版社，2019.8(2022.1重印)
　　高等职业教育水利类"教、学、做"理实一体化特色教材
　　ISBN 978-7-5170-7848-7

　　Ⅰ．①水… Ⅱ．①刘… Ⅲ．①水力计算—高等职业教育—教材 Ⅳ．①TV131.4

　　中国版本图书馆CIP数据核字(2019)第153473号

书　　　名	高等职业教育水利类"教、学、做"理实一体化特色教材 **水力分析与计算** SHUILI FENXI YU JISUAN
作　　　者	主　编　刘承训　主　审　李宗尧
出 版 发 行	中国水利水电出版社 （北京市海淀区玉渊潭南路 1 号 D 座　100038） 网址：www.waterpub.com.cn E-mail：sales@waterpub.com.cn 电话：(010) 68367658（营销中心）
经　　　售	北京科水图书销售中心（零售） 电话：(010) 88383994、63202643、68545874 全国各地新华书店和相关出版物销售网点
排　　　版	中国水利水电出版社微机排版中心
印　　　刷	天津嘉恒印务有限公司
规　　　格	184mm×260mm　16 开本　14.5 印张　362 千字
版　　　次	2019 年 8 月第 1 版　2022 年 1 月第 3 次印刷
印　　　数	4501—7000 册
定　　　价	**42.00 元**

前言

　　本教材是安徽省地方技能型高水平大学建设项目重点建设专业——水利水电工程管理专业建设与课程改革的重要成果，是"教、学、做"理实一体化的特色教材。根据改革实施方案、人才培养目标和课程改革思路，通过水力分析与计算的能力培养过程，结合岗位要求和职业标准，将本课程体系解构成 10 个实施项目。

　　本教材的编写根据项目导向、任务驱动的原则，突出了"以就业为导向、以岗位为依据、以能力为本位"的思想，每一个项目都由若干个任务内容和分析计算实例构成，在传承经典、成熟的理论基础上，引入了新标准、新规范、新技术、新知识。编写过程中力求文字简练、概念清晰、重难点透彻，深入浅出、联系实际，理论上以适当够用为度，不苛求学科的系统性和完整性；力求结合专业、侧重实用，突出实践应用能力训练，体现高等职业教育特色，有利于知识传授和技能培养。学生在学习完项目的基本知识情况下，通过每个项目后配备的职业能力训练题的练习，可以加强实践性训练。这样既能提高对水力分析计算理论知识的理解，又能掌握和巩固水利水电工程技术与管理工作中所需要的知识，提高自身能力和素质。

　　本教材由刘承训担任主编并统稿，宋春发、潘孝兵、陈明杰、周娟担任副主编，由安徽水利水电职业技术学院李宗尧教授主审。编写人员及分工如下：

　　项目一由安徽水利水电职业技术学院周娟编写；项目二由安徽省东至县水务局张志平编写；项目三由安徽水利水电职业技术学院刘承训编写；项目四由安徽省水利水电勘测设计院潘正丰编写；项目五由安徽水利水电职业技术学院陈明杰编写；项目六由安徽水利水电职业技术学院宋春发编写；项目七由安徽水利水电职业技术学院张峰编写；项目八由安徽水利水电职业技术学院潘孝兵编写；项目九由江苏淮安市水利勘测设计研究院汪贵红编写；项目十由安徽水利水电职业技术学院周娟编写。

　　本教材在编写过程中，专业建设团队的各位领导和全体老师提出了许多宝贵意见，学院及教务处领导也给予了大力支持，安徽省水利水电勘测设计院、江苏淮安市水利勘测设计研究院及安徽省东至县水务局也积极参与并给予了大力支持，教材出版过程中各相关单位的领导、专家给予了大力支持和帮助，在此一并表示最诚挚的感谢。

　　本教材的编写，参考和引用了一些相关文献，编者也在此向有关人员致以衷心的感谢！

　　由于编者水平有限，加上时间仓促，不足之处在所难免，恳请读者批评指正。

作者

2018 年 8 月

前言

项目一　绪　　论

项目描述：本项目包括三个学习任务：水力分析与计算的任务、对象与方法，液体的主要物理性质，连续介质和理想液体的概念。了解水力分析与计算的任务，理解连续介质、理想液体及其他有关重要概念，明确水力分析与计算的对象，掌握液体的主要物理性质及水力分析与计算的方法。

项目学习目标：通过本项目的学习，形成水力分析与计算的基本概念和初步认识。

项目学习的重点：液体的主要物理性质。

项目学习的难点：连续介质、理想液体和液体黏滞性的概念理解、液体主要物理性质的掌握。

任务一　水力分析与计算的任务、对象与方法

任务描述：围绕水力分析与计算的任务、对象与方法的任务，通过实例分析，了解水力分析与计算的任务，明确水力分析与计算的对象，掌握水力分析与计算的方法。

一、水力分析与计算的任务和对象

在日常生活和生产实践中，我们会遇到种类繁多的液体，如水、酒精、各种油等，其中数量最多、应用最广且不可或缺的就是水，尤其是在水利水电工程建设与管理过程中。水力分析与计算的研究对象是以水为代表的液体，其研究内容就是液体在静止和运动状态下的基本规律及应用，其功能用途是用其理论解决水利工程中的实际问题，其基本原理方法不仅适用于水，也适用于与水的性质相似的液体（油、汞、酒精等）和可以忽略压缩性（即流速小于音速）的气体。水力分析原理和计算方法已成为解决与液体运动有关的各种工程技术问题的重要手段之一，并不断丰富和完善。

水力分析与计算在水利水电工程建设和管理中应用非常广泛，例如，为了满足防洪、供水、发电的需要，通常要在河道上修闸筑坝形成水库，用来控制与调节水位和水量。水库蓄水形成水库后，便会出现以下需要分析和计算的问题：

（1）闸坝除挡水外还要控制水流，从水库向下游宣泄洪水、供水和引水发电，需要修建溢洪道、泄洪洞及引水洞等建筑物，泄水建筑物需要一定的孔口尺寸才能满足设计流量的要求。

（2）闸坝挡水后，会受到巨大的水压力，这个水压力是闸门、坝体的重要荷载之一，它会使闸门、坝体有向下游倾倒或移动的趋势。因此，正确计算水压力是闸坝稳定计算与结构计算的必要条件。

（3）从泄水建筑物下泄的水流一般为高速水流，流速很大，会冲刷河床和岸坡，危及建筑物的安全，采取怎样的措施改善水流条件，消除多余的动能，避免对水工建筑物及河道的冲刷等。

（4）闸坝挡水后，抬高了上游水位，形成水库。为估算淹没和迁移范围，估算库区的淹没范围和淹没损失，需要推算上游的水面线。

（5）闸坝的基础为岩石或土壤，大多能够透水。闸坝挡水后在上、下游水位差的作用下，有一小部分水在水压力的作用下会经坝体、坝基和两岸向下游渗流。渗流是否会造成过多的水量损失，能否对坝体、坝基产生破坏作用，需要进行渗流计算。

其他工程问题还有水池、水箱、水管、船舶、液体中浮体和潜体等的压力计算，管流、明渠流、堰流、孔口流、射流等的流速或流量的计算，以及给排水、道路桥涵、灌溉排涝、水力发电、防洪抢险、河道整治、水资源工程、港航工程、环保工程等的水力计算问题。

上述都是较为重要的水力分析与计算问题。归纳起来，在水利水电工程中经常遇到的水力分析与计算问题主要有以下几个方面：①计算水流对建筑物的作用力；②建筑物输水能力及过水断面尺寸的计算；③水流运动形态的分析和河渠水面曲线的计算；④水流能量的利用分析和建筑物下游的消能计算；⑤建筑物及其基础的渗流分析与计算；⑥某些特殊水力学问题的解决，如高速水流中的空蚀、振动、掺气，挟沙水流及波浪运动等。需要指出的是，上述6个方面的问题并不是水力分析与计算的全部问题，它们之间也不是孤立无联的，而是水流与边界的相互作用从不同角度的反映，在分析研究时需要综合考虑。

本课程的理论知识和原理方法可以帮我们解决的问题和完成的任务主要有：①水工闸门及建筑物迎水壁面及静水压力荷载分析与计算；②倒虹吸管、压力管道和隧洞水力分析与计算；③水泵站水力分析与计算；④渠道及渡槽水力分析与计算；⑤河渠水面线分析与计算；⑥堰流、闸孔出流过流能力水力计算；⑦泄水建筑物下游消能与防冲计算；⑧土石坝坝体、坝基的渗流及井的分析计算；⑨高速水流对建筑物过流能力和影响的分析与计算。

学习本课程的目的：一是培养同学们的职业技能，如水对水工建筑物作用力的分析计算，过水管涵、渡槽、隧洞的水力计算，灌溉渠系的水力设计，泵站、电站的水力计算，城镇给水排水管网的水力设计，泄水建筑物下游消能工设计等，为走向工作岗位奠定坚实的业务基础；二是为专业及后续专业课如工程水文学、水工建筑物、水泵与泵站、城镇供水、灌溉排水、城市水务、水电站等打下理论基础。

二、水力分析与计算的基本方法

研究和解决工程水力分析与计算问题主要有三种最基本的方法。

1. 理论分析

理论分析就是应用数理分析原理和方法，去研究水流运动及作用在水体上的力，建立水流运动的一般规律和基本方程，解释各种水流现象的成因和机理。虽然理论分析法比较成熟，但实际水流运动非常复杂，还难以完全用理论分析的方法解决实际工程中的所有问题。

2. 科学试验

科学试验的基本目的：一是检验理论分析成果的正确性；二是当有些水力分析与计算问题还不能依靠理论分析完全得到解决时，可以通过科学试验研究寻找到一些经验性的规律，以满足解决实际工程问题的需要。科学试验是水力分析与计算的一种极其重要的研究方法，也是对理论分析的补充。目前主要有以下三种方式：

（1）原型观测。在野外或水利工程现场，直接观测天然河道或水利工程中的水流运动现象，收集第一手数据资料，总结水流运动的基本规律，检验理论分析成果，为工程建设和管理提供依据。

（2）模型试验。在实验室内，依据水力相似理论，将实际工程按一定比例缩小为模型，在模型上模拟预演相应的实际水流运动，得出模型水流的规律性，再把模型试验成果按照相似关系换算为原型的成果。模型试验法可以检验工程设计的合理性，并为修改设计提供可靠依据，在工程实践中得到广泛应用。

（3）系统试验。由于野外观测经常受时间、气候及其他自然条件的限制，难以按照人们的要求去实现或预演各种水流现象，并从大量观测资料中去总结出水流运动规律，这时可在实验室内小规模地模拟某种水流运动，进行系统的试验观测，从中找出水流运动的规律。

3．数值模拟与计算

利用计算机进行数值模拟与计算，求解水流运动基本方程，以指导和解决工程水力分析与计算问题，这是一种快速简便、经济有效的研究方法。所谓数值模拟与计算，是采用各种离散化方法（有限差分法、有限元法等），建立各种数学模型，通过计算机进行数值模拟与计算，最后得出其方程解值。

理论分析、科学试验、数值模拟与计算都是研究和解决水力分析与计算问题的重要方法。数值模拟与计算需要通过理论分析来建立水流运动基本方程，数值计算的不少参数需要经过模型试验来提供，而理论分析和数值计算的成果也需要通过物理模型进行验证。这 3 种研究方法必须互相结合，互为补充，相辅相成，才能有效地解决工程实际问题。

任务二　液体的主要物理性质

任务描述：通过理论介绍、论证推导和应用举例，掌握液体的主要物理性质，为后续项目与任务的学习奠定重要知识基础。

一、液体的基本特征

自然界的物质大都由分子所组成，它们一般有三种存在状态：固体、液体和气体。固体分子间距很小，内聚力很大，所以能保持固定形状和体积，能承受拉压和剪切作用。液体分子间距比固体大、比气体小，内聚力比固体小得多、比气体大得多，故液体易发生变形或流动，不能自保固定的形状，但能保持一定的体积，能承压而不能受拉。气体分子间距最大、内聚力最小，它可以任意扩散并总是充满其所占据的空间，极易膨胀和压缩，没有固定的形状和体积且都发生明显变化。

液体和气体在微小剪切力作用下会发生连续变形或流动，我们把液体和气体称为流体。可压缩性的不同是气体和液体的主要区别，而是否具有流动性则是流体和固体的主要区别。

二、液体的主要物理力学性质

液体的主要物理力学性质包括惯性、重力特性、黏滞性、压缩性、表面张力特性和汽化压强。

（一）惯性

液体与自然界其他物体一样具有惯性。惯性是保持原有运动状态的特性，即物体所具有的抵抗改变其原有运动状态的一种物理力学性质，其大小可用质量来量度。当液体受外力作用使其运动状态发生改变时，由于液体惯性引起对外界的反作用力称为惯性力。质量越大的物体，惯性越大，抵抗改变其原有运动状态的能力（即惯性力）也就越强。惯性力又可称为质量力，其单位是牛（N）或千牛（kN）。

设物体的质量为 m、加速度为 a，其惯性力为

$$F = -ma \qquad (1-1)$$

式中负号表示物体惯性力的方向与运动加速度的方向相反。

密度是单位体积物体具有的质量。对于均质液体，则其密度为

$$\rho = \frac{m}{V} \qquad (1-2)$$

式中　ρ——液体的密度，kg/m³；

　　　m——液体的质量，kg；

　　　V——液体的体积，m³。

因为液体的体积随温度和压强的变化而变化，故其密度也随温度和压强的变化而变化，但变化很小，工程应用中可看做常数。工程实践中采用温度为 4℃、压强为 1 个大气压时水的密度值（$\rho = 1000 \text{kg/m}^3$）作为水的密度。不同温度条件下水的密度见表 1-1。

表 1-1　　　　　　　　　　不同温度条件下水的物理性质（1 个标准大气压）

温度 t /℃	容重 γ /(kN/m³)	密度 ρ /(kg/m³)	动力黏滞系数 μ /(10^{-3}Pa·s)	运动黏滞系数 ν /(10^{-6}m²/s)	体积压缩系数 β /(10^{-9}/Pa)	体积弹性系数 K /(10^9Pa)	表面张力系数 σ /(N/m)	汽化压强 /(kN/m²)
0	9.805	999.9	1.781	1.785	0.495	2.02	0.0756	0.60
4	9.807	1000.0	1.518	1.519	0.485	2.06	0.0749	0.87
10	9.804	999.7	1.306	1.306	0.476	2.10	0.0742	1.18
15	9.798	999.1	1.139	1.139	0.465	2.15	0.0735	1.70
20	9.789	998.2	1.002	1.003	0.459	2.18	0.0728	2.34
25	9.777	997.0	0.890	0.893	0.450	2.22	0.0720	3.17
30	9.764	995.7	0.798	0.800	0.444	2.25	0.0712	4.24
40	9.730	992.2	0.653	0.658	0.439	2.28	0.0696	7.38
50	9.680	988.0	0.547	0.553	0.437	2.28	0.0679	12.16
60	9.642	983.2	0.466	0.474	0.439	2.28	0.0662	19.91
70	9.589	977.8	0.404	0.413	0.444	2.25	0.0644	31.16
80	9.530	971.8	0.354	0.364	0.455	2.20	0.0626	47.34
90	9.466	965.3	0.315	0.326	0.467	2.14	0.0608	70.10
100	9.399	958.4	0.282	0.294	0.483	2.07	0.0589	101.33

本书采用我国推荐使用的国际单位制（SI），它的基本单位为：长度 m，时间 s，质量 kg，其他是导出单位。例如，1 牛顿力的定义为：使质量为 1kg 的物体得到 1m/s² 加速度的力，即 $1N = 1\text{kg}(\text{m/s}^2)$，"N" 就是由基本单位相乘而得出的导出单位。

（二）重力特性

任何物体之间都具有相互吸引力，这种吸引力称为万有引力。物体所受到地球的吸引力称为物体的重力，也称为物体具有的重量，其单位为 N 或 kN。设物体的质量为 m，重力加速度为 g，则该物体的重量为

$$G = mg \qquad (1-3)$$

重力加速度 g 随地球纬度及高度的变化而变化，但其变化很小，通常取 $g = 9.8 \text{m/s}^2$。

容重是单位体积物体的重量。对于均质液体，则其容重为

$$\gamma = \frac{G}{V} \qquad (1-4)$$

式中　γ——液体的容重，N/m^3 或 kN/m^3。

将式（1-3）代入式（1-4），可得到容重与密度的关系为

$$\gamma = \frac{G}{V} = \frac{mg}{V} = \rho g \qquad (1-5)$$

液体的容重与密度一样随温度和压强的变化而变化，但变化量很小。工程应用中常将液体容重视为常数。工程实践中采用温度为 4℃、压强为 1 个大气压时水的容重值（$\gamma = 9800N/m^3$ 或 $\gamma = 9.8kN/m^3$）作为水的容重。不同温度条件下水的容重见表 1-1。

（三）黏滞性

1. 黏滞性

摩擦力是自然界中普遍存在的物理现象。两块具有不同运动速度叠放在一起的木板，在其接触面上存在着阻碍两木板相对运动的摩擦力。同样，具有不同流速的相邻两流层（即两层水流），在其接触面上也存在着阻碍两流层做相对运动的摩擦力［图 1-1（c）］，工程水力学把液体中存在着阻碍相邻两流层做相对运动的摩擦力这一特性称作液体的黏滞性。其摩擦力称为液体的内摩擦力或摩擦阻力。单位面积上的摩擦阻力称为黏滞切应力或切应力，以 τ 表示。自然界中所有的液体都有不同程度的黏滞性，黏滞性是液体的一种固有物理属性。

如果忽略液体的黏滞性，则各流层就无流速差，因而沿液流横断面垂线上的流速分布均相同，如图 1-1（a）所示（图中箭杆表示流速大小方向）；实际液流各流层之间有黏滞切应力 τ，使得各流层有流速差，离固体边界越近，τ 越大，该流层流速越小；离固体边界越远，τ 越小，流速就越大，因此流速由底层固体边界到水面沿 y 轴方向逐渐增大。紧靠固体边界有一层极薄水层被吸附在壁面上不流动，该水层通过切应力阻碍其上面水层的流动，使其流速变小，该流动水层又阻碍其上面水层的流动，如此逐层影响。经测试，其断面垂线上的流速分布如图 1-1（b）所示。

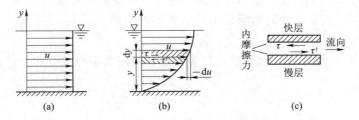

图 1-1　液流横断面流速分布及流层间切应力图

由于黏滞性的存在，液体要保持流动，就要克服在流动过程中的摩擦阻力而做功，因此就消耗液流机械能，这种机械能消耗称为液流的能量损失。所以，黏滞性是引起流动液体能量损失的根源。

2. 牛顿内摩擦定律

1686 年牛顿根据试验提出液体内摩擦定律即牛顿内摩擦定律：相邻两流层接触面上产生的内摩擦力 F_τ 与流层间接触面面积 A 和流速梯度 $\dfrac{\mathrm{d}u}{\mathrm{d}y}$ 的乘积成正比，并与液体的种类、性质有关，可表示为

$$F_\tau = \mu A \frac{\mathrm{d}u}{\mathrm{d}y} \tag{1-6}$$

单位面积上的内摩擦力称为黏滞切应力或切应力，用 τ 表示，则

$$\tau = \frac{F_\tau}{A} = \mu \frac{\mathrm{d}u}{\mathrm{d}y} \tag{1-7}$$

式中　μ——动力黏滞系数，$\mathrm{N \cdot s/m^2}$ 或 $\mathrm{Pa \cdot s}$；

$\dfrac{\mathrm{d}u}{\mathrm{d}y}$——流速梯度，反映流速沿 y 轴方向的变化程度，$1/\mathrm{s}$。

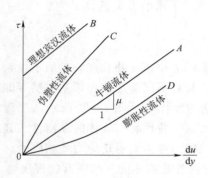

图 1-2　各种液体流速梯度-切应力关系

式（1-7）表明，液体的切应力 τ 随 μ 和 $\dfrac{\mathrm{d}u}{\mathrm{d}y}$ 增大、减小。

切应力 τ 随流速梯度 $\dfrac{\mathrm{d}u}{\mathrm{d}y}$ 按直线规律分布的液体称为牛顿流体，如图 1-2 中的线 A，当温度不变时，这类液体的黏滞系数是常数，不随流速梯度而变化，如水、酒精、苯、油类、水银、空气等；否则为非牛顿流体，如泥浆、血浆、牛奶、颜料、油漆、淀粉糊等。牛顿内摩擦定律只适用于层流运动和牛顿流体。

动力黏滞系数 μ 是液体黏滞性的一种度量形式，它还可用另一个系数来度量，即运动黏滞系数 ν 为

$$\nu = \frac{\mu}{p} \tag{1-8}$$

ν 的单位为 $\mathrm{m^2/s}$ 或 $\mathrm{cm^2/s}$。

黏滞系数 μ 或 ν 反映了液体黏滞性的强弱，μ 或 ν 值大，黏滞性强；μ 或 ν 值小，黏滞性弱。液体黏滞性与液体的种类和温度有关。同一种液体，黏滞性对温度变化较为敏感，随温度的升高而降低；它受压强的影响很小，通常不予考虑。表 1-1 列出不同温度条件下水的黏滞系数 μ 和 ν 值。

设水的温度为 t，以℃计，则水的运动黏滞系数可用如下经验公式计算：

$$\nu = \frac{0.01775}{1 + 0.0337t + 0.000221t^2} \tag{1-9}$$

（四）压缩性

液体可以受压，但不能受拉。液体受压后体积缩小，压力撤除后又恢复原状的性质称为液体的压缩性或弹性，压缩性的大小可用体积压缩系数 β 或体积弹性系数 K 来表示。假设某液体在压强 p 下体积为 V，当压强增加 $\mathrm{d}p$ 时，体积缩小了 $\mathrm{d}V$，则体积压缩系数为

$$\beta = -\frac{\dfrac{\mathrm{d}V}{V}}{\mathrm{d}p} \tag{1-10}$$

式中 $\mathrm{d}V/V$ 是液体体积相对变化率。当压强增大（$\mathrm{d}p$ 为正），液体体积必定减小（$\mathrm{d}V$ 为负）；反之亦然，即 $\mathrm{d}V$ 与 $\mathrm{d}p$ 的符号总是相反的，为使 β 保持正值，式（1-10）右端加上负号。

体积压缩系数 β 的单位为 m^2/N 或 $1/Pa$。根据式（1-10），β 值越大，表示液体越易被压缩。

液体被压缩时，其质量 m 保持不变，即 $m=\rho V=$ 常数，故体积压缩系数 β 也可表示为

$$\beta=-\frac{\dfrac{d\rho}{\rho}}{dp}=-\frac{1}{\rho}\cdot\frac{d\rho}{dp} \tag{1-11}$$

体积压缩系数的倒数称为体积弹性系数，用 K 表示为

$$K=\frac{1}{\beta}=-\frac{dp}{\dfrac{dV}{V}} \tag{1-12}$$

体积弹性系数 K 的单位与压强相同，即为 N/m^2 或 Pa。K 值越大，表明液体越不易被压缩。当 $K\to\infty$，表示液体绝对不可压缩，不存在弹性变形。

体积压缩系数 β 和体积弹性系数 K 值均表示液体的压缩性，它们与液体的种类和温度有关，不同液体的 β 和 K 值也不同，同一种液体的 β 和 K 值随温度和压强而变化，但这种变化很小，一般可忽略不计。在普通水温下，每增加一个标准大气压，水的体积比原体积缩小约 $1/21000$，可见水的压缩性很小，故工程实践中一般认为水是不可压缩的。但当压强变化大而迅速等类似特殊情况发生时，如输水管道的水击问题，则必须考虑水的压缩性。不同温度条件下水的 β 值和 K 值见表 1-1。

（五）表面张力特性

液体表面分子总受到周围分子或质点颗粒的吸引，两侧的引力使得液体表面形成拉紧收缩的趋势。当分子两侧的引力不平衡时，便显现出液体分子受到向密度大介质颗粒一侧的拉力，这种拉力称为表面张力，液体表面的这种特性，称为表面张力特性。表面张力不仅存在于液体的自由表面上，也存在于密度不同的两种液体的接触面上。

表面张力的大小可以用液体表面上单位长度所受到的张力即表面张力系数 σ 来表示，其单位为 N/m。σ 与液体的种类、温度和表面接触情况有关，不同温度条件下水的 σ 值见表 1-1。

一般情况下表面张力很小，对液体宏观运动的影响可以忽略不计，如工程实践中所接触的水面一般都比较大，表面张力对其影响极其微小。只在微小液面或小尺寸情况下，如研究微小水滴的形成与运动、小尺度水力模型中的水流、水舌较薄而且曲率较大的堰流、细管中的水或土壤空隙中水的运动等，必须考虑表面张力的影响。

水力学实验室中常使用细玻璃管作测压计，因其直径较小，细玻璃管中液体表面张力的影响较明显，如图 1-3 所示，水分子间的引力小于管壁对水分子的引力，靠近管壁的水分子受到管壁的引力大于内侧其他水分子的引力，拉动细管内液面，使水分子沿管壁上移，形成边壁液面上升、中心区液面下凹。反之，水银分子间引力大于管壁对水银分子引力表面张力将使细管内水银液面中间上凸、边缘下降。这种现象也称为毛细管现象。

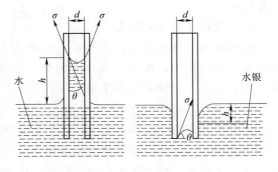

图 1-3　毛细管现象示意图

若以 θ 表示液面与固体壁面的接触角，沿管壁圆周上表面张力的垂直分力应与升高或降低液柱的重量相等，可得毛细管升、降的液柱高度 $h = 4\sigma\cos\theta/\gamma d$。在室温 20℃ 条件下，水与玻璃的接触角 $\theta \approx 0°$，水银与玻璃的接触角 $\theta \approx 139°$，这时可用下列公式估算毛细玻璃管液面升降高度：

水的毛细管液面上升高度 h 为

$$h = \frac{29.8}{d} \tag{1-13}$$

水银的毛细管液面的降低高度 h 为

$$h = \frac{10.15}{d} \tag{1-14}$$

上述两式中，d 为毛细玻璃管的内径，d 和 h 均以 mm 计。在水位和压强量测时，毛细现象会引起量测误差，因此用毛细玻璃管量测水位和压强时，为减小毛细管作用引起的误差，测压管的内径不宜小于 10mm。

（六）汽化压强

液体分子逸出液面变为蒸汽向空气中扩散，即物质从液态变为气态的过程称为汽化，其逆过程即气态变为液态称为凝结。在任何温度下汽化和凝结都同时发生，当在一定温度下汽化量与凝结量达到平衡，不再随持续进行的汽化和凝结而改变时，其液面的蒸汽达到饱和，称为饱和蒸汽，此时，液面上的压强称为饱和蒸汽压强或汽化压强，而且液面及液体内部会逸出好多气泡（即沸腾），液体的温度就称为沸点。汽化压强值随温度、液体种类而变化。液体的汽化压强随温度的升、降而增大、减小，其值见表 1-1。

当水面压强为 1 个大气压、温度为 100℃ 时，水会沸腾。随着液面压强的降低，液体汽化压强会减小，沸点降低。高海拔地区气压低，水温不到 100℃ 就会沸腾，如青藏高原上的水在达到 84~87℃ 时就会沸腾，就是这个原因。

工程实践中，水流也会因局部区域压强降低至汽化压强而发生汽化，水流内部释放出大量气泡，这种现象就是"冷沸"，也称为空化。空化破坏了水流的连续性，同时，含有大量气泡的水流到压强较高区域，气泡会迅速溃灭，并产生极大的瞬时冲击力，会造成建筑物表面严重的空蚀破坏。

上述液体的 6 个物理力学性质都不同程度地影响着液体的运动，其中惯性、重力、黏滞性对水流运动起着主要作用，压缩性、表面张力和汽化压强只在某些特殊情况下对水流运动产生影响。

三、作用在液体上的力

液体运动状态的改变，是外力作用的结果。研究液体的运动状态，都要正确分析研究液体所受到的作用力。作用在液体上的力，按性质不同可以分为重力、惯性力、压力、黏滞力、表面张力等；如果按其作用特点，这些力又可分为表面力和质量力两大类。

1. 表面力

表面力是作用在液体表面上，大小与受到作用的表面积成比例的力。如固体边界与液体之间的摩擦阻力，边界对液体的反作用力，一部分液体对相邻的那部分液体在接触面上的水压力等。表面力又可分为垂直于作用面的压力和平行于作用面的切力。表面力的大小常用单位面积上所受到的力（即应力）来表示，单位面积上垂直指向作用面的应力称为压应力（或压强）p，单位面积上平行于作用面的应力称为切应力 τ。压强 p 和切应力 τ 的单位为 N/ m²，也称为帕斯卡（Pa）。

2. 质量力

质量力是作用在每个液体质点上，其大小与液体的质量成比例的力，如重力、惯性力都属于质量力。在均质液体中，质量与体积成正比，故质量力又可称为体积力。

单位质量液体所受到的质量力，称为单位质量力，以符号 f 表示。质量为 M 的均质液体所受的总质量力为 F，则单位质量力为

$$f = \frac{F}{M} \tag{1-15}$$

若总质量力 F 在直角坐标轴上的投影分别为 F_x、F_y、F_z，则单位质量力 f 在相应坐标上的投影分量 f_x、f_y、f_z 可表示为

$$f_x = \frac{F_x}{M}, \; f_y = \frac{F_y}{M}, \; f_z = \frac{F_z}{M} \tag{1-16}$$

单位质量力与加速度的单位相同，为 m/s²。

任务三　连续介质和理想液体的概念

任务描述：通过理论介绍与论证分析，理解连续介质、理想液体及其他有关重要概念，为后续项目与任务的学习提供重要理论支撑。

一、连续介质的假设

液体是由大量分子组成的，分子都具有一定的大小和质量，且分子之间存在空隙。也就是说，从微观结构来看，液体是不连续的，它的物理量在空间分布也是不连续的。现代研究表明，常温下每立方厘米水中约含有 3×10^{22} 个水分子，相邻分子间距离约为 3×10^{-8} cm，可见在很小的空间中包含着难以计数的水分子，且分子间距离相当微小。在工程实践中，我们研究的是水流的宏观运动规律，是大量水分子"集体"运动的平均特性，并不关心液体分子的结构关系和微观运动。因此，我们可以忽略水分子的微观运动及其间隙，需要且可以把液体看作是连续的整体，即认为液体是由质点组成的毫无间隙地完全充满它所占据空间的连续介质体。水力分析与计算所研究的就是这种连续介质液体的运动规律。

根据连续介质的概念，液流中的一切物理量（如流速、压强等）都可以看成是空间和时间的连续函数，那么在研究液体运动规律时，就可以利用连续函数的分析方法。长期的生产实践和试验研究表明，利用连续介质概念所得出的液体运动规律的基本理论符合客观实际。在连续介质概念基础上，工程实践中还认为液体是均质的，液体质点的物理性质在液体内各部分和各方向都是相同的，即液体具有均质等向性。

上面所述的"质点"是组成液体的"最小"单位，它是微观上充分大而宏观上足够小的分子团，液体质点在空间上通常当作几何点处理。

因此，水力分析与计算的液体主要是水，分析研究中认为水的密度和容重是常量，它是易流动、不易被压缩、均质等向的连续介质。

二、理想液体的概念

水利工程中的主要介质就是水，在对水流运动会产生较大影响的惯性、重力、黏滞性等

特性中，只有黏滞性是液体所特有的物理力学性质，因此黏滞性是影响液体运动的重要物理性质。实际液体都有黏滞性，由于黏滞性的存在，使液体运动变得十分复杂，给研究分析液体运动带来较大困难。为了简化问题，便于分析计算，便引入了"理想液体"的概念。

理想液体是指没有黏滞性的液体，就是将液体看做不可压缩、不可膨胀、没有黏滞性（即黏滞系数 $\mu=0$、切应力 $\tau=0$）、没有表面张力的连续介质。它是具有黏滞性的实际液体的简化模型，是实际并不存在的液体。在研究和解决复杂的实际液体运动问题时，可以先忽略液体的黏滞性，按理想液体进行分析并找到其运动规律，即通过对"理想液体"的分析研究总结出一定规律，再根据液体运动受其黏滞性的实际影响进行修正，从而找到实际液体的运动规律，然后用它来解决工程实际问题。这是水力分析与计算的一个重要研究方法。

项 目 学 习 小 结

水力分析与计算的基本任务是研究以水为代表的液体在静止和运动状态下的基本规律，并用以解决水利工程建设和管理中的实际问题，主要有理论分析、科学试验和数值模拟与计算 3 种基本方法。水力分析与计算的液体主要是水，它是易流动、不易被压缩、均质等向的连续介质，常温常压下水的密度和容重是常量。研究分析实际液体的黏滞性，从而掌握水流运动规律，并用以解决工程实际问题。

职 业 能 力 训 练 一

一、选择题

1. 与牛顿内摩擦定律直接有关的因素是切应力和（　　）。

A. 压强　　　　　　　B. 剪切变形速度　　　　　C. 剪切变形　　　　　D. 表面力

2. 在水力学中，单位质量力是指（　　）。

A. 单位面积液体受到的质量力　　　　　　B. 单位体积液体受到的质量力

C. 单位质量液体受到的质量力　　　　　　D. 单位重量液体受到的质量力

3. 在平衡液体中，质量力与等压面（　　）。

A. 重合　　　　　　　B. 平行　　　　　　　　　C. 相交　　　　　　　D. 正交

二、判断题

1. 在连续介质假设的条件下，液体中各种物理量的变化是连续的。　　　　　　　　（　　）

2. 液体的黏性是引起液流水头损失的根源。　　　　　　　　　　　　　　　　　（　　）

3. 凡符合牛顿内摩擦定律的液体均为牛顿液体。　　　　　　　　　　　　　　　（　　）

三、简答题

1. 液体在静止状态下是否存在黏滞性？为什么？

2. 何谓理想液体？试述实际液体与理想液体的区别。

3. 水流能量损失的根源是什么？

四、计算题

1. 体积为 $1.5 \mathrm{m}^3$ 的水银，已知水银的容重为 $133.28 \mathrm{kN/m}^3$，其重量为多少？

2. 体积为 $1.5 \mathrm{m}^3$ 的水银，已知水银的密度为 $13.6 \times 10^3 \mathrm{kg/m}^3$，其质量为多少？

3. 1 个大气压下，4℃时，1L 水的重量和质量各为多少？

项目二　静水压力分析计算

项目描述： 本项目包括五个学习任务：静水压强及其特性、静水压强的基本规律、静水压强的量测及表示方法、平面上的静水总压力和曲面上的静水总压力。通过完成上述五个任务，全面阐述水静力学的基本原理、主要方法及其工程应用。

项目学习目标： 通过本项目的学习，理解静水压强的有关概念和基本特性，明确静水压强的量测及表示方法，领会静水压强的基本规律，掌握管道及容器内的压强以及平面和曲面上的静水总压力的一般计算方法，并初步学会其在工程中的应用。

项目学习的重点： 静水压强的基本特性和基本规律、静水压力分析计算的一般方法、管道及容器内的压强、平面与曲面上静水总压力的计算及其在工程中的应用。

项目学习的难点： 平面与曲面上静水总压力的计算及其在工程中的应用。

任务一　静水压强及其特性

任务描述： 本任务主要介绍了静水压强的有关概念及其基本特性。通过完成此任务，为后续静水压强的基本规律、量测及表示方法、静水总压力计算等内容的学习奠定重要基础。

一、静水压力与静水压强

在实际工程和生活中，液体有两种静止状态：一是液体相对于地球处于静止状态，称为绝对静止状态，如水库、蓄水池中的水；二是液体相对于地球有运动，但液体质点之间、质点与边壁间没有相对运动，称为相对静止状态，如行驶中的水罐车中的水。以上两种静止状态的液体，其质点间都无相对运动，黏滞性不起作用（无内摩擦力），同时静止液体又不能承受拉力（否则会流动），故静止液体相邻两部分之间以及液体与固体壁面之间的表面力只有压力。例如当开启图2-1所示的闸门时，拖动闸门需要很大的拉力，其主要是水给闸门作用了很大的压力，使闸门紧贴壁面所致。

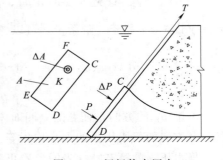

图2-1　闸门静水压力

实践证明，静止液体对壁面的总压力大小不仅与受压面的面积有关，还与壁面所处方位有关，且壁面上各处所受压力一般是不同的（壁面水平时例外）。为了研究静止液体压力在受压面上的分布情况，下面引入静水压力及点静水压强的概念。

水力分析计算中把静止液体对与之接触面产生的压力称为静水压力，用大写字母 P 表示。在图2-1所示的平板闸门上任取一点 K，围绕 K 点取一微小面积 ΔA，作用于该面积上的静水压力为 ΔP，当 ΔA 趋近于零时，则平均压强 $\Delta P/\Delta A$ 的极限称为 K 点的静水压强，用小写字母 p 表示。即

$$p = \lim_{\Delta A \to 0} \frac{\Delta P}{\Delta A} \qquad (2-1)$$

需要注意的是，水力分析与计算中的压强，如果不作特别说明，一般指点压强。

二、静水压强的两个基本特性

静水压强有两个基本特性：

（1）静水压强的方向永远垂直并指向受压面。因静止液体不能承受剪切力和拉力，如果静水压强的方向不是垂直并指向作用面，则液体将受到剪切力（斜向力沿作用面方向的分力）或拉力（力的方向背离作用面），液体将不能保持静止状态而产生流动，因此静水压强的方向必然垂直并指向作用面。

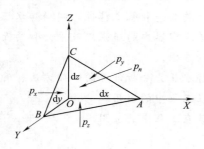

图 2-2　微小四面体的受力

（2）静止液体中任一点所受各个方向的压强大小相等。为证明这一特性，在静止液体中取微小四面体 $OABC$，如图 2-2 所示。取四面体的 3 个边 OA、DB、OC 相互垂直且分别与 OX、OY、OZ 轴重合，长度分别为 dx、dy、dz。作用于四面体的 4 个面 OBC、OAC、OAB 及 ABC 上的平均静水压强分别为 p_x、p_y、p_z 及 p_n，四面体所受的质量力仅有重力。以 dA 代表三角形 $\triangle ABC$ 的面积，由于液体处于静止状态，所以四面体在 3 个坐标方向上所受外力的合力均等于 0，即

$$\frac{1}{2} p_x \mathrm{d}y \mathrm{d}z - p_n \mathrm{d}A \cos(n, x) = 0$$

$$\frac{1}{2} p_y \mathrm{d}x \mathrm{d}z - p_n \mathrm{d}A \cos(n, y) = 0$$

$$\frac{1}{2} p_z \mathrm{d}x \mathrm{d}y - p_n \mathrm{d}A \cos(n, z) - \frac{1}{6} \gamma \mathrm{d}x \mathrm{d}y \mathrm{d}z = 0$$

当 dx、dy、dz 趋于零时，p_x、p_y、p_z 及 p_n 即为作用于 O 点而方向不同的静水压强。因 $\frac{1}{6} \gamma \mathrm{d}x \mathrm{d}y \mathrm{d}z$ 属于三阶微量，可以忽略不计，且由于 $\mathrm{d}A \cos(n, x) = \frac{1}{2} \mathrm{d}y \mathrm{d}z$，$\mathrm{d}A \cos(n, y) = \frac{1}{2} \mathrm{d}x \mathrm{d}z$，$\mathrm{d}A \cos(n, z) = \frac{1}{2} \mathrm{d}x \mathrm{d}y$，则有

$$p_x = p_y = p_z = p_n$$

由于 p_n 的方向是任意的（四面体的斜面 $\triangle ABC$ 可任意取），所以上式就说明作用于 O 点各个方向的静水压强的大小均相等。

静水压强的第二特性表明，静止液体中各点压强的大小仅随空间位置的变化而变化，或者说仅是空间坐标的函数，即 $p = p(x, y, z)$。例如，在图 2-3 中的边壁转折处 B 点，对不同方位的受压面来说，其静水压强的作用方向不同（各自垂直于它的受压面），但静水压强的大小是相等的，即 $p_B = p_B'$。

静水压强的两个特性对后面研究静止液体的力学规律是非常重要的。

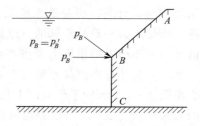

图 2-3　B 点不同方向的静水压强

任务二　静水压强的基本规律

任务描述：本任务阐述了静水压强的基本规律。通过完成此任务，领会静水压强的基本方程及其意义，熟练掌握静水压强的计算方法及其运用。

一、静水压强基本方程

前面讨论了静止液体中某点的压强特性，那么静止液体中各点的压强大小与什么有关？变化规律如何？下面我们以绝对静止状态的液体（质量力仅有重力）为研究对象，通过力学分析方法做进一步探讨。

首先来研究静止液体中任意两点间压强关系。如图 2-4（a）所示，在质量力仅有重力的静止液体中选同一铅垂线上任意 1、2 两点，两点高差为 Δh，对应的水深分别为 h_1 和 h_2。以 1 点、2 点为圆心，分别取水平微小面积 ΔA，则再取 ΔA 为底面积、Δh 为高的铅直小液柱作为脱离体。

因脱离体为铅直小液柱，其侧面皆为铅直面，故侧面所受水压力均为水平方向的力。又由于小液柱处于静止状态，所以其侧面上各部分的水压力必相互平衡（水平方向上合力为零）。由受力分析可知，脱离体铅垂方向上共受 3 个力：

（1）小液柱自重（即重力）：$G = \gamma \Delta h \Delta A$，方向铅直向下。

（2）小液柱上表面所受静水总压力：因 ΔA 很小，可认为该面积上各点压强相等，故静水总压力为 $p_1 \Delta A$，方向铅直向下。

（3）小液柱底面所受静水总压力：$p_2 \Delta A$，方向铅直向上。

铅垂方向的静力平衡方程为

$$p_2 \Delta A - p_1 \Delta A - \gamma \Delta h \Delta A = 0$$

方程两边同除以 ΔA 并整理得

$$p_2 - p_1 = \gamma \Delta h$$

或

$$p_2 = p_1 + \gamma \Delta h \tag{2-2}$$

式（2-2）即静水压强基本方程，它适用于所有牛顿流体。因为 p_2 是在下面一点的压强，p_1 是在上面一点的压强，Δh 是两点之间的水深差，所以为方便理解和记忆，可将式（2-2）改写为静水压强基本方程

$$p_下 = p_上 + \gamma \Delta h \tag{2-3}$$

式（2-3）表明，在质量力仅有重力的静止液体中，深处的压强比浅处大，下面一点的压强 $p_下$ 等于其上面一点的压强 $p_上$ 加上其中间（两点之间）液体产生的压强 $\gamma \Delta h$。

由式（2-3）变形可得：$p_上 = p_下 - \gamma \Delta h$、$\gamma \Delta h = p_下 - p_上$（三部分压强可简单记忆为上、中、下的关系）。式（2-3）适用于水、油、酒精、汞、气体（低于音速）等。这就如同物理学中 3 块不同密度的木块叠放在一起，越向下受到的压力越大，越向上受到的压力越小，但与固体不同的是，流体密度大的一定要在下面，密度小的一定要在上面。如气体、汽油、水，自上而下一定是气、油、水。显然，当两点位于同一水平面（$\Delta h = 0$）时，其静水压强相等。

需要注意的是，如果上下两点间存在不同种类的液体，计算两点的压强差时应将两点间各液层厚度与其相应液体容重的乘积相加。

由式（2-2）还可看出，淹没深度相等的各点静水压强相等，故水平面即是等压面。但必须注意，这一结论只适用于质量力仅有重力的同类且连通的流体。

下面再来研究液面下任意一点压强的大小。取脱离体如图2-4（b）所示，上点位于液面，若液面压强以 p_0 表示，则 $p_上 = p_0$，下点为液面下任意一点，其压强用 p 表示，则 $p_下 = p$，且 $\Delta h = h$，则式（2-3）可写成

$$p = p_0 + \gamma h \qquad (2-4)$$

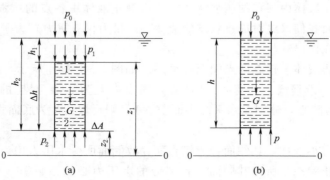

图2-4 任意两点的静水压强关系

式（2-4）是密闭容器中液体点压强测算时常用的静水压强基本方程式，它表明，在质量力仅有重力的静止液体中，液面下任意一点的压强由两部分组成，一部分是从液面传来的表面压强，另一部分是水深为 h 的液体产生的压强。

由式（2-4）可知，表面压强可以不变大小地传递到液体中的各个部分。当表面压强由某种方式增大或减小时，液体中各部分的压强也随之增大或减小，这就是帕斯卡原理。静止液体的这一压强传递特性是制作油压千斤顶、水压机等多种机械的原理。

在水利工程中，大多数水工建筑物是开敞式的（表面压强为大气压），建筑物各部分所受大气压力相互抵消，为简化计算，通常不考虑作用于水面的大气压强，只计算液体产生的压强数值，则此时静水压强可用式（2-5）计算：

$$p = \gamma h \qquad (2-5)$$

上面各式中，任一点的位置是用水深 h 来表示的，工程中也常用位置高度来表示某点的位置。取某一水平面 $O—O$ 作为基准面，任一点距基准面的铅垂距离即为该点的位置高，用 z 来表示。由图2-4（a）可知，任意1、2两点的位置高差就等于其水深之差，即 $z_2 - z_1 = \Delta h$，则式（2-2）可写为

$$p_2 - p_1 = \gamma h (z_2 - z_1)$$

整理得

$$z_1 + \frac{p_1}{\gamma} = z_2 + \frac{p_2}{\gamma} \qquad (2-6)$$

式（2-6）是静水压强基本方程的另一种表达式，它表明：

（1）在质量力仅有重力的静止液体中，位置高度 z 越大，压强越小；位置高度 z 越小，压强越大。

（2）在均质（$\gamma =$ 常数）、连通、质量力仅有重力的静止液体中，同一水平面（$z = C$）必为等压面（$p = C$），这就是通常所说的连通器原理。

应用连通器原理时应注意，并不是任意一水两面都是等压面，如果液体中间被气体或另一种液体隔离，或不是同一种液体，则同一水平面上各点压强并不相等。例如，在图 2-5 中，1—2、4—5—6 均是等压面，而 2—3 虽然在同一水平面上，但因 2、3 点处的液体不同，故不是等压面。

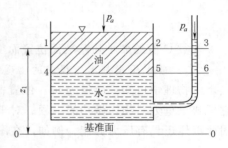

图 2-5 连通器原理

需要注意的是：静水压强基本方程适用于各种牛顿流体，在实际工程水力计算中，遇到多种液体时，对于 γ 应代入相应液体的容重。几种常见液体的容重见表 2-1。

表 2-1 常见液体的容重

液体名称	温度/℃	容重/(kN/m³)	液体名称	温度/℃	容重/(kN/m³)
蒸馏水	4	9.8	水银	0	133.28
汽油	15	6.664～7.35	润滑油	15	8.72～9.02
酒精	15	7.7783	空气	20	0.0118

二、静水压强基本方程式的意义

（一）静水压强基本方程式的几何意义

所谓几何意义，就是用几何上的高度概念来诠释静水压强方程式。为了能直观反映静水压强方程式的几何高度概念，在如图 2-6 所示盛有某种液体的容器中任选 1、2 两点，在其相应位置高度（z_1 和 z_2）的边壁上开两个小孔，孔口处各连接一垂直向上的开口玻璃管（通常称为测压管）。经观察发现，两测压管中均有液柱上升，且两管中液面齐平。称测压管中液柱上升高度为测压管高度，以 $h_{测}$ 表示，根据式（2-5）和连通器原理有：$p_1 = \gamma h_{测1}$，$p_2 = \gamma h_{测2}$，因此

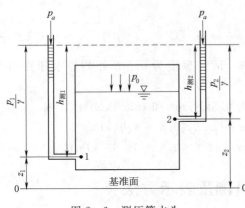

图 2-6 测压管水头

$$h_{测1} = \frac{p_1}{\gamma}, \quad h_{测2} = \frac{p_2}{\gamma}$$

由上可知，压强与容重之比可用几何高度（测压管高度）来表示。测压管高度与测点处压强的大小及管中液体的容重有关，对同一种液体，测压管高度与压强成正比。

水力与计算中常把高度称作"水头"，如位置高度 z 称为位置水头，测压管高度 $h_{测}$ 称为压强水头，$z + \dfrac{p}{\gamma}$ 则称为测压管水头。

由式（2-6）可知，图 2-6 中 1、2 两点的测压管水头应相等，即两管中液面应齐平。所以，式（2-6）的几何意义可表述为：质量力仅有重力的静止液体中，任意一点对同一基准面的测压管水头都相等（为一常数），或者说各测压管中液面位于同一水平面上，即

$$z + \frac{p}{\gamma} = C \tag{2-7}$$

常数 C 值的大小随基准面位置而变化，基准面选定，C 值即可确定。

（二）静水压强基本方程式的物理意义

由物理学可知：质量为 m、位置高度为 z 的物体，其位置势能（简称位能）为 mgz。它反映了重力对物体做功的本领。对于液体，因其内部存在压力，且压力也有做功的本领，因此液体还具有压力势能。例如，在图 2-6 中，1 点处质量为 m 的液体在压力作用下上升至测压管液面，压力势能转化为位置势能，因其上升高度为 $\frac{p_1}{\gamma}$，说明压力对液体所做功的大小为 $mg\frac{p_1}{\gamma}$，这说明质量为 m、压强为 p 的液体，其压力势能为 $mg\frac{p}{\gamma}$。所以，处于静止状态、质量为 m 的液体，其总势能为 $mgz + mg\frac{p}{\gamma}$。

为方便研究计算，水力分析与计算中常取单位重量液体作为研究对象，单位重量液体所具有的势能称为单位势能。因 $\frac{mgz}{mg} = z$，$\frac{mg\frac{p}{\gamma}}{mg} = \frac{p}{\gamma}$，$\frac{mgz + mg\frac{p}{\gamma}}{mg} = z + \frac{p}{\gamma}$，所以 z 称为单位位能，$\frac{p}{\gamma}$ 称为单位压能，$z + \frac{p}{\gamma}$ 称为单位总势能，简称单位势能，用 $E_{势}$ 表示。

根据以上定义，静水压强基本方程式的物理意义为：质量力仅有重力的静止液体中，任意点对于同一基准面的单位势能为一常数，即

$$E_{势} = z_1 + \frac{p_1}{\gamma} = z_2 + \frac{p_2}{\gamma} = \cdots = C \tag{2-8}$$

【例 2-1】　液面为大气压的蒸馏水和水银中，请问深度为 0.5m 处的静水压强各为多少？

解：由表 2-1 可知，清水和水银的容重分别为 $9.8kN/m^3$ 和 $133.3kN/m^3$，则

蒸馏水中深度为 0.5m 处的静水压强：$p = \gamma h = 9.8 \times 0.5 = 4.9(kPa)$

水银中深度为 0.5m 处的静水压强：$p = \gamma h = 133.3 \times 0.5 = 66.65(kPa)$

任务三　静水压强的量测及表示方法

任务描述：本任务主要介绍了静水压强的量测及表示方法。通过完成此任务，熟悉静水压强的单位、量测、分析及其表示方法，掌握管道及容器内压强的一般计算方法。

一、静水压强的单位

在水力分析与计算中，压强有三种单位，即应力单位、大气压和液柱高。

（一）应力单位

从压强的定义出发，用单位面积上的力来表示，如 N/m^2 或帕（Pa）、kN/m^2 或千帕（kPa）等。

（二）以大气压表示

地球表面大气所产生的压强，称为大气压强。物理学中规定：以海平面的平均大气压

760mm 高水银柱为 1 标准大气压（英文大气压缩写为 atm），1 标准大气压为 101.32kPa。为了计算方便，水利工程中用工程大气压来代替当地大气压，工程上用 Pa 表示大气压，即 Pa＝98kPa。在工程计算中工程大气压与当地大气压和标准大气压相差不大，由此引起的误差可以忽略不计。

（三）以液柱高度表示

由于一般液体的容重可看做常量，液柱高 $h = \dfrac{p}{\gamma}$ 即能反映压强的大小。因水的容重大家比较熟悉，所以水利工程中常用水柱高作为压强单位。

因 10m 水柱产生的压强为 $9.8\text{kN/m}^3 \times 10\text{m} = 98\text{kPa}$，即 1 工程大气压。而 1 工程大气压相应的水银柱（汞柱）高度为

$$h = \frac{p}{\gamma} = \frac{98\text{kN/m}^2}{133.3\text{kN/m}^2} = 0.735\text{m} = 735\text{mm}$$

所以三种压强单位间的换算关系为：1 工程大气压＝98kPa，相当于 10m 水柱或 0.735m 汞柱。

需要注意的是：用液柱高度为单位表示压强时，必须在数值后面写明相应的液柱类型，如 10m 水柱，或 0.735m 汞柱。

二、绝对压强、相对压强、真空及真空值

量度压强的大小，根据起算的基准（即零点）不同，分为绝对压强和相对压强两种。

（一）绝对压强

前面已提到 1 工程大气压＝98kPa，地球上所有物体都受到这一压强，在计算物体所受压强时，计入大气压所求得的压强称为绝对压强，以 $p_{绝}$ 表示。如当液面为大气压时，水深为 10m 处的绝对压强则为

$$p_{绝} = p_0 + \gamma h = p_a + \gamma h = 98 + 9.8 \times 10 = 196(\text{kN/m}^2) = 196\text{kPa}$$

（二）相对压强

在计算物体所受压强时，不计入大气压所求得的压强称为相对压强，以 $p_{相}$ 表示。如：当液面为大气压时，则水深为 10m 处的相对压强为

$$p_{相} = \gamma h = 9.8 \times 10 = 98(\text{kN/m}^2) = 98\text{kPa}$$

显然，$p_{相}$ 与 $p_{绝}$ 相差一个大气压强。$p_{相}$ 不计入大气压，$p_{绝}$ 计入大气压，即

$$p_{绝} = p_{相} + p_a \tag{2-9}$$

或
$$p_{相} = p_{绝} - p_a \tag{2-10}$$

因所有物体都受大气压强，因此工程计算时不再计入大气压强这部分相同值，所以如果不是特指，工程中求某点压强均是指相对压强，其符号也不加脚标，直接以 p 表示 $p_{相}$。

（三）真空、真空值及真空高度

实践中常会遇到绝对压强小于大气压的情况，通常说出现了负压，即相对压强为负值，工程水力分析中把这种情况称作真空现象。

下面通过一个简单的试验来认识和理解真空现象。取一端装有橡皮球的开口玻璃管，先挤压橡皮球将球内一部分气体排出，再将玻璃管插入盛水的敞口容器中，如图 2-7 所示。观察发现，容器中的水被吸到玻璃管内，管中水面高于容器中水面。若管内表面压强为 p_0，管中水面上升高度以 h_1 表示，根据连通器原理和静水压强基本方程可得

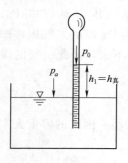

图 2-7　真空高度

$$p_0 + \gamma h = p_a = 0$$
$$p_0 = -\gamma h$$

由上式可知，玻璃管中水面相对压强 p_0 为负值，说明玻璃管中出现了真空，且 p_0 绝对值越大，玻璃管中水面上升高度就越大。

工程中常用相对压强的绝对值即真空值（真空压强），或水柱上升高度 h_1 来度量真空的大小。真空值以 p_v（或 $p_真$）表示，其与绝对压强及相对压强的关系为

$$p_真 = -p_相 = p_a - p_绝 (p_相 < 0) \tag{2-11}$$

水柱上升高度 h_1 也称吸上高度或真空高度，常以 $h_真$ 表示，其计算式为

$$h_真 = -\frac{p_相}{\gamma} = \frac{p_真}{\gamma} \tag{2-12}$$

图 2-8 为绝对压强、相对压强及真空值关系示意图。从图中可以看出，当绝对压强大于大气压时，相对压强是绝对压强超出大气压的部分；当绝对压强小于大气压时，其不足一个大气压的部分就是真空值；当绝对压强为零时，真空值达到最大。工程中利用离心泵、虹吸管吸水时，泵内或虹吸管内理论最大真空值为一个大气压，理论最大吸程不可能超过 10m。

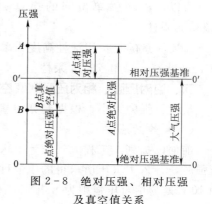

图 2-8　绝对压强、相对压强及真空值关系

三、静水压强测量仪及其测算

静水压强的测算有两种情况：一是测算点压强，二是测算两点压强差。工程实际中用于测量压强的仪器很多，可分为液柱式测压仪、金属测压仪、电测仪等，各种仪器的量测值一般为相对压强值。下面重点介绍液柱式测压仪的测算原理。

（一）点压强的测算

1. 测压管

一般压强用直立测压管，如图 2-9（a）所示；当某点压强较小时，可用斜测压管，如图 2-9（b）所示。

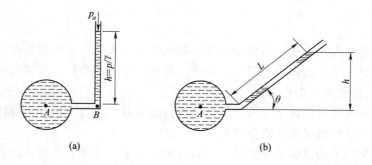

图 2-9　测压装置——测压管

（1）直立测压管。直立测压管是最简单也最常用的测压装置，管中液柱高度即反映了所

测点的相对压强 p，即

$$p = \gamma h$$

（2）斜测压管。若所测点的压强较小，为了提高测量精度，可将测压管倾斜放置以增大测距，如图 2-9（b）所示。此时用于计算压强的测压管高度 $h = L\sin\theta$，则被测点压强为

$$p = \gamma h = p = \gamma L \sin\theta$$

式中　θ——测压管与水平面的夹角；

　　　L——测压管中液柱沿倾斜方向的长度。

（3）轻质液体测压管。压强较小时，也可以在测压管中装入与所测点液体互不相溶的轻质液体，如各种油类。因轻质液体容重小，相同压强下其液柱上升高度就大，从而可增大测距，提高测量精度。

2. U 形水银测压计

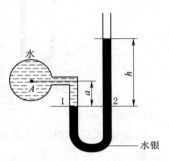

若所测点压强较大，可采用 U 形水银测压计，如图 2-10 所示。由连通器原理可知，图 2-10 中 1—2 为等压面，若水银容重以 γ_m 表示，则根据静水压强基本方程有

$$p_1 = p_A + \gamma a$$

$$p_2 = \gamma_m h$$

因 $p_1 = p_2$，所以有 $p_A + \gamma a = \gamma_m h$

$$p_A = \gamma_m h - \gamma a$$

可见，对于 U 形水银测压计，只要测出两水银面高差及
安装高度 a，就可计算出某点 A 的压强。

图 2-10　U 形水银测压计

（二）两点间压差的测算

测量两点压差的仪器称为压差计或比压计。常用的压差计有空气压差计和水银压差计。

1. 空气压差计

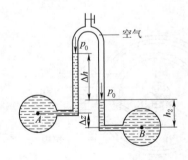

图 2-11　空气压差计

如图 2-11 所示，空气压差计即倒 U 形管上部为空气（其压强可大于或小于大气压）。因空气的容重很小，则可认为两管中液面压强相等。根据图 2-11 中各尺寸几何关系及静水压强基本方程可知

$$p_A = p_0 + \gamma \Delta h + \gamma(h_2 - \Delta z)$$

$$p_B = p_0 + \gamma h_2$$

所以　　　　　$p_A - p_B = \gamma(\Delta h - \Delta z)$

当 A、B 位于同一高程时，$z = 0$，则

$$p_A - p_B = \gamma(\Delta h - \Delta z)$$

2. 水银压差计

图 2-12 所示为水银压差计装置，取图中 1—2 等压面，由静水压强基本方程可得

$$p_1 = p_A + \gamma(z_A + \Delta h)$$

$$p_2 = p_B + \gamma z_B + \gamma_m \Delta h$$

因 $p_1 = p_2$，则　　　　　$p_A - p_B = \gamma(z_B - z_A) + (\gamma_m - \gamma)\Delta h$

若 A、B 同高，则　　　　$p_A - p_B = (\gamma_m - \gamma)\Delta h$

3. 斜比压计

当两点之间的压差很小时，为提高测量精度，同样可将比压计倾斜放置，如图 2-13、图 2-14 所示，则

$$p_A - p_B = \gamma \Delta L \sin\theta$$

$$p_A - p_B = (\gamma_m - \gamma) \Delta L \sin\theta$$

式中　ΔL——沿斜面方向两测压管读数差。

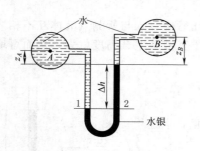

图 2-12　水银压差计

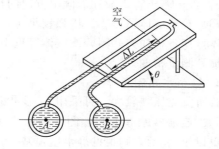

图 2-13　空气斜比压计

4. 金属压力表

除液体测压计外，在各种给水、排水设施上，常使用各种类型的金属压力表来测量液体的压强，其中使用较多的是一种管环式压力表（又称弹簧式压力表），其构造如图 2-15 所示。其弹簧由椭圆形横剖面的铜管或钢管制成，并弯曲成具有弹性的环状管，管的一端固定且与被测量的液体相连，管的另一端为封闭的自由端，通过连杆、传动系统与表针相连。当大于大气压的液体进入弹簧管后，由于环状管具有弹性，其自由端受压后发生变形向外伸张，带动指针转动，在表盘的刻度上指示压力读数；当进入弹簧管的压力液体为负压时，原理一样，只是作用方向相反，弹簧管变形向内收缩，表针指示真空读数。须指出，金属压力表所指示的压力读数都是相对压强。

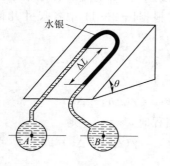

图 2-14　水银斜比压计

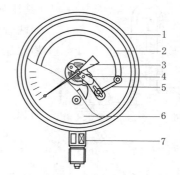

图 2-15　弹簧式压力表
1—机座；2—弹簧管；3—指针；4—上夹板；
5—连杆；6—表盘；7—接头

压力表盘上标有压强单位 MPa(10^6Pa) 和精度等级，如普通压力表为 2.5 级，表示该表的测值与实际值的误差不超出实际值的 $\pm 2.5\%$。

另有隔膜式压力表、风箱式压力表，原理与此相同，不再介绍。一般来说，金属压力表精度不高，灵敏度偏低，须定期率定才可使用。

【例 2－2】　求水库水深为 5m 处的绝对压强 $p_{绝}$、相对压强 $p_{绝}$ 和真空值 $p_{真}$。

解： 已知水库水面为大气压，因 $p_{绝} ＝ p_{相} ＋ p_a$，$p_{真} ＝ － p_{相}$，则

绝对压强　　$p_{绝} ＝ p_a ＋ \gamma h ＝ 98 ＋ 9.8 \times 5 ＝ 147(\text{kPa}) ＝ 1.5(\text{工程大气压})$
$＝ 1102.5(\text{mm 汞柱})$

相对压强　　$p_{相} ＝ \gamma h ＝ 9.8 \times 5 ＝ 49(\text{kPa}) ＝ 0.5(\text{工程大气压}) ＝ 367.5(\text{mm 汞柱})$

真空值　　$p_{真} ＝ － p_{相} ＝ － 49(\text{kPa}) ＝ － 49(\text{kN/m}^2)$

【例 2－3】　如图 2－16 所示装置中，$h_{水} ＝ 30\text{cm}$，水的容重为 $\gamma ＝ 9.8\text{kN/m}^3$，油的容重为 $\gamma_{油} ＝ 7.85\text{kN/m}^3$。求：（1）密闭容器内表面压强 p_0 的相对压强值；（2）U 形管中油柱的高差 $h_{油}$。

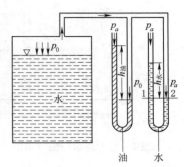

解：（1）在图 2－16 中右侧 U 形管上取 1—2 等压面，因容器内与 U 形管密封端表面压强可看做相等，根据静压计算原理有

$$p_{0相} ＝ \gamma h_{水} ＝ 9.8 \times 0.3 ＝ 2.94(\text{kPa})$$

（2）因两 U 形管与容器连通端表面压强相同，所以 $\gamma h_{水} ＝ \gamma_{油} h_{油}$，则有

图 2－16　U 形压差计测压

$$h_{油} ＝ \frac{\gamma h_{水}}{\gamma_{油}} ＝ 0.374(\text{m}) ＝ 37.4\text{cm}$$

任务四　平面上的静水总压力

任务描述： 本任务主要介绍了平面上的静水总压力。通过完成此任务，真正领会平面上静水总压力的计算原理，熟练掌握平面上静水总压力的计算方法及其运用。

实际工程中，经常需要计算建筑物与液体接触面上所受静水总压力。例如，确定闸门启闭力，校核闸、坝的稳定等，都需要知道作用于整个受压面上静水总压力。求静水总压力就是计算受压面上各部分所受作用力的合力，主要确定静水总压力的大小、方向和作用点位置。水工建筑物受压面一般分为平面和曲面，本任务只研究受力条件较简单的平面壁上静水总压力的计算方法。要求壁面上静水总压力（合力），首先得知道受压面各部分力（即各分力），下面来研究平面壁上静水压强（各分力）的分布规律。

一、静水压强分布图

表示受压面上静水压强分布规律的几何图形，称为静水压强分布图。工程中一般只需画出相对压强分布图。

绘制压强分布图的一般原则：静水中任一点压强的大小由 $p ＝ \gamma h$ 计算；压强的方向根据静水压强第二特性确定（垂直指向受压面）；用带箭头的线段表示压强的大小和方向，箭杆长度代表压强的大小，箭头指向表示压强的方向。

因工程中常利用矩形平面壁的静水压强分布图来求总压力，所以下面重点介绍矩形平面壁上静水压强分布图（剖面图）的绘制方法。

因静水压强 p 与水深 h 为线性函数关系，对于矩形平面壁，沿水深方向静水压强大小必呈直线分布，只要绘出两个点的压强，即可确定直线的位置和斜率。具体做法如下：

（1）选择受压面纵剖面线的两端点，按 $p = \gamma h$ 分别计算其压强的大小。

（2）按一定比例绘出两箭杆长度（代表两点压强大小），箭头方向垂直指向两点所在受压面，如图 2-17、图 2-18 所示。

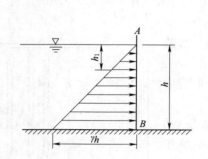

图 2-17　静水压强分布图（垂直面）

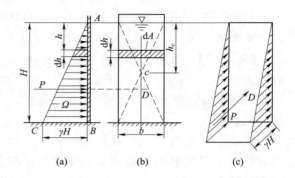

图 2-18　平板闸门的静水压强分布图

（3）标注两点压强大小，连接两箭杆尾部，在封闭图形中标示各点压强大小及方向，如图 2-17 所示。

图 2-19 中，图（a）为倾斜放置的矩形平面壁压强分布图，图（b）为折转面的压强分布图形（注意折点处压强的绘制），图（c）为受压面迎水面及背水面均受水压力的情况（图形由两面的压强分布图叠加合并而成）。分析以上各图可知：各种情况下平面壁上静水压强分布均为平行分布力系；当受压面顶端与水面齐平时，压强分布图为三角形；当受压面上下两端均淹没在水面以下时，其压强分布图为梯形；受压面的两侧面都受压时，压强分布图则为矩形（各点压强均为 γ 乘以上下游水位差）。

若受压面为曲面，各点压强方向垂直于该点的切线且指向曲率中心，其压强分布不再是平行分布力系，如图 2-19（d）所示。

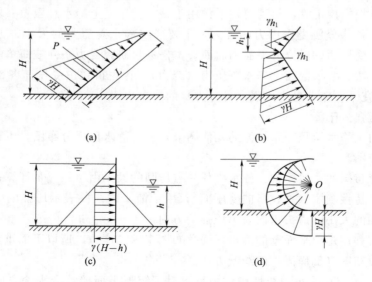

图 2-19　不同受压面的静水压强分布图

二、图解法求作用于矩形平面壁上的静水总压力

因平面壁上静水压强分布为平行分布力系，由工程力学可知，作用于平面壁上的静水总压力大小就等于压强分布图的体积。因矩形平面壁上压强分布图形状较规则，可以很容易地根据静水压强分布图求出静水总压力，这种利用压强分布图计算总压力的方法称为图解法。

（一）静水总压力的大小

图 2-17、图 2-18、图 2-19 中的静水压强分布图均是静水压强分布图的剖面图形。对于矩形平面壁，整个受压面上的静水压强分布图为一棱柱体，压强分布图的剖面图即为棱柱体的底，棱柱体的高即受压面宽度 b，若压强分布图的面积用 Ω 表示，则棱柱体的体积即作用于矩形平面壁上的静水总压力为

$$P = \Omega b \tag{2-13}$$

例如图 2-20 中，倾斜放置于静水中的矩形平板闸门 AB，门宽为 b、门高为 L，其静水压强分布图为梯形，梯形上、下底分别为 A、B 点的压强大小，即 γh_1 和 γh_2，则作用于闸门上的静水总压力为

$$P = \Omega b = \frac{1}{2}\gamma(h_1 + h_2)bL$$

（二）静水总压力的方向及作用点位置

由于平行力系的合力方向与各分力方向相同，所以矩形平面壁上静水总压力方向必然垂直指向受压面。

静水总压力的作用点即总压力作用线与受压面的交点，称为压力中心，用 D 表示。因受压面纵向对称轴两侧所受水压力相同，故 D 必位于受压面纵向对称轴上（图 2-20）。又由工程力学知，总压力的作用线必然通过压强分布图的形心，可见压力中心的位置与压强分布图形有关。若压力中心位置用 D 至受压面底边缘的垂直距离 e 表示，则

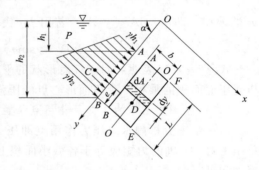

图 2-20 斜置矩形平面壁静水总压力求解

当压强分布图为梯形时

$$e = \frac{L}{3}\frac{2h_1 + h_2}{h_1 + h_2} \tag{2-14}$$

当压强分布图为三角形时

$$e = \frac{L}{3} \tag{2-15}$$

式中 h_1、h_2——受压面上、下边缘的水深；

L——受压面长度。

由上可知，图解法求矩形平面壁上静水总压力的步骤如下：

（1）绘制静水压强分布图。

（2）求静水总压力的大小 $P = \Omega b$。

（3）确定压力中心位置。

三、解析法求作用于任意形状平面壁上的静水总压力

（一）静水总压力的大小

对于任意形状的平面壁，因压强分布图形状不规则，要准确求出其体积很困难，所以图

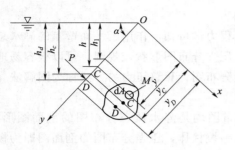

图 2-21 斜置任意形状平面
壁静水总压力求解

解法不再适用，需用解析法求解，即根据数学及力学原理推导出计算公式，直接用公式求解。

如图 2-21 所示，在倾斜挡水面上放置一任意形状的平面板，面板所在斜面与水平面的夹角为 α，面板面积为 A，形心为 C，形心淹没深度为 h_c。

以面板所在平面为直角坐标平面 xOy，取坐标平面与水面的交线为 x 轴，y 轴取在面板范围以外。将 xOy 坐标平面绕 y 轴转 90°后，可看到其与面板的相对位置，如图 2-21 所示。下面来分析作用于面板上的静水总压力大小和作用点位置。

在面板上任选一点 M，围绕 M 取一微分面积 $\mathrm{d}A$，设 M 点在液面以下的淹没深度为 h，则 M 点的静水压强为 $p = \gamma h$。因微小面积 $\mathrm{d}A$ 上的压强可视为相等，所以作用在 $\mathrm{d}A$ 上的静水总压力为 $\mathrm{d}P = \gamma h \mathrm{d}A$。由于平行力系的合力等于各分力的代数和，所以作用于整个面板上的静水总压力可通过积分求得

$$P = \int_A \mathrm{d}P = \int_A \gamma h \mathrm{d}A = \int_A \gamma y \sin\alpha \, \mathrm{d}A = \gamma \sin\alpha \int_A y \mathrm{d}A$$

由工程力学可知，上式中 $\int y \mathrm{d}A$ 为面板对 Dz 轴的面积矩，它等于面板面积与形心坐标 y_C 的乘积，即 $\int_A y \mathrm{d}A = y_c A$，若用 p_c 代表形心点的静水压强，则有

$$P = \gamma \sin\alpha \, y_C A = \gamma y_C A = p_c A \qquad (2-16)$$

式（2-16）表明：对于任意形状的平面壁，静水总压力的大小等于受压面形心处压强与受压面面积的乘积。受压面形心点的压强相当于受压面的平均压强。

（二）静水总压力的方向及作用点位置

进一步来分析静水总压力作用点即压力中心 D 的位置。根据合力矩定理，面板上静水总压力对 Ox 轴的力矩应等于各微小面积上的力对 Ox 轴的力矩之和。各分力对 Ox 轴的力矩之和可写为

$$\int_A y \mathrm{d}P = \int_A y \gamma h \, \mathrm{d}A = \int_A y \gamma y \sin\alpha \, \mathrm{d}A = \gamma \sin\alpha \int_A y^2 \mathrm{d}A$$

所以有
$$P \, y_D = \gamma \sin\alpha \int_A y^2 \mathrm{d}A$$

上式中 $\int_A y^2 \mathrm{d}A$ 为面板对 Ox 轴的惯性矩，以 I_x 表示。因 I_x 不仅与面板形状有关，还与 Ox 轴位置有关，直接求解很不方便，因此可先计算出面板对其形心轴（过形心与 Ox 平行的轴）的惯性矩 I_C，再根据平移轴定理求出 I_x，即 $I_x = I_C + y_C^2 A$，所以有

$$P \, y_D = \gamma \sin\alpha (I_C + y_C^2 A)$$

将式（2-16）代入上式并整理可得

$$y_D = y_C + \frac{I_C}{y_C A} \qquad (2-17)$$

因式（2-17）中 $\dfrac{I_C}{y_C A}$ 一般大于零（受压面为水平面时因 $I_C = 0$，所以 $\dfrac{I_C}{y_C A} = 0$），故一般情况下有 $y_D > y_C$，即压力中心 D 总在受压面形心 C 以下。当受压面为水平面时，$y_D >$

y_C（水平面上所有点的 y 坐标都相同），且因受压面上压强均匀分布，故 D 点与 C 点重合。

常见平面图形的面积、形心及 I_C 计算公式见表 2-2。

表 2-2　　　　　　　　　　常见平面图形的 A、y_C 及 I_C

几何图形		A	y_C	I_C
矩形		bh	$\dfrac{h}{2}$	$\dfrac{bh^3}{12}$
三角形		$\dfrac{bh}{2}$	$\dfrac{2h}{3}$	$\dfrac{bh^3}{36}$
梯形		$\dfrac{h(a+b)}{2}$	$\dfrac{h}{3}\left(\dfrac{a+2b}{a+b}\right)$	$\dfrac{h^3}{36}\left(\dfrac{a+4ab+b^2}{a+b}\right)$
圆		πr^2	r	$\dfrac{1}{4}\pi r^4$
半圆		$\dfrac{1}{2}\pi r^2$	$\dfrac{4r}{3\pi}=0.424r$	$\dfrac{9\pi^2-64}{72\pi}r^4=0.1098r^4$

注　表中 r 为圆半径；a、b 为受压面上、下底宽度；h 为受压面高度。

同理，将静水压力对 Oy 轴取力矩，可求得压力中心的另一个坐标 x_D。但因实际工程中受压面大多具有与 Oy 轴平行的对称轴，且对称轴两侧所受压力相同，则压力中心 D 必位于对称轴上。

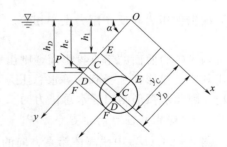

图 2-22　斜置圆形平面壁静水总压力求解

【例 2-4】　如图 2-22 所示一圆形平板闸门，半径 $r=0.5$m，$\alpha=45°$，闸门上边缘距水面深度为 1m，求闸门所受的静水总压力。

解：根据图示及已知条件有

$$h_C=1+r\sin\alpha=1+0.5\times\sin45°=1.35(\text{m})$$

$$P=\gamma h_C A=9.8\times1.35\times0.5^2\times3.14=10.39(\text{kN})$$

$$I_C=\frac{\pi r^4}{4}=\frac{1}{4}\times3.14\times0.5^4=0.049(\text{m}^4)$$

$$y_C = \frac{1}{\sin\alpha} + r = \frac{1}{\sin 45°} + 0.5 = 1.91(\text{m})$$

$$y_D = y_C + \frac{I_C}{y_C A} = 1.91 + \frac{0.049}{1.91 \times 3.14 \times 0.5^2} = 1.94(\text{m})$$

任务五　曲面上的静水总压力

任务描述：本任务主要介绍了曲面上的静水总压力。通过完成此任务，基本领会曲面上静水总压力的计算原理，初步掌握曲面上静水总压力的计算方法及其运用。

一、静水总压力的两个分力

水工建筑物中常碰到受压面为曲面的情况，如拱坝坝面、弧形闸门、弧形闸墩及边墩等。因曲面壁上各点静水压强的方向互不平行［图 2-19（d）］，则平面壁上求各力代数和确定总压力的方法不再适用。为便于计算，可根据工程力学中力的分解和合成原理，先分别计算水平方向和铅垂方向的分力，再根据求合力的法则，求出静水总压力。

工程中常见的曲面壁多为二向曲面（柱面），现以弧形闸门为例，讨论二向曲面壁静水总压力的计算问题。

取图 2-23（a）中弧形闸门下部水体为脱离体，其剖面图如图 2-23（b）所示。从图 2-23（c）可看出，所取脱离体是以截面 ABC 为底，高为闸门宽度 b 的水体，其侧面为铅垂平面（AC），底面为水平面（BC）。脱离体受力分析如图 2-23（b）所示，图中各符号意义如下：

P'——闸门对水体的反作用力，与闸门所受静水总压力 P 等值反向；

P'_x、P'_z——P' 的水平分力和铅直分力；

P_{AC}、P_{BC}——作用在 AC、BC 面上的静水总压力；

G——脱离体水重。

（一）静水总压力的水平分力 P_x

根据受力分析，列水平方向的平衡方程得

$$P'_x = P_{AC}$$

根据作用力与反作用力大小相等、方向相反的原理，闸门所受水平分力为

$$P_x = P'_x = P_{AC} \tag{2-18}$$

因 AC 为曲面的铅直投影面，则由式（2-18）可知，曲面壁上静水总压力的水平分力等于其铅直投影面上受到的静水总压力。又因 AB 的铅直投影面 AC 为矩形平面［图 2-23（c）］，因此求弧形闸门静水总压力的水平分力就归结为求矩形平面壁上的静水总压力问题。

（二）静水总压力的铅直分力 P_z

图 2-23（b）中脱离体铅直方向的平衡方程式为

$$P'_z = P_{BC} - G$$

由于 BC 是淹没深度为 h_2 的水平面，其上各点压强都等于 γh_2，若以 A_{BC} 表示其面积，则有

$$P_{BC} = \gamma h_2 A_{BC} = \gamma V_{MCBN}$$

式中　V_{MCBN}——以 $MCBN$ 为底、b 为高的棱柱体体积，如图 2-23（c）所示。

脱离体的重量等于其体积乘以水的容重，即

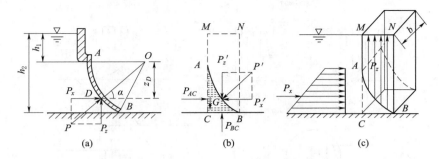

图 2-23　曲面壁静水总压力及压力体示意图

$$G = \gamma V_{ACB}$$

式中　V_{ACB}——以 ACB 为底、b 为高的棱柱体体积，如图 2-23（c）所示。

所以，P'_z 的计算式可写为

$$P'_z = P_{BC} - G = \gamma V_{MCBN} - \gamma V_{ACB} = \gamma V_{MABN}$$

式中　V_{MABN}——以 $MABN$ 为底、b 为高的棱柱体体积，通常称为压力体。

由图 2-23（c）可知，压力体由顶面、底面和侧面组成，顶面为水面或水面的延展面，底面为曲面本身，侧面为由曲面边线向水面所作的铅直面。压力体体积用 $V_{体}$ 表示，棱柱体底面 $MABN$ 称为压力体剖面，其面积以 $A_{剖}$ 表示，则

$$V_{体} = A_{剖} b$$

$$P'_z = \gamma V_{体} = \gamma A_{体} b$$

因 P_z 与 P'_z 大小相等、方向相反，所以

$$P_z = \gamma A_{体} b = \gamma V_{体} \tag{2-19}$$

由式（2-19）知，求解 P_z 的关键在于正确求出 $A_{剖}$，而求 $A_{剖}$ 的关键又在于正确绘出压力体剖面图。

（三）压力体剖面图的绘制

简单曲面的压力体剖面图由四条边［图 2-23（c）］或三条边（曲面与水面相交时）围成，复杂曲面壁（凹凸方向不同）的压力体剖面图由简单曲面的压力体剖面图合并而成。简单曲面的压力体剖面图绘制方法如下：

（1）画出曲面本身（一般忽略壁面厚度，只画一条弧线，简称"本身"）。

（2）由弧线两端点向水面线或其延长线作铅垂线（简称"垂线"）。

（3）用水面线或其延长线封闭图形（简称"封闭"）。

（4）在封闭图形内用一组带箭头的相互平行的铅直线分力表示 P_z 的大小和方向。若曲面上部有水，P_z 方向向下；曲面下部有水，P_z 方向向上；曲面上、下都有水时，应分开绘制后将图形合并，依合并结果确定 P_z 的方向，如图 2-24 所示。

对于复杂曲面，可以曲面与铅垂面相切处将曲面分成若干部分，各部分按简单曲面分别绘制后，再将各部分压力体图中箭线重合而方向相反的部分相互抵消，所剩图形即为 P_z 的压力体剖面图。

二、静水总压力 P

求得水平分力 P_x 和铅直分力 P_z 后，按力的合成法则，作用在曲面上的静水总压力 P 为

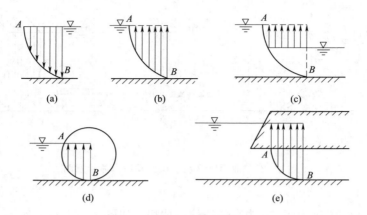

图 2-24　压力体剖面图的绘制

$$P = \sqrt{P_x^2 + P_z^2} \qquad (2-20)$$

由图 2-23（a）可知，总压力的方向指向曲面的内法线方向，其作用线与水平线的夹角 α 为

$$\alpha = \arctan \frac{P_z}{P_x} \qquad (2-21)$$

总压力的作用点即总压力作用线与曲面的交点 D，D 点位于曲面的纵向对称轴上，其在铅垂方向的位置以该点至受压面曲率中心的铅垂距离 z_D 表示，由图 2-23（a）知

$$z_D = R \sin\alpha \qquad (2-22)$$

【例 2-5】　试绘制图 2-24 中各曲面壁上的压力体剖面图。

【例 2-6】　某溢流坝上弧形闸门如图 2-25 所示。已知闸门宽度 $b = 8\text{m}$，圆弧半径 $R = 6\text{m}$，闸门轴心 O（圆心）与水面齐平，圆心角为 $45°$。求作用在闸门上的静水总压力。

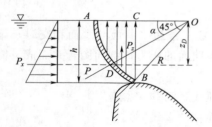

图 2-25　弧形闸门的静水总压力

解：闸前水深：$h = R\sin45° = 6 \times \sin45° = 4.24$（m）

水平分力：$P_x = \gamma h_C A_x = \dfrac{1}{2}\gamma h^2 b$

$$= \frac{9.8 \times 4.24^2 \times 8}{2} = 704.72（\text{kN}）$$

铅直分力等于压力体 ABC 内的水重。压力体 ABC 的体积等于扇形 AOB 的面积减去三角形 BOC 的面积再乘以宽度 b。因为

扇形 AOB 面积 $= \dfrac{45}{360}\pi R^2 = \dfrac{45}{360} \times 3.14 \times 6^2 = 14.13（\text{m}^2）$

三角形 BOC 面积 $= \dfrac{1}{2}\overline{BC}\,\overline{OC} = \dfrac{1}{2}hR\cos45° = \dfrac{1}{2} \times 4.24 \times 6 \times \cos45° = 9（\text{m}^2）$

故压力体 ABC 的体积 $V_体 = \Omega b = (14.13 - 9) \times 8 = 41.04（\text{m}^3）$。

因此，铅直分力 P_z 为

$$P_z = \gamma V_体 = 9.8 \times 41.04 = 402.19（\text{kN}）$$

作用在闸门上的静水总压力 P 为

$$P = \sqrt{P_x^2 + P_z^2} = \sqrt{704.72^2 + 402.19^2} = 811.41(\text{kN})$$

总压力的作用线与水平线的夹角 α 为

$$\alpha = \arctan \frac{P_z}{P_x} = \arctan \frac{402.19}{704.72} = 30°$$

总压力作用点 D 与闸门轴心 O 的铅直距离为

$$z_D = R\sin\alpha = 6 \times \sin30° = 3(\text{m})$$

项 目 学 习 小 结

本项目主要介绍了静水压强及其特性、静水压强的基本规律、静水压强的量测及表示方法、平面和曲面上的静水总压力的一般计算方法，并初步介绍了其工程应用。其中静水压强的基本特性和基本规律、静水压力分析计算的一般方法、平面与曲面上静水总压力的计算及其工程应用等内容是教学重点和难点。通过本项目的学习，使学生理解静水压强的有关概念和基本特性，熟悉静水压强的量测及表示方法，领会静水压强的基本规律，掌握管道及容器内的压强、平面和曲面上的静水总压力的一般计算方法，并学会运用于工程实际。

职 业 能 力 训 练 二

一、单项选择题

1. 静水压强的方向永远（　　）受压面。

A. 平行　　　　　　　B. 背向　　　　　　　C. 垂直指向　　　　　D. 垂直背向

2. 静止液体中任一点所受各个方向的压强（　　）。

A. 大小相等　　　　　B. 大小不等　　　　　C. 垂直方向最大　　　D. 水平方向最大

3. 静水压强计算公式 $p = p_0 + \gamma h$ 中，p_0 表示（　　）。

A. 真空压强　　　　　B. 起始压强　　　　　C. 液体中 O 点压强　D. 液面压强

4. 质量力仅有重力的静止液体中，位置高度越大，静水压强（　　）。

A. 也越大　　　　　　B. 就越小　　　　　　C. 为一定值　　　　　D. 可能大也可能小

5. 水力分析与计算中的压力体（体积）就是（　　）。

A. 曲面体所能排开液体的那部分体积

B. 曲面体所对应形体的那部分体积

C. 曲面正上方对应空间所能排开液体的体积

D. 曲面正上方空间所对应那部分形体体积

二、多项选择题

1. 静水压强的重要特性如下（　　）。

A. 静水压强的方向永远垂直并背向受压面

B. 静止液体中任一点所受各个方向的压强大小不等

C. 静水压强的方向永远垂直并指向受压面

D. 静止液体中任一点所受各个方向的压强大小相等

E. 静止液体中任一点所受各个方向的压强数垂直方向最大

2. 连通器原理：在（　　）的静止液体中，同一水平面必为等压面。

A. 性质相近　　　　　B. 均质　　　　　C. 连通

D. 质量力仅有重力　　E. 密闭空间内

3. 水力分析与计算中，压强的单位有（　　）。

A. 压力单位（kN 或 kgf）　　　　　B. 真空度

C. 应力单位（kN/m² 或 kPa）　　　D. 大气压（标准大气压和工程大气压）

E. 液柱高（m 水柱和 m 汞柱）

4. 绝对压强 $p_绝$ 与相对压强 $p_相$ 的关系有（　　）。

A. $p_绝 = p_相 + p_a$　　　　　　　　B. $p_相 = p_绝 - p_a$

C. $p_a = p_绝 - p_相$　　　　　　　　D. $p_a = p_0$

E. $p_a = 0$

三、判断题

1. 质量力仅有重力的静止液体中，位置高度越小，静水压强也越小。　　　（　　）

2. 静水压强的大小与受压面的方位有关。　　　　　　　　　　　　　　（　　）

3. 相互连通、静止水体中水深相同的水平面一定是等压面。　　　　　　（　　）

4. 静止水体中，某点的真空压强为 50kPa，则该点相对压强为 -50kPa。　（　　）

5. 直立矩形平面板所受静水总压力的作用点与受压面的形心点 O 重合。　（　　）

四、简答题

1. 静水压强基本规律有几种表示方法？各自的含义是什么？

2. 什么是相对压强、绝对压强及真空压强（真空值）？它们之间的关系如何？理论上的最大真空值是多少？

3. 压强分布图的意义何在？压力体图与压强分布图有何区别？绘制压力体图时铅直分力的方向如何确定？

4. 在如图 2-26 所示的装置情况下，半径为 r 的两个半球面（不考虑球壁厚度）所受的铅直总压力如何求解？其所受铅直总压力的大小、方向是否相同？

五、作图题

1. 试绘出如图 2-27 所示挡水面上的压强分布图。

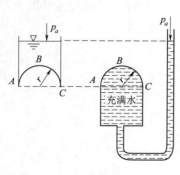

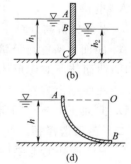

图 2-26　简答题 4　　　　　　　　　　　　　图 2-27　作图题 1

2. 试绘制图 2-28 中各曲面壁的压力体剖面图及其铅直投影面上的压强分布图。

六、计算题

1. 已知某容器（图 2-29）中 A 点的相对压强为 0.8 工程大气压，若在此高度处安装测压管，问至少需要多长的玻璃管？如果改装水银测压计，水银柱高度 h_p 为多少？（已测得 $h' = 0.2\text{m}$）

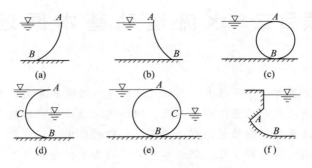

图 2-28　作图题 2

2. 测量容器中 A 点压强值的装置如图 2-30 所示。已知 $z = 1\text{m}$，$h = 2\text{m}$，求 A 点的相对压强，并用绝对压强和真空高度来表示。

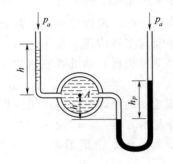

图 2-29　计算题 1

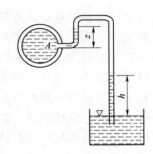

图 2-30　计算题 2

3. 如图 2-31 所示，用水银比压计测量两容器中两点的压强差值。已知 1、2 两点位于同一高度上，比压计两水银面读数差 $h = 350\text{mm}$，试计算 1、2 两点的压强差。

4. 在渠道侧壁上开有圆形放水孔如图 2-32 所示，放水孔直径 $d = 0.5\text{m}$，孔顶至水面深度 $h = 2\text{m}$，试求放水孔盖板上的静水总压力大小及作用点位置。

5. 有一弧形闸门如图 2-33 所示，已知 $h = 3\text{m}$，$\phi = 45°$，闸门宽度 $b = 1\text{m}$，求作用在弧形闸门上的静水总压力大小、方向及压力中心位置。

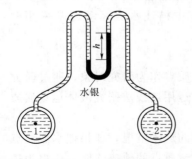

图 2-31　计算题 3

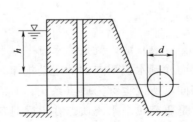

图 2-32　计算题 4

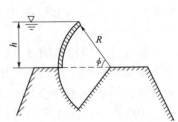

图 2-33　计算题 5

项目三 水流运动基本原理

项目描述：本项目共四个学习任务：水流运动的基本概念和分类，恒定总流的连续性方程及应用、能量方程及应用和动量方程及应用。理解水流运动的基本概念和分类，领会恒定总流的连续性方程、能量方程和动量方程，并掌握它们的应用。

项目学习目标：通过本项目学习，理解水流运动的基本概念和水流运动的分类，领会恒定总流的连续性方程、能量方程和动量方程，掌握恒定总流三大方程的应用。

项目学习的重点：恒定总流的连续性方程、能量方程和动量方程以及它们的应用。

项目学习的难点：恒定总流的连续性方程、能量方程和动量方程的应用。

工程实践中，遇到的液体既有静止状态的，也有运动状态的。前面已阐述了静止液体的基本理论及其工程应用。从本项目开始探讨水流运动规律及其工程应用。

水流运动属于物理学上的机械运动形式，因此它也要遵循机械运动的普遍规律，如物理力学中的质量守恒定律、动能定理和动量定理等。

本项目是水力分析与计算的理论核心内容，介绍水流运动的基本概念，应用物理力学普遍定律推导恒定流的连续性方程、能量方程、动量方程等基本方程，并讨论它们在实际工程问题中的应用，为后续项目（如有压管流、明渠水流、堰闸水流、泄流消能、地下渗流等）内容的学习奠定理论基础。

任务一 水流运动的基本概念和分类

任务描述：本任务阐述了水流运动的基本概念和分类。通过学习此任务，为后续恒定总流连续性方程、能量方程和动量方程以及它们的应用等内容的学习打下必要的基础。

一、描述水流运动的两种方法

水流运动可用流速、压强、流量等物理量来表征，这些物理量通称为水流的运动要素，它们会随时间、空间位置不断发生变化。水力分析研究中描述水流运动通常采用两种方法——迹线法和流线法。

（一）迹线法

迹线法又叫拉格朗日（Lagrange）法，就是将水流中单个质点作为研究对象，通过研究每个水流质点的运动轨迹，从而找到水流质点群的运动规律。运用迹线法研究液体运动实质上与研究一般固体力学方法相同，所以也称为质点系法。

用迹线法描述水流运动，是研究单个水流质点在不同时刻的运动情况，如果把水流质点在运动过程中不同时刻所占据的空间位置描绘出来，就得到水流质点的轨迹连线，称之为迹线，也就是液体质点运动的轨迹线。由于水流中质点数众多，每个质点运动轨迹各不相同且无一定规律性，因此用这种方法来研究整个水流运动是非常困难的。

（二）流线法

流线法又叫欧拉（Euler）法，就是把充满水流质点的固定空间作为研究对象，不去跟踪单个水质点，而是把注意力集中在考察分析水流中的各个不同水质点在通过固定空间点时的运动要素（如流速、压强）的变化情况，来获得整个水流的运动规律。水流运动中同一时刻每个质点都占据一个空间点，只要搞清楚每个空间点上运动要素随时间的变化规律，就可以了解整个水流的运动规律了。由于流线法是以流动的空间作为研究对象，而且通常把液体流动所占据的空间称为流场，所以流线法还称为流场法。

用流线法描述液体运动，是考察同一时刻水流质点在不同空间点的运动方向和速度，如果把这些水流质点按一定规律连接起来就形成一条条线，这些表示水流运动方向的线就是流线。它是指某一瞬时在流场中绘出的一条空间曲线（水流中的一条曲线），该曲线上所有水流质点在该时刻的流动方向（即流速方向）都与水质点所在的曲线相切（切点即为流线上水质点所在位置），如图3-1所示。借助流线可以清晰地看出水流各质点的流动方向。

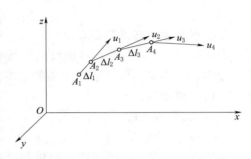

图3-1　流线上水质点流速方向

1. 流线的特征

根据流线的概念，流线有以下特征：

（1）流线上所有各质点的切线方向即为该处所对应水流质点的流动（流速）方向，一个水流质点只能有一个流动方向。所以，流线既不能相交，也不能是折线，而只能是一条光滑的连续曲线。

（2）流线上的水流质点只能沿着流线运动。这是因为水质点的流速是与流线相切的，在流线上不可能有垂直于流线的速度分量，所以液体质点不可能有横越流线的流动。

（3）恒定流的流线形状不随时间发生变化，且流线与迹线重合。因为在恒定流中，运动要素不随时间发生变化，故不同时刻的流线，其位置和形状保持不变。而非恒定流的运动要素随时间发生变化，所以其流线一般与迹线不重合。

2. 流线图的特点

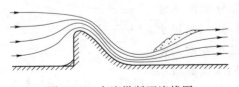

图3-2　水流纵断面流线图

某一瞬时，在水流整个空间绘出的一系列流线所构成的图形称为流线图（图3-2），它可形象地描绘出该瞬时整个水流的流动趋势。流线图具有以下两个特点：

（1）流线分布的疏密程度反映该时刻流场中各点的速度大小。流线的疏密与水流横断面大小有关，横断面小的地方流线密，流速大；反之，流线稀，则流速小。

（2）流线的形状与固体边界形状有关。离边界越近，边界的影响越大，流线的形状越接近边界的形状。在边界平顺处紧靠边界的流线与边界形状完全相同。由于惯性作用，在边界形状突变处边界附近的水质点不可能完全沿着边界流动而与边界脱离，在主流与边界之间形成漩涡区。

掌握了流线的特征和流线图的特点，就不难绘出各种边界条件下的流线图形。

从以上可以看出，迹线法和流线法的主要区别在于描述水流运动时着眼点不同。迹线法着眼于水流质点本身的运动特性，是研究一个水流质点在不同瞬时通过不同空间位置时的运动状况；而流线法着眼于水流运动时所占据的空间点的运动属性，是研究同一瞬时各水流质点在各自空间位置的运动状况，却不考虑该点是哪个水流质点通过的。而流线和迹线也是两个完全不同的概念，流线是同一瞬时描述流动场中水流质点流动方向的曲线，迹线则是指同一水质点在一段时间内所流经的轨迹线。在实际工程中，一般需要了解在某位置上的水流运动情况，没有必要研究每个质点的运动轨迹，所以在水力分析研究中常采用流线法来描述水流运动。

二、水流运动的基本要素

为方便研究水流问题，在流线法的基础上，水力分析与计算从不同的角度对液体的运动进行分类，并建立了有关液体运动的基本概念，从而为更好地解决实际问题奠定了理论基础。下面分别介绍。

（一）流管、元流、总流

1. 流管

在流场中任取一封闭曲线，通过封闭曲线上各点画出许许多多条流线所构成的管状结构，称为流管。流管边界由许多条流线构成，每条流线都由无数水质点组成，根据流线特征，流管内水流质点不能穿越流管壁流动，如图 3-3（a）所示。

2. 元流

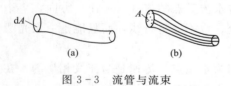

(a)　　　　(b)

图 3-3　流管与流束

充满以流管为边界的一束水流称为元流（或称微小流束）［图 3-3（b）］。元流过水断面面积很微小，各点的运动要素在同一时刻一般可认为是相等的。由于元流的外包面是流管，所以元流与束外水流无能量、质量和动量的交换。

3. 总流

由无数元流组成的、具有一定边界尺寸的实际水流，称为总流。如管流和明渠水流。

（二）断面面积、断面平均流速、流量

1. 过水断面面积

凡与流线（水流运动方向）正交的、过水的那部分水流横断面称为过水断面。过水部分的横断面（即过水断面）面积叫过水断面面积，常用符号 A 表示。当流线相互平行时，过水断面为平面；否则为曲面（图 3-4）。水力分析与计算中常采用水流流线相互平行的过水断面作为计算断面，面积容易确定是其中一个重要原因。

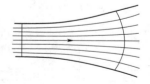

图 3-4　过水断面与流线

2. 流量

单位时间内水流通过某一过水断面的体积，称为流量，用 Q 表示，其单位为 m^3/s 或 L/s。流量是衡量过水断面输水能力大小的一个物理量。假设在总流中任取一微小流束，其过水断面面积为 dA，dA 上同一时刻各点的流速相等，都为 u，在 dt 时段内通过过水断面 dA 的液体体积为 $u dt dA$，则单位时间内通过该微小流束过水断面的流量为 $dQ = u dA$。

设总流的过水断面面积为 A，则总流的流量应等于无数个微小流束的流量之和，即

$$Q = \int_Q \mathrm{d}Q = \int_A u \mathrm{d}A \qquad (3-1)$$

若流速 u 在过水断面上的分布已知，则可通过积分求得通过该过水断面的流量。

3. 断面平均流速

在总流过水断面上各点流速 u 的大小不同，一般在近边壁处较小，且断面流速分布又十分复杂。为方便分析研究，工程实践中通常引入"断面平均流速"的概念。

断面平均流速是一个假想的流速，即设想过水断面上各点的流速都均匀分布，且等于 v（图 3-5），按这一流速计算所得的流量与按各点的真实流速计算所得的流量相等，则把此流速 v 定义为该过水断面的断面平均流速，即

图 3-5　断面流速分布与断面平均流速

$$Q = \int_A u \mathrm{d}A = vA \qquad (3-2)$$

所以

$$v = \frac{\int_Q u \mathrm{d}A}{A} = \frac{Q}{A} \qquad (3-3)$$

可见，总流的流量 Q 等于断面平均流速 v 与过水断面面积 A 的乘积。设立断面平均流速的概念，使水流运动的分析研究得以简化方便。因为在工程实际应用中，大多并不一定需要知道总流过水断面上的流速分布，仅需要了解断面平均流速沿流程与随时间的变化情况。

三、水流运动的类型

（一）恒定流与非恒定流

在工程实际中，水流运动一般较复杂，它的运动要素是空间坐标和时间变化的函数。根据水流的运动要素是否随时间变化，可将水流分为恒定流与非恒定流。

水流运动时，运动要素不随时间而改变的水流称为恒定流。换句话说，在恒定流情况下的任一空间点，无论哪个水质点通过，其运动要素都不随时间而变化，它只是空间坐标的连续函数，因此它们对时间的偏导数为零。如就流速和动水压强而言，可表示为

$$\left.\begin{array}{l} u = u(x, y, z) \\ p = p(x, y, z) \end{array}\right\} \qquad (3-4)$$

则

$$\frac{\partial u}{\partial t} = 0, \quad \frac{\partial p}{\partial t} = 0$$

水流运动时，若任何空间点上有任何一个运动要素随时间发生了变化，这种水流称为非恒定流。非恒定流既随时间变化，也是空间坐标的函数。例如，在水箱侧壁上开有孔口，当箱内水位保持不变（即 H 为常数）时，孔口泄流的形状、尺寸及运动要素均不随时间而变，这就是恒定流 [图 3-6（a）]。反之，箱中水位由 H_1 连续下降到 H_2，

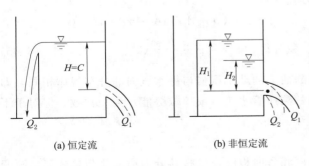

(a) 恒定流　　　　　(b) 非恒定流

图 3-6　恒定流与非恒定流

此时，泄流形状、尺寸、运动要素都随时间而发生了变化，这就是非恒定流［图3-6(b)］。

恒定流是工程实践中最常见的一类水流运动，如天然河道中的水流。由于恒定流时运动要素不随时间而改变，则流线形状也将不随时间而变化，此时，流线与迹线重合，水流运动的分析研究就较为简单。本项目只分析研究恒定流。

（二）均匀流与非均匀流

1. 定义

在恒定流中，可根据水流断面平均流速是否沿流程变化，将水流分为均匀流与非均匀流。同一流线上水质点流速的大小和方向均沿程不变的水流，称为均匀流。如在直径不变的长直管中的水流，或在断面形状、尺寸沿程不变的长直渠道中的水流。当流线上各水质点的运动要素沿程发生变化，流线不是彼此平行的直线时，此恒定水流称为非均匀流。如在收缩管、扩散管或弯管中的水流，以及在断面形状、尺寸发生变化的渠段中的水流，都属于非均匀流。

2. 均匀流的特征

（1）流线是一组互相平行的直线，过水断面为平面。

（2）过水断面大小沿流程不变，各过水断面流速分布相同，断面平均流速相等。

（3）同一均匀流过水断面上的动水压强与静水压强的分布规律相同，即在同一过水断面上各点测压管水头为一常数。

一般情况下，实际液体中某点的动水压强与受压面方向有关，过水断面动水压强的分布规律与静水压强的分布规律也有所不同，但在某些特殊情况下，如均匀流和渐变流中却可以认为动水压强具有与静水压强同样的特性，实际液体中某点的动水压强与受压面方向无关，且过水断面上的动水压强分布符合静水压强的直线分布规律。下面来证明这一特性。

3. 均匀流中过水断面上的动水压强分布规律

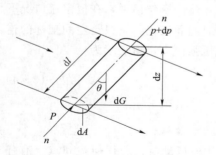

图3-7　微小元流柱体

因均匀流流速沿程不变，流线为一簇平行直线，故过水断面为平面。在均匀流过水断面沿n—n轴上任意两相邻流线间取一长为dl、高为dz、底面积为dA、与铅垂方向夹角为θ的微小柱体（图3-7），设该微小柱体两端面形心点处的动水压强分别为p与$p+dp$。通过对施于微小柱体上作用力的分析，沿n—n轴向列力的平衡方程，得

$$p\,dA - (p+dp)dA - \gamma dA\,dz = 0$$

化简、积分得

$$z + \frac{p}{\gamma} = C \qquad (3-5)$$

式（3-5）表明，均匀流的同一过水断面上的动水压强与静水压强的分布规律相同，即在同一过水断面上各点相对于同一基准面的测压管水头（或单位势能）为一常数，但对于不同的过水断面测压管水头是不相同的。

4. 渐变流与急变流

在非均匀流中，根据流线的不平行程度和弯曲程度，可将其分为渐变流与急变流。渐变流是指流段内各流线的曲率很小（即曲率半径R较大），流线间的夹角也很小，所有流线接

近于平行直线的水流，因此可以认为渐变流过水断面近似为平面。因为流线的曲率很小，过水断面上的离心惯性力的影响可以忽略，其受力情况与均匀流基本一致，同一过水断面上的动水压强也基本符合静水压强分布规律，即同一过水断面上各点相对于同一基准面的测压管水头近乎相等，过水断面的动水压强近似地存在 $z+\dfrac{p}{\gamma}=C$ 的关系。渐变流的极限情况就是流线为平行直线的均匀流。上述关于均匀流或渐变流过水断面上动水压强分布规律的结论，只适用于有一定固体边界约束（如管壁和渠壁）的水流。当水流从管槽末端流入大气时，出口后的附近水流也符合均匀流或渐变流的条件，但因该断面周界均与大气相通，断面周界上各点的动水压强为零，因而此种情况下过水断面上的动水压强分布就不再符合静水压强分布规律。

急变流是指流线的曲率较大，流线之间的夹角也较大的水流。此时，流线已不再是一簇平行的直线，因此其过水断面为曲面。如管道转弯、断面扩大或收缩使断面边界条件发生了急剧变化，这些局部流段的水流均为急变流。在急变流中，因流线的曲率较大，水流质点做曲线运动而产生的离心惯性力的影响已不能忽略，因此过水断面上的动水压强分布将不再服从静水压强分布规律。

图3-8为均匀流、非均匀流（包括渐变流和急变流）示意图。应当指出，工程管道中急变流实际发生在局部范围，都应占有一小段管道的长度，但有时为了简化水力计算，可认为急变流发生在一个断面上，不占有管道长度，如局部水头损失的计算。

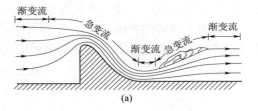

（三）有压流、无压流、射流

根据水流在流动过程中有无自由表面，可将其分为有压流与无压流。沿流程整个周界都与固体边界壁面接触，而无自由表面的水流称为有压流。它主要是依靠压力作用而流动，其过水断面上任意一点的动水压强一般与大气压强不等。例如，自来水管和水电站的压力管道中的水流，均为有压流。

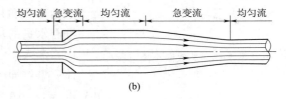

图3-8　均匀流与非均匀流（包括渐变流、急变流）

沿流程一部分周界与固体壁面接触，另一部分与空气接触，且具有自由表面的水流称为无压流。它主要是依靠重力作用而流动，因无压流液面与大气相通，故又可称为重力流或明渠流。例如，河渠中的水流和未充满管道断面的水流，均为无压流。

从管道末端出口（或喷嘴）流出，快速射向某一固体壁面的水流，称为射流。射流四周均与大气相接触。

（四）一元流、二元流、三元流

根据与运动要素有关的空间自变量个数，恒定水流可分为一元流、二元流和三元流。

运动要素只与一个空间自变量有关的水流称为一元流。例如，引入断面平均流速的管流和明渠水流就是一元流，其断面平均流速只是流程坐标的函数，即 $v=v(s)$。对于总流，严格意义上讲都不是一元流，但若把过水断面上与空间点坐标有关的运动要素（如流速、压强等）进行断面平均，用断面平均流速去代替过水断面上各点的流速，这时总流也可视为一元流。

运动要素与两个空间自变量有关的水流称为二元流。例如，水流在宽浅的矩形明渠中流动，当两侧边界对流动的影响忽略不计时，水流中任一点的流速只与该点所在断面位置的流程坐标和该点的水深有关，属于二元流。

运动要素与三个空间自变量有关的水流称为三元流。严格地说，任何实际水流都是三元流，如天然河道或断面形状、尺寸沿程变化的人工渠道中的水流。

从理论上讲，只有按三元流来分析水流现象才符合实际，但此时水力计算较为复杂，难以求解。因此，在实际工程中，常结合具体水流运动特点，采用各种数理平均方法（如最常见的断面平均法），将三元流简化为一元流或二元流，由此而引起的误差，可通过修正系数来加以校正。

任务二　恒定总流连续性方程及应用

任务描述：本任务阐述了恒定总流连续性方程及应用。通过完成此任务，能全面领会恒定总流的连续性方程的原理，并熟练掌握恒定总流连续性方程的应用。

一、恒定流连续性方程

恒定流连续性方程，实际上就是物理学的质量守恒定律在水流运动中的具体体现。

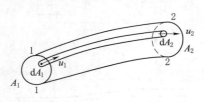

图 3-9　选取微小流束段

在恒定流中任取一段微小流束作为研究对象（图 3-9），设过水断面 1—1 的面积为 dA_1、流速为 u_1，过水断面 2—2 的面积为 dA_2、流速为 u_2。考虑到恒定流微小流束的形状和尺寸不随时间而改变，通过微小流束的侧壁没有水量的流入或流出，根据质量守恒定律，在 dt 时段内，流入 1—1 断面的水体质量等于流出 2—2 断面的水体质量，即

$$\rho u_1 dA_1 dt = \rho u_2 dA_2 dt = dM = 常数$$

一般认为水是不可压缩和连续的，ρ 为常数。于是

$$u_1 dA_1 = u_2 dA_2 = dQ = 常数 \tag{3-6}$$

式（3-6）即为恒定流微小流束的连续性方程。

总流是无数个微小流束的汇总之和，因此，只需将微小流束的连续性方程在总流过水断面上积分，即可求得总流流量，由此可推得总流连续性方程，得

$$v_1 A_1 = v_2 A_2 = Q = 常数 \tag{3-7}$$

或

$$\frac{v_2}{v_1} = \frac{A_1}{A_2} \tag{3-8}$$

若水流过水断面为圆形断面，则式（3-8）可写成

$$\frac{v_2}{v_1} = \frac{d_1^2}{d_2^2} = \left(\frac{d_1}{d_2}\right)^2 \tag{3-9}$$

式（3-7）即为恒定总流的连续性方程。式中的 v_1 与 v_2 分别表示过水断面 A_1 及 A_2 的断面平均流速，d_1 与 d_2 分别表示圆形过水断面 A_1 及 A_2 的断面直径。连续性方程表明：

（1）对于不可压缩的恒定总流，流量沿程不变，即流经任一过水断面的流量不变。

（2）恒定流中任意两个断面的过水断面平均流速大小与过水断面面积成反比，断面大的地方流速小，断面小的地方流速大。即过水断面面积越大，断面平均流速越小；过水断面面积越小，断面平均流速越大。

上述恒定总流连续性方程是在流量沿程不变的条件下建立的，当沿程有流量汇入或分出的情况（即水流有分叉或支流）时，其连续性方程分别为：

有流量汇入时［图 3 - 10（a）］，则

$$Q_1 + Q_2 = Q_3 \qquad (3-10)$$

有流量分出时［图 3 - 10（b）］，则

$$Q_1 = Q_2 + Q_3 \qquad (3-11)$$

二、连续性方程的应用举例

恒定流连续性方程适用于任意恒定流流段，即只要是恒定流均适用。

图 3 - 10　流量汇入与分出

【**例 3 - 1**】甲河道在某处分为两支：内江和外江，如图 3 - 11 所示。因农田灌溉引水需要在外江建一座长 70m 的溢流坝，用于抬高上游水位。已测得上游河道流量 $Q = 1400\text{m}^3/\text{s}$，通过溢流坝的流量 $Q_1 = 350\text{m}^3/\text{s}$。内江过水断面面积 $A_2 = 380\text{m}^2$，试求：①通过内江的流量 Q_2 及 2—2 断面平均流速；②假设水流通过溢流坝顶的断面平均流速为 5m/s 时坝顶水深。

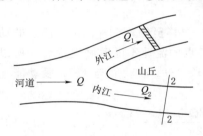

图 3 - 11　分汊河道

解：①根据连续性方程有流量分出时的计算式（3 - 11）知

$$Q_2 = Q - Q_1 = 1400 - 350 = 950(\text{m}^3/\text{s})$$

设 2—2 断面平均流速为 v_2，则 $v_2 = \dfrac{Q_2}{A_2} = \dfrac{950}{380} = 2.50(\text{m/s})$

②设溢流坝顶过水断面面积为 A_1、坝顶水深为 h，则 $A_1 = Bh = 70 \times h$

又已知溢流坝顶断面平均流速 $v_1 = 5\text{m/s}$，则 $h = \dfrac{Q_1}{70 \times v_1} = \dfrac{350}{70 \times 5} = 1(\text{m})$

任务三　恒定总流能量方程及应用

任务描述：本任务阐述了恒定总流能量方程及应用。通过完成此任务，能全面领会恒定总流能量方程的原理，并熟练掌握恒定总流能量方程的应用。

水体和固体一样具有动能和势能两种机械能，因此，水流运动遵循着能量转化与守恒原理。恒定流的能量方程就是应用能量转化与守恒原理，分析水流运动时动能、压能和位能三者之间的相互关系。它为解决实际工程的水力分析与计算问题奠定了重要的理论基础。

一、恒定流微小流束的能量方程

下面就根据动能定理来分析恒定流微小流束的能量方程。

在实际液体恒定流中取出一微小流束，选取断面 1—1 与断面 2—2 之间的流束段作为研究对象（图 3 - 12）。设微小流束过水断面 1—1 与过水断面 2—2 的面积分别为 $\text{d}A_1$ 和 $\text{d}A_2$，

其断面形心点的位置高度分别为 z_1 和 z_2，动水压强分别为 p_1 和 p_2，相应的速度为 u_1 和 u_2。

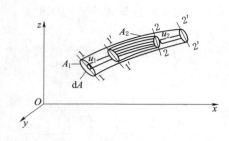

图 3-12　微小流束段的移动

由图 3-12 可见，$1'$—2 是 dt 时段内运动液体始末共有流段，这段微小流束水体虽有液体质点的流动和替换，但由于微小流管是封闭的，故没有其他水质点流入或也没有内部水质点流出该流管，又由于所选的微小流束为恒定流，$1'$—2 段水体的形状、体积和位置都不随时间发生变化，且这段水体的质量和动能及各点的流速均没有变化。所以，要研究微小流束从 1—2 位置流动到 $1'$—$2'$ 位置的动能变化，只需研究微小流束从 1—$1'$ 位置流动到 2—$2'$ 位置的动能变化情况就可以了。

又因为水流的不可压缩性，根据恒定流连续性原理知，通过 $1'$—$1'$ 断面和 2—2 断面的流量 dQ 不变，流进 $1'$—$1'$ 断面和流出 2—2 断面的水量 dV 相等，即 $dQ = dQ_{1'-1'} = dQ_{2-2}$，$dV = dV_{1-1'} = dV_{2-2'}$，也就是说流段 1—$1'$ 和流段 2—$2'$ 的质量 dm 相等，即 $dm = dm_{1-1'} = dm_{2-2'}$，该部分水体的重量为 $\gamma dV = \gamma dQ dt$，则质量 $dm = \dfrac{\gamma dV}{g} = \dfrac{\gamma dQ dt}{g}$。

1. 微小流束的动能增量

作用于所取微小流段 1—2 的外力做功使流段从位置 1—2 移至位置 $1'$—$2'$，该流段的动能发生变化。在恒定流条件下，共有流段 $1'$—2 的质量和各点的流速不随时间而变化，所以动能也不随时间变化，因此微小流段的动能增量就等于流段 2—$2'$ 段动能与 1—$1'$ 段动能之差，那么其动能增量为

$$\frac{1}{2}dmu_2^2 - \frac{1}{2}dmu_1^2 = \frac{\gamma dV}{2g}(u_2^2 - u_1^2) = \frac{\gamma dQ dt}{2g}(u_2^2 - u_1^2) \tag{3-12}$$

2. 作用在微小流束上的外力及其所做的功

作用于所取微小流段 1—2 的外力有重力（即研究水体重量）、边界上的动水压力和摩擦阻力，它们在 dt 时段内对该微小流段所做的功分别如下：

（1）重力做功 W_1。

设微小流束段 1—$1'$ 和 2—$2'$ 的位置高度差为 $z_1 - z_2$，重力对共有段 $1'$—2 不做功，于是液体从 1—$1'$ 位置移动到 2—$2'$ 位置时重力所做的功为 $W_1 = G(z_1 - z_2) = \gamma dQ dt(z_1 - z_2)$。

（2）动水压力做功 W_2。

作用于微小流束上的动水压力有两端断面上的动水压力和微小流束侧表面上的动水压力。由于微小流束侧表面上的动水压力与水流运动方向垂直，因此不做功。

作用于过水断面 1—1 上的动水压力 $p_1 dA_1$ 与水流运动方向相同，做正功，移动距离为 ds_1；作用于过水断面 2—2 上的动水压力 $p_2 dA_2$ 与水流运动方向相反，做负功，移动距离为 ds_2。于是动水压力所做的功为

$$W_2 = p_1 dA_1 ds_1 - p_2 dA_2 ds_2 = p_1 dA_1 u_1 dt - p_2 dA_2 u_2 dt = dQ dt(p_1 - p_2)$$

（3）摩擦阻力做功 W_3。

对于实际液体，由于黏滞性的存在，液体运动时必须克服内摩擦阻力，消耗一定的能

量，因此摩擦阻力所做的功为负功。设摩擦阻力对单位重量液体所做的功为 h'_w，则对于所研究的微小流束由 1—$1'$ 位置移动到 2—$2'$ 位置时，阻力所做的功为 $W_3 = -\gamma dQ dt h'_w$

那么所有外力对微小流束所做的总功 W，应等于上述 3 项外力所做功的代数和 $\sum W_i$，即

$$W = \sum W_i = W_1 + W_2 + W_3 = \gamma dQ dt(z_1 - z_2) + dQ dt(p_1 - p_2) - \gamma dQ dt h'_w$$

3. 微小流束的能量方程式

由物理学动能定理可知，水流某微小流束段的动能增量，应等于同一时段内作用于该微小流束段上的各项外力对该微小流束段所做功的代数和 $\sum W_i$，即

$$\frac{\gamma dQ dt}{2g}(u_2^2 - u_1^2) = \gamma dQ dt(z_1 - z_2) + dQ dt(p_1 - p_2) - \gamma dQ dt \, h'_w$$

将以上各项同时除以 $\gamma dQ dt$，整理后得单位重量流动水体的功和能之间的关系式

$$z_1 + \frac{p_1}{\gamma} + \frac{u_1^2}{2g} = z_2 + \frac{p_2}{\gamma} + \frac{u_2^2}{2g} + h'_w \qquad (3-13)$$

这就是不可压缩实际液体微小流束的能量方程，该式是由瑞士科学家伯努利（Bennoulli）在 1738 年首次提出来的，故又称为恒定流微小流束的伯努利方程。

二、恒定总流能量方程

微小流束能量方程只能反映微小流束内部或边界上各点的流速和压强的变化，为了解决工程实际问题，还需将微小流束的能量方程加以推广，得出恒定总流的能量方程。

设单位时间内通过微小流束的水流体积为 dQ，则单位时间内通过微小流束的水流重量为 γdQ，给式（3-13）各项分别乘以 γdQ，并分别积分，就可得到单位时间内通过总流两过水断面的总能量之间的关系式，即

$$\gamma \int_Q \left(z_1 + \frac{p_1}{\gamma}\right) dQ + \gamma \int_Q \frac{u_1^2}{2g} dQ = \gamma \int_Q \left(z_2 + \frac{p_2}{\gamma}\right) dQ + \gamma \int_Q \frac{u_2^2}{2g} dQ + \gamma \int_Q h'_w dQ$$

$$(3-13a)$$

由上式可见，共有 3 种形式积分，现分别加以分析：

（1）势能类积分。表示单位时间内通过总流过水断面的液体势能的总和。若所取的总流过水断面符合均匀流或渐变流条件，则断面上各点的单位势能 $z + \dfrac{p}{\gamma} = C$，积分是可能的，则有

$$\gamma \int_Q \left(z + \frac{p}{\gamma}\right) dQ = \gamma \left(z + \frac{p}{\gamma}\right) \int_Q dQ = \left(z + \frac{p}{\gamma}\right) \gamma Q \qquad (3-13b)$$

（2）动能类积分。表示单位时间内通过总流过水断面动能的总和。一般情况下，总流过水断面上各点的流速是不相等的，且分布规律不易确定，所以直接积分该项较困难。因此，可考虑用断面平均流速 v 代替断面上各点的流速 u，即用 $\dfrac{\gamma}{2g}\displaystyle\int_A v^3 dA$ 来代替 $\dfrac{\gamma}{2g}\displaystyle\int_A u^3 dA$，但两者实际并不相等。根据数学上有关平均值的性质，有 $\displaystyle\int_A v^3 dA < \int_A u^3 dA$（此式是可证明的），用平均流速代替积分号里的点流速需要乘以一个大于 1 的修正系数 α，才能使之相等，于是动能类积分为

$$\frac{\gamma}{2g} \int_Q u^2 dQ = \frac{\gamma}{2g} \int_A u^3 dA = \frac{\gamma}{2g} \alpha \int_A v^3 dA = \frac{\gamma}{2g} \alpha v^3 A = \frac{\alpha v^2}{2g} \gamma Q \qquad (3-13c)$$

式中的 α 称为动能修正系数，表示过水断面上实际流速积分与按断面平均流速积分计算所得结果之比，即

$$\alpha = \frac{\int_A u^3 \mathrm{d}A}{v^3 A}$$

α 值取决于总流过水断面上的流速分布情况，流速分布越均匀，α 值越接近于 1。当水流为均匀流或渐变流时，一般可取 $\alpha = 1.05 \sim 1.10$，实际工程计算中，常取 $\alpha = 1.0$。

（3）损失能量类积分。表示单位时间内总流从 1—1 过水断面流到 2—2 过水断面间的机械能损失的总和。设 h'_w 为总流单位重量液体在这两断面间的平均机械能损失，则

$$\gamma \int_Q h'_w \mathrm{d}Q = h_w \gamma Q \tag{3-13d}$$

将式（3-13b）~式（3-13d）代入式（3-13a），同时各项除以 γQ 整理后得

$$z_1 + \frac{p_1}{\gamma} + \frac{\alpha v_1^2}{2g} = z_2 + \frac{p_2}{\gamma} + \frac{\alpha v_2^2}{2g} + h_w \tag{3-14}$$

式（3-14）即为恒定总流能量方程（伯努利方程）。它能够反映总流各断面上单位重量水流的平均位能、平均压能和平均动能之间的能量转化关系，是水力分析与计算中三大基本方程之一，在以后的学习内容和工程应用中，除特指外，所说的能量方程一般都指恒定总流能量方程。该式表明机械能沿程减小，水流机械能转化成热能而损失掉。

三、能量方程的意义

1. 能量方程的物理意义

从能量方程的建立过程可知，能量方程中各项都是表示过水断面上单位重量水体所具有的不同形式的能量，其物理意义如下：

z——单位重量液体的位能（位置势能或重力势能）；

$\dfrac{p}{\gamma}$——单位重量液体的压能（压强势能）；

$z + \dfrac{p}{\gamma}$——总流过水断面上单位重量液体的平均势能，即位置势能与压强势能之和；

$\dfrac{\alpha v^2}{2g}$——单位重量液体的动能；

h_w——总流单位重量液体的能量损失；

$z + \dfrac{p}{\gamma} + \dfrac{\alpha v^2}{2g}$——单位重量液体的总机械能，通常用 H 或 E 表示。

2. 能量方程的几何意义

能量方程中的各项表示了某种高度，因为都具有长度的单位，可以用几何线段表示，所以在水力学研究中习惯称之为水头。这就是能量方程几何的意义。

z——总流过水断面上某点的位置高度（相对于某基准面），称为位置水头；

$\dfrac{p}{\gamma}$——压强水头，p 为相对压强时，也叫测压管高度；

$z + \dfrac{p}{\gamma}$——测压管水头，以 H_p 表示；

$\dfrac{\alpha v^2}{2g}$——流速水头，也是液体以速度 v 垂直向上喷射到空中时所达到的高度（不计空气

阻力）；

$z+\dfrac{p}{\gamma}+\dfrac{\alpha v^2}{2g}$——总水头，以 H 或 E 表示，所以总水头与测压管水头之差等于流速

水头；

h_w——水头损失或损失水头。

式（3-14）表明，对于不可压缩恒定流动，在不同的过水断面上、位置水头、压强水头和流速水头之间可以互相转化，在转化过程中能量有所损失。

设 H_1 和 H_2 分别表示总流任意两过水断面上水流所具有的总水头，根据能量方程式

$$H_1=H_2+h_w$$

即
$$H_1-H_2=h_w \tag{3-15}$$

可见，因为水流在流动过程中要产生能量损失，所以水流只能从总机械能大的地方流向总机械能小的地方，据此可以判断水流的流向。对于理想液体，$h_w=0$，则 $H_1=H_2$，即总流中任何过水断面上总水头保持不变。

3. 能量方程的图示——水头线

由于总流能量方程中各项均表示单位重量液体所具有的能量或水头，且各项的单位都是长度单位，因此可用几何线段来表示，使能量沿流程的转化情况更形象、更直观地体现出来。图 3-13 为一段总流机械能转化的图示。首先选取基准面 0—0，并画出总流的中心线。总流各断面中心点离基准面的高度就代表了该断面的位置高度 z，所以总流的中心线就表示位置水头 z 沿程的变化，即位置水头线。

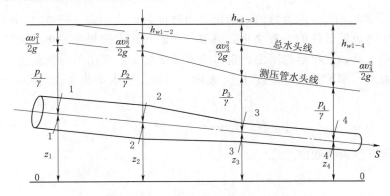

图 3-13　水头线（能量方程图示）

在各断面的中心上作铅垂线，并在铅垂线上截取高度等于中心点压强水头 $\dfrac{p}{\gamma}$ 的线段，

得到测压管水头 $(z+\dfrac{p}{\gamma})$，即各断面上测压管水面离基准面的高度，如将各断面的测压管水头用线连起来，就得到测压管水头线。测压管水头线反映了水流势能沿流程的变化情况。测压管水头线和位置水头线之间的铅垂距离反映了压强水头沿流程的变化情况。如测压管水头线在轴心线位置以上，压强为正；反之为负。

在铅垂线所标示的测压管水头以上截取高度等于流速水头 $\dfrac{\alpha v^2}{2g}$ 的线段，得到该断面的总

水头 $H = z + \dfrac{p}{\gamma} + \dfrac{\alpha v^2}{2g}$，各断面总水头的连线称为总水头线，它反映了液流总机械能沿流程的变化情况。

测压管水头线和总水头线有以下规律：

（1）管轴线表示了各断面位置水头 z 沿程的变化。

（2）管轴线与测压管水头线的垂直距离反映了沿程各断面压强水头的变化。测压管水头线沿程可以下降也可以上升，当某断面测压管水头线在该断面管轴线以上时，压强为正值；反之，压强为负值，也就是该断面出现了真空。

（3）总水头线与测压管水头线之间的铅垂距离反映了沿程各断面上流速水头的变化，差距越大，流速水头越大，在流速不变的流段，总水头线和测压管水头线平行。

（4）过水断面间总水头线下降的铅直高度即两断面间的水头损失。由于实际水流在流动过程中总有水头损失，所以总水头线沿程总是下降的。

由于实际液体都具有黏滞性，根据恒定流能量方程，实际水流一定存在水头损失，因而总水头线一定是一条逐渐下降的直线或曲线。任意两个断面间总水头线下降的高度就是它们之间水流的水头损失。习惯上用水力坡度 J 表示水头损失在单位流程上的变化量，也就是水流沿流程单位长度上的水头损失。当总水头线是直线时，可用下式计算：

$$J = \frac{H_1 - H_2}{L} = \frac{h_w}{L} \qquad (3-16)$$

当总水头线为曲线时，水力坡度为变值，在某一断面处可表示为

$$J = \frac{\mathrm{d}h_w}{\mathrm{d}L} = -\frac{\mathrm{d}H}{\mathrm{d}L} \qquad (3-17)$$

因为总水头增量 $\mathrm{d}H$ 一定为负值，为使水力坡度为正值，式（3-17）中要加负号。

由于总流几何边界条件的沿程变化必将引起动能和势能的相互转化，所以测压管水头线可以沿程下降或上升，也可沿程不变。它沿流程的变化情况可用单位流程上测压管水头的降低值或升高值表示，即用测压管坡度 J_p 来表示。当测压管水头线为直线时，可用下式计算：

$$J_p = \frac{\left(z_1 + \dfrac{p_1}{\gamma}\right) - \left(z_2 + \dfrac{p_2}{\gamma}\right)}{L} \qquad (3-18)$$

当测压管水头线为曲线时

$$J_p = -\frac{\mathrm{d}H_P}{\mathrm{d}L} \qquad (3-19)$$

能量方程的这种图示方法，常用于长距离有压输水管道的水力设计和河渠水面线的分析确定中，用来帮助分析水流现象，找出实际水流的沿程变化规律。在有压管道的设计安装时，当某断面的测压管水头线低于基准线，即断面测压管水头为负值，说明此处会出现真空，必将内管壁产生空蚀破坏。对于河渠中的均匀流或渐变流，其测压管水头线就是水面线。

四、能量方程的应用

（一）能量方程的应用条件及注意事项

恒定流能量方程在水力分析计算中应用非常广泛，应用过程中要掌握其应用条件和注意事项。在能量方程推导过程中，都已给出了能量方程的各种限制条件及注意事项，可归纳

如下。

1. 能量方程的应用条件

恒定总流能量方程式是水力分析与计算中最常用的基本方程之一，能解决很多工程实际问题。从该方程的推导可以看出，能量方程式（3-14）有一定的适用范围，应满足以下条件：

（1）水流必须是恒定流，且均质等向、不可压缩。

（2）所取的两个过水断面 1—1 和 2—2 必须在均匀流或渐变流区域，以符合断面上各点测压管水头等于常数，且作用于水流的质量力只有重力等条件，但两个断面间可以是急变流。

（3）所取的两个过水断面之间流量应保持不变，即没有流量的加入或分出。

（4）所取的两个过水断面之间，没有外界能量的输入或能量的输出。

但因总流能量方程中各项均指单位重量水流的能量，所以在水流有分支或汇入的情况下，仍可分别对每一支水流建立能量方程式。

对于汇流情况［图 3-10（a）］，可建立 1—1 断面与 2—2 断面和 3—3 断面与 2—2 断面的能量方程如下：

$$\left.\begin{array}{l} z_1 + \dfrac{p_1}{\gamma} + \dfrac{\alpha v_1^2}{2g} = z_2 + \dfrac{p_2}{\gamma} + \dfrac{\alpha v_2^2}{2g} + h_{w1-2} \\[3mm] z_3 + \dfrac{p_3}{\gamma} + \dfrac{\alpha v_3^2}{2g} = z_2 + \dfrac{p_2}{\gamma} + \dfrac{\alpha v_2^2}{2g} + h_{w3-2} \end{array}\right\} \qquad (3-20)$$

对于分流情况［图 3-10（b）］，可建立 1—1 断面与 2—2 断面和 1—1 断面与 3—3 断面的能量方程如下：

$$\left.\begin{array}{l} z_1 + \dfrac{p_1}{\gamma} + \dfrac{\alpha v_1^2}{2g} = z_2 + \dfrac{p_2}{\gamma} + \dfrac{\alpha v_2^2}{2g} + h_{w1-2} \\[3mm] z_1 + \dfrac{p_1}{\gamma} + \dfrac{\alpha v_1^2}{2g} = z_3 + \dfrac{p_3}{\gamma} + \dfrac{\alpha v_3^2}{2g} + h_{w1-3} \end{array}\right\} \qquad (3-21)$$

2. 能量方程的注意事项

为了更方便、快捷地应用能量方程解决实际问题，能量方程在应用时应注意以下几点：

（1）列能量方程必须按照"三选一列"的原则。三选，即选"过水断面 1—1、2—2"、选"计算点（即代表点）"、选"基准面 0—0"；一列，即对所选计算点列能量方程。

（2）两过水断面 1—1 和 2—2 都必须取在均匀流或渐变流段，而且要选在已知条件较多的断面。一般计算点要选在水面（如明渠水流）或管轴心（即管轴线上，如有压管流自由流出口）。

（3）方程中的压强 p 用相对压强或绝对压强都可以，但必须统一口径标准。为简化计算，一般采用相对压强计算。

（4）不同过水断面的动能修正系数 α 不相等，且不等于 1.0。但在实际计算中，为简化计算，一般取 $\alpha_1 = \alpha_2 = 1.0$。当行近流速水头 $\dfrac{\alpha_0 v_0^2}{2g}$ 较小时，可将其忽略不计。

（5）所取断面未知条件较多时，可与连续方程和动量方程联合应用。（恒定流动量方程后续介绍。）

【例 3-2】　一水位不变的敞口水箱，通过下部一条直径 $d = 200\text{mm}$ 的管道向外供水

（图 3-14），已知水箱水位与管道出口断面中心高差为 3.5m，管道的水头损失为 3m。试求管道出口的流速和流量。

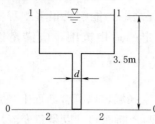

图 3-14 水箱（底部管道出口）

解： 设以通过出口断面的水平面 0—0 为基准面，选取水箱自由表面 1—1 断面和管道出口 2—2 断面作为计算断面，计算点分别选在 1—1 断面的水面上和 2—2 断面的轴线上，列 1—1 断面和 2—2 断面的能量方程：

$$z_1 + \frac{p_1}{\gamma} + \frac{\alpha v_1^2}{2g} = z_2 + \frac{p_2}{\gamma} + \frac{\alpha v_2^2}{2g} + h_{w1-2}$$

式中 $z_1 = 3.5\text{m}$，$\frac{p_1}{\gamma} = 0$，$z_2 = 0$，$\frac{p_2}{\gamma} = 0$，$h_w = 3\text{m}$

由于水箱水面比管道出口断面大得多，其断面平均流速比管道出口平均流速就小得多，故可认为 $\frac{\alpha v_1^2}{2g} \approx 0$，取 $\alpha_2 = 1.0$ 代入能量方程，得

$$3.5 + 0 + 0 = 0 + 0 + \frac{\alpha v_2^2}{2g} + 3$$

整理后得

$$\frac{\alpha v_2^2}{2g} = 0.5$$

则管道出口流速为

$$v_2 = \sqrt{2g \times 0.5} = \sqrt{2 \times 9.8 \times 0.5} = 3.13(\text{m})$$

管中流量为

$$Q = v_2 A_2 = v_2 \times \frac{\pi}{4} d^2 = 3.13 \times \frac{3.14}{4} \times 0.2^2 = 0.0983(\text{m}^3/\text{s})$$

【例 3-3】 某水泵（图 3-15）的抽水量 $Q = 30\text{L/s}$，吸水管的直径 $d = 150\text{mm}$，水泵进口允许真空值 $p_v = 6.8\text{m}$，吸水管内的水头损失 $h_w = 1.0\text{m}$。试求此水泵在水面上的安装高度 h_s。

解： 以进水池水面 1—1 断面和水泵进口处 2—2 断面作为计算断面，取 1—1 断面为基准面，计算点分别选在水池水面和 2—2 断面的中心点上，列出其能量方程

$$z_1 + \frac{p_1}{\gamma} + \frac{\alpha v_1^2}{2g} = z_2 + \frac{p_2}{\gamma} + \frac{\alpha v_2^2}{2g} + h_{w1-2}$$

式中 $z_1 = 0$，$v_1 \approx 0$，$z_2 = h_s$，

取 $\alpha_2 = 1.0$，则有 $\frac{\alpha v_1^2}{2g} \approx 0$，$\frac{\alpha v_2^2}{2g} = \frac{v_2^2}{2g}$

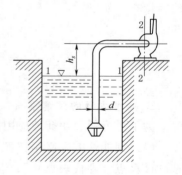

图 3-15 水泵安装高度 h_s

按相对压强计算，$\frac{p_1}{\gamma} = 0$，$\frac{p_2}{\gamma} = -6.8\text{m}$

将以上条件代入能量方程

$$0 + 0 + 0 = h_s - 6.8 + \frac{v_2^2}{2g} + h_{w1-2}$$

$$v_2 = \frac{Q}{A_2} = \frac{Q}{\frac{\pi}{4} d^2} = \frac{0.03}{\frac{3.14}{4} \times 0.15^2} = 1.699(\text{m/s})$$

所以水泵安装高度　　　　$h_s = 6.8 - \dfrac{1.699^2}{2 \times 9.8} - 1.0 = 5.653\,(\text{m})$

（二）有能量输入与输出的能量方程

在实际工程中，有时会遇到沿程两个断面有能量输入与输出的情况，如水泵向水流提供能量把水提到一定高度，水轮机从水流获得能量，带动发电机发电等。

1. 有能量输入的能量方程

若在管道系统中有一水泵（图3-16），水泵工作时，通过水泵叶片转动对水流做功，使水流能量增加。设单位重量水体通过水泵后所获得的外加能量为 H_t，则此时的总流能量方程（3-15）改为

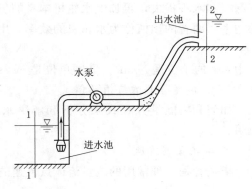

$$H_1 + H_t = H_2 + h_{w1-2} \qquad (3-22)$$

式中　H_t——水泵扬程。

当不计上下游水池流速时，有

$$H_t = z + h_{w1-2} \qquad (3-23)$$

式中　z——上、下游水位差；

图3-16　水泵装置

h_{w1-2}——1—1、2—2断面之间（不包括水泵）全部管道的水头损失。

单位时间内动力机械给予水泵的功称为水泵的轴功率，用 N_p 表示。设单位时间内通过水泵的水流重量为 γQ，那么在单位时间内水泵获得的总能量为 $\gamma Q H_t$，称为水泵的有效功率。由于水流通过水泵时有漏损和水头损失，再加上水泵本身的机械磨损，所以水泵的有效功率小于轴功率。两者的比值称为水泵的效率 η_p。因此有

$$N_p = \gamma Q \dfrac{H_t}{\eta_p} \qquad (3-24)$$

式中：γ 的单位是 N/m^3；Q 的单位是 m^3/s；H_t 的单位是 m；N_p 的单位是 W，即 $\text{N} \cdot \text{m/s}$。功率常用马力作单位，1 马力 $=735\text{W}$。

2. 有能量输出的能量方程

若在管道系统中有一水轮机（图3-17），由于水流驱使水轮机转动，对水力机械做功，因而水流能量减少。设单位重量水体给予水轮机的能量为 H_t，则总流的能量方程为

$$H_1 - H_t = H_2 + h_{w1-2} \qquad (3-25)$$

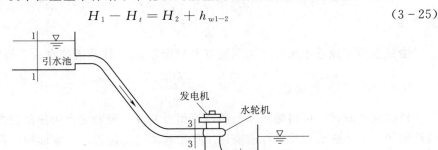

图3-17　水轮发电装置

式中　H_t——水轮机的作用水头；

h_{w1-2}——1—1、2—2 断面之间全部管道的水头损失，但不包括水轮机系统内部的能量损失。

由水轮机主轴发出的功率又称为水轮机的出力 N_t。设单位时间内通过水轮机的水流总重量为 γQ，那么单位时间内水流对水轮机作用的总能量为 $\gamma Q H_t$。由于水流通过水轮机时有漏损和水头损失，再加上水轮机本身的机械磨损，所以水轮机的出力要小于水流给水轮机的功率。两者的比值称为水轮机的效率，用 η_t 表示，因此有

$$N_t = \eta_t \gamma Q H_t \qquad (3-26)$$

式中：γ 的单位是 N/m^3；Q 的单位是 m^3/s；H_t 的单位是 m；N_t 的单位是 W，即 $N \cdot m/s$。

（三）能量方程的应用举例

如何利用能量方程式来分析和解决水利工程的具体问题，以下通过几个应用实例来说明。

1. 毕托管测流速

毕托管是一种常用的测量流体点流速的仪器，用以量测流速水头和流速。它是亨利·毕托在 1703 年首创的，其测量原理就是能量的转化和守恒原理。若在运动液体（如管流）中放置一根测速管，如图 3-18 所示，它是弯成直角的两端开口的细管，一端正对来流，置于测定点 B 处，另一端垂直向上。由于测速管的阻滞流速等于零，B 点的运动质点动能全部转化为压能，使得测速管中液面升高至 $\dfrac{p'}{\gamma}$。常把 B 点称为滞止点或驻点。另外，在 B 点上游同一水平流线上相距很近的 A 点未受测速管的影响，流速为 u，其测压管高度 $\dfrac{p}{\gamma}$ 可通过同一过水断面壁上的测压管测定。应用恒定流理想液体沿流线的伯努利方程于 A、B 两点，由于 A、B 两点很近，忽略水头损失，则有

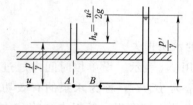

图 3-18　毕托管测速原理图

$$\frac{p_1}{\gamma} + \frac{u^2}{2g} = \frac{p'}{\gamma}$$

整理得

$$\frac{u^2}{2g} = \frac{p'}{\gamma} - \frac{p_1}{\gamma} = h_u \qquad (3-27)$$

由此说明了流速水头等于两测速管的液面差 h_u。这是流速水头几何意义的另一种解释。

由式（3-27）得流速

$$u = \sqrt{2g \frac{p' - p}{\gamma}} = \sqrt{2g h_u} \qquad (3-28)$$

根据这个原理，可将测压管与测速管组合制成一种测定点流速的仪器，称为毕托管，其构造如图 3-19 所示。其中与前端迎流孔相通的是测速管，与侧面顺流孔（一般有 4～8 个）相通的是测压管。考虑到实际液体从前端小孔至侧面小孔的黏性效应，还有毕托管放入后对流场的干扰，以及前端小孔实测到的流速与测压管高度 $\dfrac{p'}{\gamma}$ 不是一点的值，而是小孔截面的平均值，会造成一定误差，所以引入修正系数 ζ，即

$$u = \zeta \sqrt{2g \frac{p' - p}{\gamma}} = \zeta \sqrt{2gh_u} \tag{3-29}$$

式中 ζ 值由试验测定，一般为 $0.98 \sim 1.0$。

2. 文丘里流量计与文丘里量水槽

（1）文丘里流量计。

文丘里流量计是用于测量管道中流量大小的一种装置，包括收缩段、喉管和扩散段 3 部分，安装在需要测定流量的管道中。在收缩段进口前 1—1 断面和喉管 2—2 断面分别安装测压管，如图 3-20 所示。通过测量 1—1 断面和 2—2 断面测压管水头差 Δh 值，就能计算出管道通过的流量 Q，其原理就是应用恒定总流的能量方程。

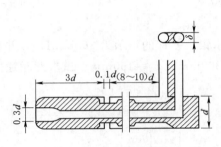

图 3-19　毕托管构造

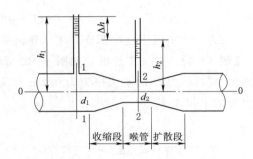

图 3-20　文丘里流量计原理图

因为管轴线是水平的，取管轴线所在的水平面 O—O 为基准面，对渐变流断面 1—1、2—2 列能量方程（取 $\alpha_1 = \alpha_2 = 1.0$，且因 1—1、2—2 断面距离非常近，暂不考虑水头损失），有

$$0 + \frac{p_1}{\gamma} + \frac{v_1^2}{2g} = 0 + \frac{p_2}{\gamma} + \frac{v_2^2}{2g} + 0$$

式中　　　　　　$\frac{p_1}{\gamma} = h_1, \quad \frac{p_2}{\gamma} = h_2, \quad h_1 - h_2 = \Delta h$

则　　　　　$\frac{p_1}{\gamma} - \frac{p_2}{\gamma} = \frac{v_2^2}{2g} - \frac{v_1^2}{2g} = \Delta h \tag{3-30}$

根据连续性方程有　　　$v_2 = \frac{A_1 v_1}{A_2} = \left(\frac{d_1}{d_2}\right)^2 v_1 \tag{3-31}$

将式（3-31）代入式（3-30），有 $\Delta h = \frac{v_1^2}{2g}\left[\left(\frac{d_1}{d_2}\right)^4 - 1\right]$，整理后得

$$v_1 = \frac{1}{\sqrt{\left(\frac{d_1}{d_2}\right)^4 - 1}} \sqrt{2g\Delta h}$$

因此　　　$Q = A_1 v_1 = \frac{\pi}{4} d_1^2 \frac{1}{\sqrt{\left(\frac{d_1}{d_2}\right)^4 - 1}} \sqrt{2g\Delta h} = \frac{\pi d_1^2 d_2^2}{4\sqrt{d_1^4 - d_2^4}} \sqrt{2g\Delta h}$

令　　　　　　　　$K = \frac{\pi d_1^2 d_2^2}{4\sqrt{d_1^4 - d_2^4}} \sqrt{2g}$

则
$$Q = K\sqrt{\Delta h} \tag{3-32}$$

实际上，液体存在水头损失，通过文丘里流量计的实际流量要比式（3-32）理论计算出的流量偏小。通常给式（3-32）乘以一个小于 1 的修正系数 μ 来修正，则实际流量为

$$Q = \mu K\sqrt{\Delta h} \tag{3-33}$$

式中　μ——文丘里流量计的流量系数，一般为 0.95~0.98。

如果 1—1、2—2 断面的动水压强很大，这时可在文丘里管上直接安装水银压差计（图 3-21）。由压差计原理可知

$$\frac{p_1}{\gamma} - \frac{p_2}{\gamma} = \frac{\gamma_m - \gamma}{\gamma}\Delta h = 12.6\Delta h$$

这样
$$Q = \mu K\sqrt{12.6\Delta h} \tag{3-34}$$

式中　Δh——水银压差计两支管中水银面的高差。

【例 3-4】　有一文丘里管如图 3-22 所示，若水银压差计的指示为 360mmHg，并设从截面 A 流到截面 B 的水头损失为 0.2m 水头。$d_1 = 300$mm，$d_2 = 150$mm。试求此时通过文丘里管的流量是多少。

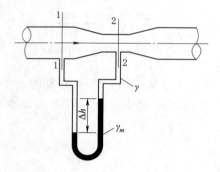

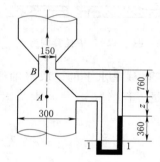

图 3-21　压差式文丘里流量计　　　　图 3-22　【例 3-4】题图（单位：mm）

解：以截面 A 为基准面列出截面 A 和截面 B 的伯努利方程

$$0 + \frac{p_A}{\gamma} + \frac{v_A^2}{2g} = 0.76 + \frac{p_B}{\gamma} + \frac{v_B^2}{2g} + h_{wA-B}$$

由此得
$$\frac{p_A}{\gamma} - \frac{p_B}{\gamma} = \frac{v_B^2}{2g} - \frac{v_A^2}{2g} + 0.76 + 0.2 \tag{3-35}$$

由连续性方程
$$v_A A_A = v_B A_B$$

$$v_A = v_B\frac{A_B}{A_A} = v_B\left(\frac{d_B}{d_A}\right)^2 \tag{3-36}$$

水银压差计 2—2 为等压面，则有

$$p_A + (z + 0.36)\gamma = p_B + (0.76 + z)\gamma + 0.36\gamma_{汞}$$

$$\frac{p_A}{\gamma} - \frac{p_B}{\gamma} = 0.76 - 0.36 + 0.36\frac{\gamma_{汞}}{\gamma} = 0.40 + 0.36 \times \frac{133.4}{9.8} = 5.3(\text{mH}_2\text{O}) \tag{3-37}$$

将式（3-37）和式（3-36）代入式（3-35）中得

$$5.3 = \frac{v_B^2}{2g}\left[1 - \left(\frac{d_B}{d_A}\right)^4\right] + 0.96$$

解得

$$v_B = \sqrt{\frac{2g(5.3 - 0.96)}{1 - \left(\frac{d_B}{d_A}\right)^4}} = \sqrt{\frac{2 \times 9.8 \times (5.3 - 0.96)}{1 - \left(\frac{0.15}{0.3}\right)^4}} = 9.53(\text{m/s})$$

$$Q = \frac{\pi}{4}d_B^2 v_B = \frac{\pi}{4} \times 0.15^2 \times 9.53 = 0.168(\text{m}^3/\text{s})$$

（2）文丘里量水槽。

文丘里量水槽用来量测渠道和河道中的流量，它的形状与文丘里管相似，由上游做成喇叭口的收缩段、中间束窄的喉管以及下游放宽到原有渠道的扩散段 3 部分组成（图 3 - 23）。两者的区别在于：在文丘里管中，喉管部分压能转化为动能，通过量测由此产生的压力差来确定流量；而在文丘里量水槽中，是位能转化为动能，通过量测由此产生的水位差来确定流量。下面来分析文丘里量水槽的原理。如图 3 - 23 所示，令 1—1 断面为收缩段进口，2—2 断面为最小的喉管断

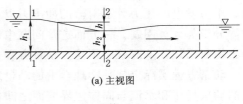

(a) 主视图

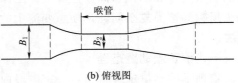

(b) 俯视图

图 3 - 23　文丘里量水槽

面，两断面的水宽、渠宽、断面平均流速分别为 h_1、B_1、v_1 和 h_2、B_2、v_2。以槽底部所在的水平面为基准，不考虑水头损失的影响，取 $\alpha_1 = \alpha_1 = 1.0$，对断面 1—1、2—2 写出能量方程，有

$$h_1 + \frac{v_1^2}{2g} = h_2 + \frac{v_2^2}{2g}$$

因为

$$v_1 = \frac{Q}{A_1}, \quad v_2 = \frac{Q}{A_2}$$

所以

$$h_1 + \frac{Q}{2g A_1^2} = h_2 + \frac{Q}{2g A_2^2}$$

整理后得

$$Q = A_2 \sqrt{\frac{2g(h_1 - h_2)}{1 - \left(\frac{A_2}{A_1}\right)^2}}$$

将 $A_1 = B_1 h_1$，$A_2 = B_2 h_2$，$h = h_1 - h_2$ 代入上式，得

$$Q = B_2 h_2 \sqrt{\frac{2gh}{1 - \left(\frac{B_2 h_2}{B_1 h_1}\right)^2}} \tag{3-38}$$

考虑到水头损失的影响，对式（3 - 38）进行修正。以 μ 表示文丘里量水槽的流量系数，一般取 0.96～0.99，则

$$Q = \mu B_2 h_2 \sqrt{\frac{2gh}{1 - \left(\frac{B_2 h_2}{B_1 h_1}\right)^2}} \tag{3-39}$$

任务四　恒定总流动量方程及应用

任务描述：本任务阐述了恒定总流动量方程及应用。通过完成此任务，能较全面领会恒定总流动量方程的原理，并基本掌握恒定总流能量方程的应用。

利用前面介绍的连续性方程和能量方程，虽能解决许多水力分析与计算中的实际问题，但无法解决水流与固体边界间的作用力问题，如泄流时水流作用于闸门或溢流堰身的动水压力、水力发电时压力管道射流的冲出力以及水流经过弯管段或断面突变管段时对管壁的作用力等分析与计算问题。一方面这些问题中的水头损失难以确定，另一方面压强与摩擦阻力的分布均属未知，这时就必须建立动量方程来解决这些问题。

动量方程实际上就是物理学中的动量定理在水力分析与计算中的具体体现，它反映了水流的动量变化和水流与固体边界壁面之间作用力的关系，其特点是可避开计算急变流范围内水头损失等这类复杂问题，使急变流中的水流与边界面之间的相互作用力问题较方便地得以解决。

一、恒定流动量方程

物理学的动量定理指出：一定时段内运动物体的动量变化量，等于同一时段内作用于物体上合外力的冲量。下面根据动量定理，推导恒定总流的动量方程。

在连续、不可压缩的恒定流中，截取一段水流 1—2（称其为脱离体，见图 3 - 12），断面 1—1、断面 2—2 均应取在渐变流区域，设断面 1—1 的过水断面面积为 A_1，平均流速为 v_1，2—2 断面的过水断面面积为 A_2，平均流速为 v_2。取坐标如图 3 - 13 所示，经过 dt 时段后，脱离体流段由原来的 1—2 位置运动到了新的位置 1′—2′ 处，于是动量发生了变化。设其动量变化量为 dK，它应等于时段末流段 1′—2′ 的动量 $K_{1'-2'}$ 与时段初流段 1—2 的动量 K_{1-2} 之差，则

$$dK = K_{1'-2'} - K_{1-2} = (K_{1'-2} + K_{2-2'}) - (K_{1-1'} + K_{1'-2}) = K_{2-2'} - K_{1-1'}$$

如按平均流速计算任意断面的动量就等于通过断面的质量 $\rho Q dt$ 乘以平均流速 v，即 $\rho v Q dt$。但实际断面上的流速分布是不均匀的，而按实际流速通过断面的动量，应对所有微小流速的动量 $\rho u dQ dt$ 进行积分才能求得实际总流动量，研究表明按平均流速通过的动量 $\rho v Q dt$ 并不等于实际动量，需引入一个动量修正系数 β 来加以修正才能相等，即

$$\int_Q \rho u dQ dt = \int_A \rho u^2 dA dt = \beta \rho v^2 dt \int_A dA = \beta \rho v^2 A dt = \beta \rho v Q dt \qquad (3-40)$$

由此
$$\beta = \frac{\int_Q u dQ}{vQ} = \frac{\int_A u^2 dA}{v^2 A}$$

由此可见，动量修正系数是表示单位时间内单位质量水流的以实际流速通过总流过水断面的动量与以相应断面平均流速通过该断面的动量之比值。同样可以证明 β 值大于 1，且其大小取决于过水断面的流速分布情况。通常在渐变流中 $\beta = 1.02 \sim 1.05$。在工程实际中，为简便起见，一般采用 $\beta = 1.0$。根据式（3-40）可知，在 dt 时段内：

从 2—2 断面流出的动量为

$$K_{2-2'} = \beta_2 \rho Q v_2 dt$$

从 1—1 断面流进的动量为

$$K_{1-1'} = \beta_1 \rho Q v_1 \mathrm{d}t$$

则 $\mathrm{d}t$ 时段内断面 1—1 与断面 2—2 之间水流流段动量的变化量为

$$\mathrm{d}K = K_{2-2'} - K_{1-1'} = \beta_2 \rho Q v_2 \mathrm{d}t - \beta_1 \rho Q v_1 \mathrm{d}t$$

由动量定理知，$\mathrm{d}K$ 应等于断面 1—1 与断面 2—2 之间的脱离体流段所受各外力的合力 $\sum F$ 之冲量，即

$$I = \sum F \mathrm{d}t = \rho Q \beta_2 v_2 \mathrm{d}t - \rho Q \beta_1 v_1 \mathrm{d}t$$

上式等号两边同除以 $\mathrm{d}t$ 并整理得

$$\sum \vec{F} = \rho Q (\beta_2 \vec{v_2} - \beta_1 \vec{v_1}) \tag{3-41}$$

式（3-41）即为恒定总流的动量方程。它表明在单位时间内，恒定总流流段下游断面流出的动量与上游断面流入的动量之差等于作用于该脱离体流段上所有外力的合力。作用于脱离体流段断面的外力包括动水压力 P、重力 G 和固体边界壁面对脱离体的作用反力 R。式（3-41）为沿任意方向流动水流的动量方程，为矢量式，其中的力和速度都是矢量。实际应用中，为了便于计算，可以建立三维直角坐标系将各矢量分解投影到 x、y、z 三坐标轴方向上列动量方程，式（3-42）便是动量方程的投影式。

$$\left. \begin{aligned} \sum F_x &= \rho Q (\beta_2 v_{2x} - \beta_1 v_{1x}) \\ \sum F_y &= \rho Q (\beta_2 v_{2y} - \beta_1 v_{1y}) \\ \sum F_z &= \rho Q (\beta_2 v_{2z} - \beta_1 v_{1z}) \end{aligned} \right\} \tag{3-42}$$

式中的 v_{2x}、v_{2y}、v_{2z} 和 v_{1x}、v_{1y}、v_{1z} 分别为总流下游过水断面 2—2 和上游过水断面 1—1 的平均流速 v_1 和 v_2 在 3 个坐标方向上的投影。$\sum F_x$、$\sum F_y$、$\sum F_z$ 为作用在 1—1 断面与 2—2 断面间液体上的所有外力在 3 个坐标轴方向上投影的代数和。

二、动量方程的应用

恒定流动量方程在水利工程应用中也较为广泛，应用过程中要掌握其应用条件和注意事项。在能量方程推导过程中，都已给出了能量方程的各种限制条件及注意事项，可归纳如下。

1. 能量方程的应用条件

在上述推导过程中，对于动量方程也作了一些重要假设：一是水流必须是均质连续、不可压缩的恒定流；二是选取的断面须在均匀流或渐变流区域；三是用断面平均流速 v 来代替各点流速 u。所以，恒定流动量方程应用时，必须满足以下要求：

（1）水流为恒定流。

（2）水流是连续的、不可压缩的均质液体。

（3）脱离体两端的断面必须是均匀流或渐变流断面，但脱离体内部可以存在急变流。

2. 应用动量方程的注意事项

（1）列动量方程必须按照"取、选、标"的原则。取，即取"脱离体"；选，即选"x、y、z 坐标系"；标，即在脱离体图上以箭线标注"作用外力和断面流速"。在此基础上才可以列 x、y、z 方向的动量方程（一般有过水断面上的动水压力、脱离体的重力、固体边界壁面对脱离体的作用反力）。

（2）列 z、y、z 方向动量方程时，作用外力和断面流速的投影与坐标轴方向一致取正，反之取负。

（3）选取脱离体时，过水断面 1—1、2—2 须要取在渐变流段，且要已知条件较多并包含待求量。过水断面的动量修正系数均可取 1.0。

（4）列动量方程时，通过脱离体上、下游两断面所输入和输出的流量须相等，且一定是用流出的动量减去流入的动量。

（5）未知数多时，可与连续性方程和能量方程联合应用。

实际上，恒定流动量方程也可以推广应用于沿程水流有分支或汇合的情况。例如，对某一分叉管路 ［图 3-10（b）］，可以把上下游过水断面以及管壁所组成的封闭段作为脱离体来应用动量方程。此时，对该脱离体建立 x 轴方向的动量方程应为

$$\sum F_x = \rho Q_2 \beta_2 v_{2x} + \rho Q_3 \beta_3 v_{3x} - \rho Q_1 \beta_1 v_{1x} \qquad (3-43)$$

式中　　v_{1x}、v_{2x}、v_{3x}——1—1、2—2、3—3 三个过水断面上的断面平均流速在 x 方向的投影；

$\sum F_x$——作用于脱离体上的各外力的合力在 x 方向上的投影。

同理可建立 y 方向轴的动量方程。

3. 动量方程应用举例

【例 3-5】　管路中一段水平放置的等截面弯管，直径 d 为 200mm，弯角为 45°（图 3-24）。管中 1—1 断面的平均流速 $v_1 = 4$m/s，其形心处的相对压强 $p_1 = 1$ 个大气压。若不计管流的水头损失，求水流对弯管的作用力 R。

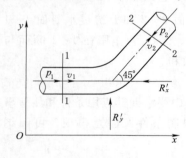

图 3-24　弯管水流作用力计算

解：按照"取、选、标"的原则，取渐变流过水断面 1—1、2—2 以及管内壁所围成的水体为脱离体；选坐标系如图 3-24 所示；在脱离体上标注各力和速度箭头。R' 是弯管对水流的反作用力（与 R 等值反向），其方向可以先假设，求出结果为正则假设正确，为负则与假设反向。R'_x、R'_y 为 R' 在 x、y 轴上的分力。作用在两断面上的动水压力分别为 $P_1 = p_1 A_1$，$P_2 = p_2 A_2$。作用在控制面内的水流重力，因与所研究的水平面垂直，故不必考虑。总流的动量方程式（3-31）在 x 轴与 y 轴上的投影为

$$\begin{cases} \rho Q(\beta_2 v_2 \cos 45° - \beta_1 v_1) = p_1 A_1 - p_2 A_2 \cos 45° - R'_x \\ \rho Q(\beta_2 v_2 \sin 45° - 0) = 0 - p_2 A_2 \sin 45° + R'_y \end{cases}$$

则

$$\begin{cases} R'_x = p_1 A_1 - p_2 A_2 \cos 45° - \rho Q(\beta_2 v_2 \cos 45° - \beta_1 v_1) \\ R'_y = p_2 A_2 \sin 45° + \rho Q \beta_2 v_2 \sin 45° \end{cases} \qquad (3-44)$$

式中

$$Q = \frac{\pi}{4} d^2 v_1 = \frac{3.14}{4} \times 0.2^2 \times 4 = 0.126 (\text{m}^3/\text{s})$$

由 $A_1 v_1 = A_2 v_2$，得 $v_2 = v_1 = 4$m/s。

对断面 1—1 和断面 2—2 列能量方程得

$$p_2 = p_1 = 1 \text{ 个大气压} = 98 \text{kN/m}^2$$

则

$$p_2 A_2 = p_1 A_1 = p_1 \frac{\pi}{4} d^2 = 98 \times \frac{3.14}{4} \times 0.2^2 = 3.077 (\text{kN})$$

取 $\beta_1 = \beta_2 = 1.0$，将它们代入式（3-44）得

$$\begin{cases} R'_x = 3.077 - 3.077 \times \dfrac{\sqrt{2}}{2} - 1.0 \times 0.126 \times 4 \times \left(\dfrac{\sqrt{2}}{2} - 1\right) = 1.049(\text{kN}) \\ R'_y = 3.077 \times \dfrac{\sqrt{2}}{2} + 1.0 \times 0.126 \times 4 \times \dfrac{\sqrt{2}}{2} = 2.532(\text{kN}) \end{cases}$$

R_x 与 R'_x、R_y 与 R'_y 分别大小相等、方向相反，则水流对弯管的作用力

$$R = \sqrt{R_x^2 + R_y^2} = \sqrt{1.049^2 + 2.532^2} = 2.741(\text{kN})$$

项 目 学 习 小 结

本项目主要介绍了水流运动的基本概念和分类，恒定总流连续性方程及应用、能量方程及应用和动量方程及应用等内容。其中恒定总流的连续性方程、能量方程和动量方程以及它们的应用等内容是教学重点和难点。通过本项目的学习，学生应理解水流运动的基本概念，熟悉水流运动的分类，领会恒定流的水流运动规律，掌握恒定总流连续性方程、能量方程和动量方程，并学会运用于工程实践。

职 业 能 力 训 练 三

一、单项选择题

1. 流线 （　　）。

A. 既不能相交、也不能转折，只能是光滑连续的曲线

B. 是既可以相交、也可能转折的一条线

C. 是不能相交，但可以转折的一条线

D. 是可以相交、也不能转折的一条线

2. 水流的流线图中，流线越密的地方流速越 （　　）；距离边界越近，边界影响越 （　　），流线越接近边界形状。

A. 小；大　　　　B. 大；小　　　　C. 小；小　　　　D. 大；大

3. 恒定总流的任意两个过水断面的平均流速大小与过水断面面积 （　　）。

A. 成正比　　　　B. 成反比　　　　C. 不相关　　　　D. 不成任何比例

4. 均匀流的同一过水断面上各点测压管水头 （　　）。

A. 为一常数　　　　　　　　　　B. 与相应水深 h 无关，但不是常数

C. 与相应水深 h 成正比　　　　D. 与相应水深 h 成反比

5. 根据恒定总流能量方程，实际水流的总水头线 （　　）。

A. 一定是一条水平线

B. 一定是一条沿程逐渐下降的直线或曲线

C. 是一条沿程逐渐上升的直线或曲线

D. 是一条沿程既有下降段又有上升段，也有水平段的折线

二、多项选择题

1. 根据水流运动要素是否沿程变化，恒定水流可分为 （　　）。

A. 急变流　　　　B. 渐变流　　　　C. 均匀流

D. 非均匀流　　　　　E. 非恒定流

2. 实际水流中，同一段均匀流的（　　　）沿程不变。

A. 过水断面大小　　B. 断面平均流速　　C. 流量

D. 测压管水头　　　E. 断面能量

3. 恒定总流能量方程（伯努利方程）反映了总流各断面上单位重量水流的（　　　）之间的能量转化关系。

A. 平均流量　　　　B. 平均质量　　　　C. 平均位能

D. 平均压能　　　　E. 平均动能

4. 明渠均匀流段的（　　　）平行。

A. 水平面　　　　　B. 水面线　　　　　C. 底坡线

D. 测压管水头线　　E. 总水头线

5. 水力分析与计算中，用动量方程解决水流作用力时，列动量方程必须按照（　　　）的原则。

A. 取"脱离体"　　　　　　　　　B. 选"x、y、z 坐标系"

C. 标"作用外力和断面流速"　　　D. 拟订方案

E. 设定必要条件

三、判断题

1. 任意两个断面间总水头线下降的高度就是这两断面间的水头损失。　　　　（　　　）

2. 不可压缩的恒定总流的同一过水断面上各点测压管水头为一常数。　　　（　　　）

3. 对于明渠中的均匀流或渐变流，其测压管水头线就是水面线。　　　　　（　　　）

4. 水流总是从压强大的地方向压强小的地方流动。　　　　　　　　　　　（　　　）

5. 恒定总流能量方程只适用于整个水流都是均匀流或渐变流的情况。　　　（　　　）

四、简答题

1. 何谓流线和迹线？流线和迹线有何区别？描述液体运动时流线法和迹线法有何区别？

2. 有人认为均匀流和渐变流一定是恒定流，急变流一定是非恒定流，这种说法对吗？为什么？

3. 简述均匀流与渐变流、渐变流与急变流的联系和区别。

4. 有一变直径圆管，已知 1—1 断面和 2—2 断面的直径分别是 d_1 和 d_2。当两断面平均流速之比为 1：2 时，其直径成什么比例？

5. 简述恒定总流的连续性方程、能量方程及动量方程的应用条件。

五、计算题

1. 有一倾斜放置的渐变管如图 3-25 所示，$A—A$、$B—B$ 两个过水断面形心点的高差为 1.0m，$A—A$、$B—B$ 断面管径分别为 $d_A = 150mm$、$d_B = 300mm$，形心点 $p_A = 68.5kN/m^2$、$p_B = 58kN/m^2$，$B—B$ 断面平均流速 $v_B = 1.5m/s$。试求：①管中水流的方向；②两断面之间的能量损失；③通过管道的流量。

2. 图 3-26 某水管，已知管径 $d = 100mm$，当阀门全关时，压力计读数为 0.5 大气压。当阀门开启后，保持恒定流，压力计读数降至 0.2 大气压。若压力计前段的水头损失为 $2\dfrac{v^2}{2g}$，试求管中的流速和流量。

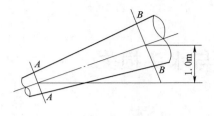

图 3－25　计算题 1

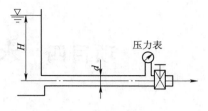

图 3－26　计算题 2

3. 水轮机的锥形尾水管如图 3－27 所示。已知 $A—A$ 断面管径 $d_A=0.6\text{m}$，断面平均流速 $v_A=5\text{m/s}$。出口 $B—B$ 断面管径 $d_B=0.9\text{m}$，由 A 到 B 的水头损失为 $0.2\dfrac{v_A^2}{2g}$。试求当 $z=5\text{m}$ 时，$A—A$ 断面的真空度。

4. 图 3－28 为一倾斜安装的文丘里流量计。管轴线与水平面的夹角为 α。已知管道直径 $d_1=150\text{mm}$，喉管直径 $d_2=100\text{mm}$。今测得水银压差计的液面差 $\Delta h=20\text{cm}$，不计水头损失。试求：①通过管道的流量 Q；②该文丘里流量计的流量系数；③若改变倾斜角度 α 值，问通过管道的流量 Q 是否变化？为什么？

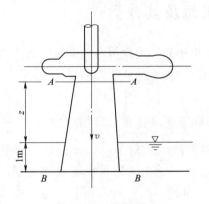

图 3－27　计算题 3

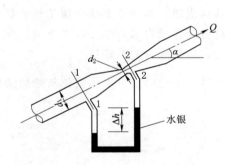

图 3－28　计算题 4

5. 某压力输水管路的渐变段由镇墩固定，管道水平放置，管径由 $d_1=1.5\text{m}$ 渐缩到 $d_2=1.0\text{m}$，如图 3－29 所示。若 1—1 断面形心点相对压强 $p_1=392\text{kN/m}^2$，通过的流量 $Q=1.8\text{m}^3/\text{s}$，不计水头损失，试确定镇墩所受的轴向推力。如果考虑水头损失，其轴向推力是否改变？

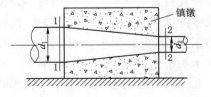

图 3－29　计算题 5

项目四　水流阻力与水头损失

项目描述：本项目包括四个学习任务：水头损失的根源及其分类、水流流动形态的判别及紊流的运动特性、沿程水头损失的分析及计算和局部水头损失的分析及计算。实际水流中必然发生水头损失，要正确地分析计算水头损失，就必须分析和了解水流阻力及其流动特性，并准确判断水流形态，从而掌握水头损失的基本规律。

项目学习目标：通过本项目的学习，了解实际水流运动特性，熟悉水流阻力，学会判别水流流动形态，领会水头损失的基本规律，掌握水头损失的分析与计算方法。

项目学习的重点：水头损失的基本规律及其分析与计算。

项目学习的难点：水头损失的规律及其计算。

任务一　水头损失的根源及其分类

任务描述：本任务主要介绍了水头损失的根源及其分类，为后面水头损失的基本规律及其分析与计算等内容的学习打下基础。

一、水头损失的根源

项目一中已讨论过实际液体与理想液体，因为实际液体总存在黏滞切应力 $\tau = \mu \dfrac{\mathrm{d}u}{\mathrm{d}y}$，$\tau$

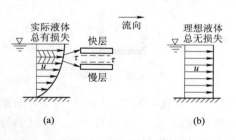

图 4-1　液体流速分布及流层间黏滞切应力

总是阻碍水流的相对运动，水流的内摩擦力即摩擦阻力 $T = \tau A$（A 为水流相邻流层间摩擦面面积），如图 1-1 (c)、图 4-1 (a) 所示。实际液体都具有黏滞性，它不仅使水流在过水断面上形成了流速的不均匀分布，水流的相邻水层间会产生阻碍相对运动的内摩擦力，而且也会使得水流与固体边界间发生阻碍自身运动的摩擦阻力。实际液体要保持流动状态，就要

克服这两方面的摩擦力做功而损耗自身的一部分水流机械能，损耗的能量转化为热能、声能而散逸，这就是水头损失，故实际液体总是存在水头损失。而理想液体流动时，过水断面的流速沿断面方向上无变化，如图 4-1 (b) 所示，即 $\tau = 0$，水流不必为克服其内摩擦力而损失能量，故理想液体不存在水头损失。

关于固体边界的几何条件和粗糙程度对水流水头损失的影响，对实际液体，只能起到增大或减小水头损失的作用，不能决定水头损失的有无；对理想液体，无论边界条件怎样变化、怎样粗糙，因 $\tau = 0$，故其水头损失总是为 0，所以水头损失的根源是液体的黏滞性，有黏滞性就有水头损失，无黏滞性就无水头损失。因此，实际液体具有黏滞性是产生水头损失的根本原因。

综合上述分析，归纳而知，影响水头损失的因素有两个：一是引起相对运动与摩擦阻力的液体黏滞性，它是基本原因，是水头损失的内因；二是影响相对运动与水流阻力强度的固体边界条件状况，它是外部条件，是水头损失的外因。

二、固体边界横断面形状、尺寸对水头损失的影响

梳理前面所学内容可知，水流边界对水流的流量、流速、压强及能量等方面都会有影响，如能量方面的影响就是使得水流发生水头损失。

这里说的水流边界指水流横断面周界，它分为固体边界和液体边界两种情形，一般总流四周均与固体壁面接触并受此约束，此壁面就是水流的固体边界；在总流中取一流束，该流束与四周其他流束接触并受其影响，四周其他流束的接触面即为该流束的液体边界。

为研究水流横断面周界对水头损失的影响，现引入"湿周""水力半径"的概念。我们把过水断面上水流与固体边壁或液体边界接触的周界线，也就是水流过水断面与固体或液体边界接触的周界称为湿周，用 χ 表示（χ 取 m），如管、渠与固壁接触的过水断面周界，以及在水流中取一流束，流束的过水断面周界，都是湿周 χ，不过流束的 χ 是液体周界。水力分析与计算中所涉及的湿周，除特指外，一般都指的是过水断面固体周界。

前面已提到过水断面面积以 A 表示。χ、A 对水头损失都有影响，显然 χ 大，周界阻力就大，引起的水头损失也大；χ 小，周界阻力就小，由此引起的水头损失也小。对过水断面面积 A，当通过相同流量时，A 小，通过的流速就大，相应水头损失也大；反之，A 大，流速小，水头损失就小（后面将介绍 h_f 随 v 的这一变化规律）。我们把过水断面面积与湿周的比值称为水力半径，用 R 表示，则 $R = \dfrac{A}{\chi}$，其原单位为"$\mathrm{m^2/m}$"，简化后就成为长度单位"m"，为应用方便，习惯使用"m"作为 R 的单位，因是长度单位，故水力分析计算中称 R 为水力半径，其意义表示平均每米长湿周所包含的过水断面面积。如 $R=2\mathrm{m}$，就表示该断面平均每米长湿周含有 $2\mathrm{m^2}$ 的过水面积。

当两个 A、χ 都不同的过水断面作比较时，因 A、χ 都不同，就不能直接比较其水头损失大小，但可用两者的比值 $\dfrac{A}{\chi} = R$ 直接比较水头损失的大小。对于任意形状的过水断面，若其湿周 χ 相等，且流量相同时，R 大即 A 大，则流速小水头损失小；R 小即 A 小，则流速大水头损失大。对于不同形状的过水断面，若其过水断面面积 A 相等，且流量相同时，χ 小即 R 大，则水头损失小；χ 大即 R 小，则水头损失大。如图 4-2 中过水断面面积 $A_a = A_b = A_c$，$\chi_a > \chi_b > \chi_c$，则 $R_a < R_b < R_c$，即图 4-2（c）断面形状的 R_c 最大，故该过水断面形状尺寸最能使水头损失减小。综上所述，R 是表示过水断面形状尺寸对水头损失影响的重要水力要素之一。设计管、渠过水断面时，在其他条件满足的情况下，应尽量使 R 值

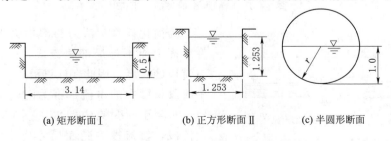

(a) 矩形断面 Ⅰ   (b) 正方形断面 Ⅱ   (c) 半圆形断面

图 4-2 水力半径与过水断面形状（单位：m）

大一些，以减小水头损失。

水力半径 R 适用于管流和渠流（明流），如：直径为 d 的圆管，当充满水流时，$A = \frac{\pi}{4}d^2$，$\chi = \pi d$，故水力半径 $R = \frac{A}{\chi} = \frac{d}{4}$。矩形渠宽为 b，水深为 h，则 $R = \frac{A}{\chi} = \frac{bh}{b+2h}$。

三、水头损失的分类

水流摩擦阻力是水流与边界相互作用在作用力方面的反映，而水头损失则是水流与边界相互作用克服能量损失做功的体现。根据形成水流阻力与水头损失的外部固体边界的不同情况，水流阻力可以分为沿程水流阻力和局部水流阻力。根据水流边界对水流内部流动状态的影响不同，即水流阻力的不同，将水头损失分成沿程水头损失和局部水头损失两类。

当固体边界长直平顺、断面形状尺寸沿流程不变，水流沿其流动过程中不产生漩涡，只由于克服黏性内摩擦力而发生的，并与流程长度成比例的水头损失，称为沿程损失，以 h_f 表示。沿程损失一般发生于均匀流及渐变流的情形，如输水管道、隧洞和规则河渠中的均匀流或渐变流流段内的水头损失，都是沿程水头损失。

当固体边界不平顺长直或断面形状尺寸发生急剧变化时，水流不能紧贴边界流动，而是脱离边界，并在脱离区内产生漩涡，加剧了水流的变形和碰撞而产生流动阻力，为克服这个阻力所损失的水头，称为局部水头损失，以 h_j 表示。局部损失的大小主要取决于固壁形状、尺寸变化的急剧程度及流动情况。产生 h_j 也需要一定的流动距离，如图 4-3 所示，但比起产生等量沿程损失的流程长度要短得多，以致通常不必考虑它发生的实际范围，而认为它集中地发生于某一断面突变处。显然，局部损失主要发生于急变流段内。如过水断面突然扩大、突然缩小，转弯，阀门等处的水头损失就是局部水头损失。

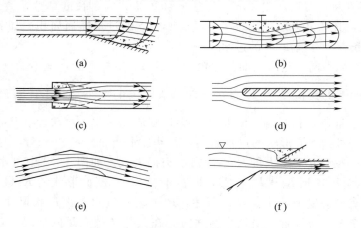

(a)　　　　　　　　　　(b)

(c)　　　　　　　　　　(d)

(e)　　　　　　　　　　(f)

图 4-3　局部水头损失的发生部位

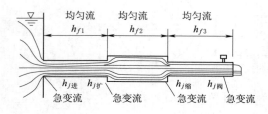

图 4-4　沿程水头损失与局部水头损失

为简化计算，认为局部损失 h_j 是发生在突变断面上而不是局部短流段，所以急变流不占有流段的长度，因此在计算沿程水头损失时，整个流段长度中的水流都视为均匀流，如图 4-4 所示。至于渐变流中的水头损失，可以分成若干流段，使流段内断面尺寸变化较小，近似地按均匀流计算，项目七中会有介绍。综上所述，

一定流程的实际水流，可能有若干个平顺长直段以及若干个边界急剧变化处，其总水头损失 h_w 应为

$$h_w = \sum h_f + \sum h_j \qquad (4-1)$$

式中　　h_w——总流中平均每单位重量液体在整个流程中的水流能量损失，简称水头损失；

$\sum h_f$——总流中平均每单位重量液体在流程中各均匀流段的沿程水头损失之和；

$\sum h_j$——总流中平均每单位重量液体在流程中各种局部水头损失之和。

图 4-4 中：

$$h_w = \sum_{n=1}^{3} h_{fn} + \sum_{n=1}^{4} h_{jn}$$

任务二　水流流动形态的判别及紊流的运动特性

任务描述： 本任务重点阐述水流流动形态的判别及紊流的运动特性，为深入探索水头损失的基本规律及其分析与计算提供重要支撑。

一、水流的流动形态

水流的流动形态是在对水头损失规律认识逐步深化的过程中发现的。早在 19 世纪中期，一些研究者就发现：随着流速由小增大，水头损失呈现出两种差异很大的变化规律。阻力损失规律的不同表明实际水流可能存在两种性质根本不同的流动形态；反映在水流内部结构及水流阻力上，也相应有一个从量变到质变的转化过程。

（一）雷诺试验及层流、紊乱流的定义

英国物理学家雷诺在 1883 年进行了著名的雷诺试验，通过试验研究，揭示出实际水流中确实存在两种内部结构不同的流动形态：层流和紊流，而且在这两种流态中，h_f 随 v 的变化规律不同。

图 4-5 为雷诺试验装置的示意图，它主要有水箱 A、水平试验管段 1—2、测压管、色液加入装置 D、阀门 K 组成。试验时保持水箱 A 内的液面稳定，保证管中水流为恒定流。首先轻微开启阀门 K_2，使管中水流十分缓慢，然后开启色液开关 K_1，使色液（如红色）经细管末端针头细孔 B 适量注入水平玻璃管中。这时可以看到管中出现一条细直而鲜明的带色流束（色线），它与周围清水互不混合，各流层相互平行运动，其细部如图 4-5 中（1）所示。而后缓慢开大阀门 K_2，就会发现管中流速在逐渐增大过程中，带色流束也开始由平直而逐渐失稳、颤抖进而波状摆动、轮廓不清，使水流的有序流动受到干扰，如图 4-5 中（2）所示。若继续打开阀门 K_2，色液线则进一步弯曲，甚至扭曲、交错，当管中流速增大到一定程度时，带色流束便完全破裂，与周围清水迅速混掺，很快扩散成布满全管的小漩涡，如图 4-5 中（3）所示。红色示踪液表明：此时管中处处都存在不同流层间混掺、扩散的液体涡团，使水流处于完全紊乱的状态。显然色液流束呈直线的水流和色液流束完全破裂、掺混的水流在内部结构上是完全不同的。以相反程序进行雷诺试验，首先将阀门 K_2 开大，使管中带色流束破裂、混掺，然后再逐渐关小阀门 K_2，观察到的水流现象则是以前述相反的顺序重演。由此可知，不同的水流运动强度条件下水流存在两种形态的运动。

当流速较小时，各流层液体质点互不混掺，分层作有序线状运动，如图 4-5 中（1）所示，这种流动形态称为层流。当流速较大时，各流层液体质点形成涡体，相互串层，彼此混掺，作无序紊乱运动，如图 4-5 中（3）所示，这种流动形态称为紊流。简而言之，水流质

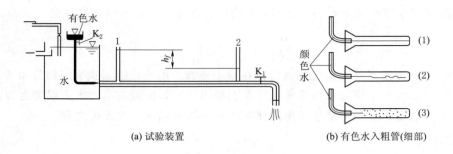

图 4-5 雷诺试验

点分层流动且不串层，为层流；水流质点串层、掺混，流动紊乱，为紊流。

还通过试验测量表明：从紊流转变为层流时的断面平均流速，要小于层流转变为紊流时的断面平均流速。表征流态转换点的这两个特征流速，分别称作下临界流速 v_k 和上临界流速 v_k'。

（二）层流与紊流中 h_f 与 v 的关系

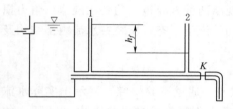

图 4-6 沿程水头损失测定

有序的层流和混掺的紊流对水流的能量损失有什么影响呢？在雷诺试验中除了观察到流态转化现象外，还可以利用在水平管均匀流段各设置的两根测压管，测出不同流速（不同流动形态）时该流段两端的测压管水头差，这就是该流段的沿程水头损失 h_f，如图 4-6 所示，对均匀流段两端的过水断面 1、2 列能量方程得

$$z_1 + \frac{p_1}{\gamma} + \frac{\alpha v_1^2}{2g} = z_2 + \frac{p_2}{\gamma} + \frac{\alpha v_2^2}{2g} + h_f$$

由图 4-6 可知，$z_1 = z_2$，$\dfrac{\alpha v_1^2}{2g} = \dfrac{\alpha v_2^2}{2g}$，上式可简化为

$$h_f = \frac{p_1}{\gamma} - \frac{p_2}{\gamma} = h_1 - h_2 = \Delta h$$

上式表明，两测压管中水位差即为两过水断面之间沿程水头损失。

雷诺试验结果表明：水流流动形态不同，沿程水头损失的规律也不相同。在双对数格纸上将试验数据绘出，得到 h_f 和 v 的关系曲线如图 4-7 所示。试验自层流向紊流进行时，h_f 和 v 的对应关系沿 A—B—C—D—E 这条途径变化；当试验由紊流向层流进行时，h_f 和 v 的对应关系则是循 E—D—B—A 变化。在试验数据所构成的近似直线段，试验结果可用下列方程表示 h_f 和 v 之间的变化规律：

$$\lg h_f = \lg k + m \lg v \qquad (4-2)$$

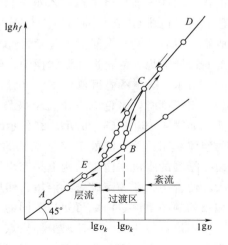

图 4-7 h_f 与 v 的关系曲线

式中，m 和 $\lg k$ 分别表示图 $4-7$ 中直线的斜率和截距，式（$4-2$）亦可表示成：

$$h_f = kv^m \tag{4-3}$$

显然以流态转换时的两个临界流速（v_k 和 v_k'）为分界点，试验曲线分成三部分，表征着沿程水头损失 h_f 和流速 v 之间三种不同的对应关系：

（1）AB 段，$v < v_k$。流动为稳定的层流，$\theta_1 = 45°$，直线斜率 $m_1 = 1$，所以层流时沿程水头损失与流速的一次方成比例，即 $h_f = kv^{1.00}$。

（2）DE 段，$v > v_k'$。流动为完全的紊流，直线的斜率明显增大，$\theta_1 = 60.25°\sim 63.43°$，$m_2 = 1.75\sim 2.0$，所以紊流时沿程水头损失与流速的 $1.75\sim 2.0$ 次方成比例，即 $h_f = kv^{1.75\sim 2.0}$；在充分发展的紊流中，则为稳定的二次方关系。

（3）$B(C)D$ 段，$v_k > v > v_k'$。此段水流状态很不稳定，可能是不稳的层流，也可能是刚形成的紊流，流动形态极易受试验程序和外界环境的影响，被称为过渡区。该段试验点数据散乱，h_f 和 v 之间无明确的对应规律。

雷诺试验揭示的层流、紊流现象以及 h_f 和 v 之间的变化规律是普遍的，也适用于其他任何边界条件和液体。因为沿程水头损失 h_f 与流态密切相关，且在层流与紊流中变化规律不同，所以计算水头损失 h_f，都必须首先判别水流的流动形态。

（三）水流流动形态的判别

层流和紊流是内部结构完全不同的两种水流。当水流流态转化时，水流结构必然要发生从量变到质变的转化过程。因此，流态判别指标必须能全面反映决定水流内部结构的主要因素和流态转化的基本要求。雷诺试验表明：流态除了与流速有关外，它还受水流黏滞性和边界条件的影响。所以雷诺选用反映水流运动强度（流速 v）、边界条件（管径 d）和液体黏滞特性（运动黏滞系数 ν）三个物理量，组成无量纲综合指标——雷诺数 Re，用来判别水流的流态：

$$Re = \frac{vL}{\nu} \tag{4-4}$$

对于圆管水流，取 $L = d$ 得

$$Re = \frac{vd}{\nu} \tag{4-5}$$

对于明渠水流，取 $L = R$ 得

$$Re = \frac{vR}{\nu} \tag{4-6}$$

上两式中，d、R 分别表示圆管管径和明渠的水力半径。

这样，凡具有一定边界和流速的某种液流都有相应的雷诺数 Re 反映自身的运动特征。通常，把流态转换时的雷诺数称为临界雷诺数。由于从紊流向层流转化过程中的下临界流速比较稳定，在实际应用时，通常以下临界流速对应的临界雷诺数 Re_k 作为液流流动形态的判别指标。大量试验表明：一定边界条件的临界雷诺数 Re_k，是一个比较稳定的数值。

对于圆管流动：$Re_k \approx 2320$（试验值为 $2000\sim 3000$）；对于明渠流动：$Re_k \approx 580$。

当流动边界条件已知时，工程应用上便可采用下述判断：

实际液流的 $Re < Re_k$，则其流动为层流；实际液流的 $Re > Re_k$，则其流动为紊流。

【例 $4-1$】　直径 $d = 2.5\text{cm}$ 的输水圆管，通过流量 $Q = 0.25\text{L/s}$，水温 $T = 10℃$。①试判别水流流态；②若其管径、流量及水温都不变时，试求保持紊流状态的最小流速；③当流量、水温不变，而管径增大为原来的 6 倍时，则雷诺数如何变化？此时水流处于何种流态？

解：①因 $T=10℃$，查表可得 $\nu=1.31\times10^{-6}\,\mathrm{m^2/s}$，而圆管截面积 $A=\dfrac{\pi d^2}{4}$，则圆管流动的雷诺数为

$$Re=\frac{vd}{\nu}=\frac{4Q}{\pi d\nu}=\frac{4\times0.25\times10^{-3}}{3.14\times2.5\times10^{-2}\times1.31\times10^{-6}}=9724>2320\approx Re_k$$

故管中水流为紊流。

②若要管中水流保持紊流状态，则令水流雷诺数 Re 为保持紊流的最小值，即 $Re=Re_k=2320$，此时管中最小流速为

$$v_{\min}=\frac{Re\nu}{d}=\frac{Re_k\nu}{d}=\frac{2320\times1.31\times10^{-6}}{2.5\times10^{-2}}=0.122\,(\mathrm{m/s})$$

保持紊流的最小流速值是比较小的，这说明管中实际水流大部分都是紊流。

③因圆管雷诺数 $Re=\dfrac{vd}{\nu}=\dfrac{4Q}{\pi d\nu}$；当流量、水温不变时，管径扩大后的雷诺数为

$$Re=\frac{4Q}{\pi(6d)\nu}=\frac{1}{6}Re=1621<2320=Re_k$$

故管径增大后雷诺数要减小，而且水流已转换为层流。

（四）流态转化过程的物理本质

紊流的形成取决于两个基本条件：一是在水流中存在有涡体；二是涡体能脱离原流层，向周围流层混掺。缺少其中任何一个条件，便不能实现层流向紊流的转化。

涡体的形成是液体黏滞性和外界干扰共同作用的结果。在图 4-8 中，我们考察处于层流状态的任一流层，其上、下层承受的黏滞切应力总是反向的，因此便有构成力偶使流层发生旋转的倾向。当边壁凸凹不平和来流中残存扰动时，它们都会使流层出现局部性波动，使流线弯曲，如图 4-8（a）所示。在流线上凸的波峰上部，流线被挤压，流速增大，相应压强减少；波峰下部，因流线扩散，流速减少而使压强增大。在流线下凹的波谷处，情况则与波峰处正好相反。于是发生轻微波动的流层各段便出现了方向不同，成对作用的横向压力 p，如图 4-8（b）所示。显然这种横向压力将使流线进一步扭曲，波峰更凸、波谷更凹。波幅增大到一定程度，在横向压力和切应力形成的力偶综合作用下，波峰与波谷扭曲重叠，从而形成自身旋转的涡体，如图 4-8（c）所示。从涡体形成过程可知，实际水流即使在层流状态，形成涡体也总是不可避免的。涡体形成后，自转方向和流速一致的一边流速增大，压强减小；而相反的一边则流速减小，压强增大。涡体上、下两侧产生的压差形成了其自身的升力，如图 4-8（d）所示。

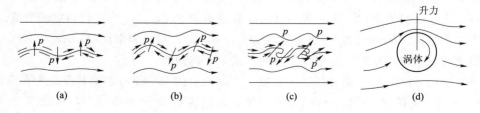

图 4-8 流态转化过程（紊流物理本质）

要使涡体向周围流层混掺，必须克服本流层液体黏滞性的阻抗作用。从力学角度看，涡体的升力取决于水流和涡体旋转的速度，可用水流的惯性力表征；而流层内的阻抗作用则可以用水流的黏滞力表征。流速越大，惯性力越强，当水流惯性力大于黏滞力作用时，涡体才能挣脱本流层的约束，进入相邻流层实现混掺。流速越小，水流惯性力越弱，相对增强的黏滞力便能控制涡体留在原流层。因此水流的流态，实质是水流惯性力和黏滞力作用对比关系的体现；当惯性力对液体质点运动起控制作用时，小扰动被逐渐强化，水流趋向紊流状态；若黏滞力在水流中占主导，则它能抑制水流中不稳定的小扰动，使之衰减、消亡，使水流保持层流状态。流态的转换反映了水流中这两种力的对比出现本质的改变。

从力学实质看，雷诺数反映了惯性力作用与黏滞力作用的对比关系；而临界雷诺数则是表现这两种力的对比关系发生转折（流态转换）时的临界值。正因为如此，我们就可以用雷诺数来判别液体的流动形态。

二、紊流的运动特性

在上述关于水流的 h_f 与 v 关系讨论中，我们知道流速越大，水流的阻力损失就越大，紊流的阻力损失要比层流大得多。要掌握紊流的阻力损失规律，就必须先搞清楚紊流的水流特征。

（一）紊流特征

紊流的结构特征是：紊流是由大小不同、旋转强度各异的涡体组成。除了沿边界约束的总流方向运动外，涡体不停地振荡、分解、组合，向各方向混掺、碰撞。

紊流的运动特征是：运动要素的脉动。涡体的运动使得流场中的流速、压强等随时间不断变化。这种瞬时运动要素随时间的波动性，就是紊流运动特有的脉动现象。它是质点相互混掺、碰撞作用的结果，是紊流的运动特征。图 4-9 是用专门仪器实测的均为紊流的恒定流与非恒定流中任意点 A 在水流方向上的瞬时流速 u 随时间 t 的变化曲线，曲线明确显示了紊流流速的脉动和存在统计时间平均值的特点。

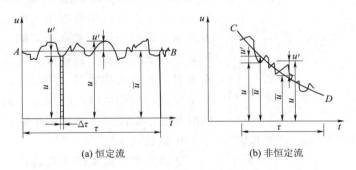

(a) 恒定流　　　　　　　　(b) 非恒定流

图 4-9　紊流脉动现象及相关流速

紊流各运动要素也都存在相似的脉动现象和统计规律。因此只要建立时间平均概念，则原来水流运动的概念、分析水流运动的方法和有关规律仍可在紊流中应用。这种时均处理是把紊流看成是时均流动和脉动流动的叠加，以便于在不同情况下有主有次、分别研究考虑两者的作用和影响。这种处理也反映在紊流运动要素的表示和度量上。仍以图 4-9 所示的纵向流速为例。若取一足够长的时段 T，则纵向瞬时流速 u 在时段 T 内的平均值，即时均纵向流速 $\overline{u}$ 为

$$\overline{u} = \frac{1}{T}\int_0^T u\,\mathrm{d}t \tag{4-7}$$

为了反映紊流的脉动特点，我们把任一时刻的瞬时流速与时均流速之差称为脉动流速 u'，它是瞬时流速相对时均流速的偏离（波动）值：

$$u' = u - \overline{u}$$

这样，紊流的流速都可以看成是由时均流速和脉动流速两部分组成：

$$u = \overline{u} + u' \tag{4-8}$$

显然脉动流速 u'，可能有正有负，可以证明它的时均值恒为零。

$$\overline{u'} = \frac{1}{T}\int_0^T (u - \overline{u})\,\mathrm{d}t = \frac{1}{T}\int_0^T u\,\mathrm{d}t - \overline{u} = 0 \tag{4-9}$$

同样，紊流中其他运动要素在流速的脉动影响下，也将引起脉动，如动水压强 p，其脉动压强和时均压强可表示为

$$p = \overline{p} + p' \tag{4-10}$$

$$\overline{p} = \frac{1}{T}\int_0^T p\,\mathrm{d}t$$

$$\overline{p'} = \frac{1}{T}\int_0^T \overline{p'}\,\mathrm{d}t = 0$$

式中　p、$\overline{p}$、p'——紊流中某点的瞬时压强、时均压强和脉动压强。

值得注意的是，水流上各处的脉动强度各不相同，如河渠水面处与河底处的脉动状况就不相同，水面附近的水流脉动的频率较高，脉动流速 u' 较小，而在河底附近处，水流的脉动频率较低，u' 较大，如图 4-10 所示。

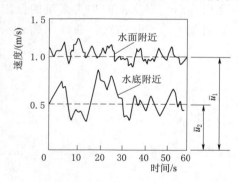

图 4-10　水面与水底的脉动现象比较

有了时均运动要素的概念，前面提到的分析水流运动的方法对紊流仍可适用。如：紊流流线是指时均流速的流线，紊流流束是指时均流速的流束，恒定流是指时均运动要素不随时间变化的流动，非恒定流是指时均运动要素随时间变化的流动。为应用方便，所有定义中都省去"时均"二字，运动要素就是指时均运动要素。用时均运动要素描述的水流运动称为时均运动，时均运动只能反映水流运动的时均运动状况，不能反映水流脉动状况（脉动频率和振幅的大小）。

脉动对紊流的影响主要表现在水流能量损失和流速分布的方面，故水流的脉动状况对工程实际起着不容忽视的作用，很多水工程问题中必须考虑其作用。例如压强的脉动不但会增加建筑物所承受的瞬时荷载，而且有可能引起建筑物的振动及产生空蚀现象；河床底部水流的强烈脉动，可使水流挟带泥沙的能力增强，引起河床冲刷；脉动流速对水流中泥沙或污染物的扩散、悬浮、输移等都有重要作用。所以在涉及紊流的研究中，必须考虑脉动对水流的影响。

（二）紊流切应力

紊流流层间的作用力是决定紊流流速分布和沿程水头损失的内在基础。因此我们从紊流

运动的内部切应力特征来探讨紊流的阻力损失。当纵向流层间存在相对运动时，各流层交界面上必然产生切向的黏滞性内摩擦力。另外紊动使不同流层间不断发生质点混掺，引发流层间的动量传递和改变，从而在流层交界面上产生因紊动而附加的切向作用力。于是紊流流层间的时均总切向作用力应表示为这两部分之和，总切应力表示则为

$$\overline{\tau} = \overline{\tau_1} + \overline{\tau_2} \tag{4-11}$$

式中　$\overline{\tau}$——紊流时均总切应力；

$\overline{\tau_1}$——紊流时均黏滞切应力；

$\overline{\tau_2}$——紊流脉动引起的附加切应力。

对于紊流时均黏滞切应力，在恒定均匀二元条件下，根据牛顿内摩擦定律，可表示为

$$\overline{\tau_1} = \mu \frac{\mathrm{d}\overline{u}}{\mathrm{d}y} = \rho\nu \frac{\mathrm{d}\overline{u}}{\mathrm{d}y} \tag{4-12}$$

式中　$\overline{u}$——时均纵向流速。

对于紊动附加切应力，必然与造成质点混掺的脉动流速有关。普朗特从实用出发，建立了混掺过程中附加应力与时均流速梯度间的关系：

$$\overline{\tau_2} = \eta \frac{\mathrm{d}\overline{u}}{\mathrm{d}y} = \rho\,\varepsilon_m \frac{\mathrm{d}\overline{u}}{\mathrm{d}y} \tag{4-13}$$

式中　η——紊动黏滞系数；

ε_m——紊动动量传递系数。

于是紊流时均切应力公式可表示为

$$\overline{\tau} = \overline{\tau_1} + \overline{\tau_2} = (\rho\nu + \rho\,\varepsilon_m) \frac{\mathrm{d}\overline{u}}{\mathrm{d}y} \tag{4-14}$$

显然，ν 和 ε_m 是有本质区别的。运动黏滞系数 ν 表征的是流体的基本物理性质（黏滞性），而紊动动量传递系数 ε_m 则与紊流运动状况密切相关。

本书以后凡涉及紊流运动要素时，不作特殊说明，均采用时均值，并约定时均符号略写。

（三）边界粗糙度对紊流的影响

大量研究表明：边壁状况对紊流流速分布和阻力损失规律有很大影响。图 4-11（a）示意性地表现了包括固体边壁在内的紊流流场的空间分布特点，以及紊流流速沿水深的分布。图中紧靠固体边界附近，流体受边壁附着力制约，流线平顺。在这一薄层中，水流黏滞切应力起主导作用，

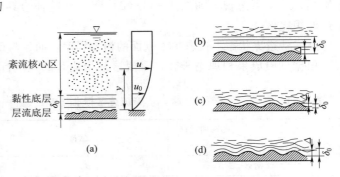

图 4-11　紊流结构及其受边界粗糙度的影响

称为黏性底层。该层以上流体质点的紊动混掺作用渐强，水流属于紊动混掺起主导作用的紊流。这一区域紊动强烈，黏滞作用可以忽略，称为紊流核心区。

为了研究黏性底层的特点，这里引入摩阻流速：$u_* = \sqrt{\tau_0/\rho}$，u_* 具有流速量纲，它反映了边界摩阻作用对流速的影响。摩阻流速与平均流速的关系为

$$u_* = \sqrt{\frac{\lambda}{8}} v \qquad (4-15)$$

根据黏性底层的流速特点和尼古拉兹试验，可得黏性底层厚度为

$$\delta_0 = 11.6\frac{\nu}{u_*} \qquad (4-16)$$

上式中，ν 为水流运动黏滞系数。

将式（4-15）代入式（4-16）可得

$$管道\delta_0 = \frac{32.8d}{Re_d\sqrt{\lambda}}，明渠 \delta_0 = \frac{32.8R}{Re_R\sqrt{\lambda}} \qquad (4-17)$$

分析式（4-17），可以看出黏性底层的厚度是随水流强度变化的，δ_0 随 Re 增大而减小。这表明了在不同水流条件下，变动的 δ_0 与相对稳定的边界粗糙度之间有不同的对应关系，使紊流边界状况发生变化，从而对紊流能量损失产生重大影响，如图 4-11 所示。

固体边壁的粗糙程度是指边壁表面凹凸不平的状况，通常用 Δ 表示粗糙表面的凸出高度，称为绝对粗糙度。边壁粗糙度对紊流核心区的干扰程度直接受黏性底层厚度的影响，因而和一定的水流条件有关。对粗糙度一定的壁面，不同的水流运动强度下会有以下三种状态：

（1）当 Re 较小时，黏性底层较厚，即 δ_0 比 Δ 大得多，黏性底层完全淹没边壁的凹凸不平，如图 4-11（b）所示。边界对水流的阻力主要是黏性底层内的黏滞阻力。从实际效果看，可认为紊流的边界就是光滑的黏性底层上界面，这种边界称为水力光滑面，相应的紊流处于水力光滑区（光滑紊流）。

（2）当 Re 很大时，黏性底层极薄，即 δ_0 比 Δ 小很多，边壁的粗糙情况就完全暴露在黏性底层之外，如图 4-11（c）所示。边壁凸起产生的水流脱离和小漩涡形成附加水流阻力，小漩涡又进一步混掺到紊流核心区，加剧当地水流的紊动，此时边界的粗糙影响已伸入到紊流核心区，对紊流的能量损失产生决定性影响，故这种状态下的边界称为水力粗糙面，相应紊流处于水力粗糙区（粗糙紊流）。

（3）当 Re 介于两者之间时为过渡状态。此时边壁黏滞作用和粗糙干扰作用都对紊流产生影响，均不可忽视，如图 4-11（d）所示。这种边界状态称为过渡粗糙面，相应紊流处于过渡粗糙区。

这三种边界状态不仅取决于壁面的粗糙程度，而且与反映水流运动强度的 Re 密切相关。

根据试验成果和理论研究，紊流这三个流区的判别标准见表 4-1。

表 4-1　　　　　　　　　　紊流分区标准（$Re_* = \frac{u_*\Delta}{v}$）

紊流区划＼判别指标	Δ/δ_0	Re_*
光滑区	$\Delta/\delta_0 < 0.3$	$Re_* < 3.5$
过渡区	$0.3 \leqslant \Delta/\delta_0 \leqslant 6$	$3.5 \leqslant Re_* \leqslant 70$
粗糙区	$\Delta/\delta_0 > 6$	$Re_* > 70$

（四）紊流流速分布

紊流过水断面上各点的流速分布反映了紊流的运动特征，同时也间接反映了紊流的阻力特征。因此我们需要了解紊流的流速分布特点，从而进一步找出解决紊流沿程阻力损失计算

的方法。目前比较普遍采用的有对数型和指数型两类流速分布公式。

1. 对数型流速分布公式

从普朗特理论建立的紊流切应力出发，可以得到距底边界为 y 处的该层纵向流速为

$$u_x = \frac{u_*}{k}\ln y + C \tag{4-18}$$

这是适用于紊流核心区的对数型流速分布一般形式。式中：u_* 为摩阻流速；k 称卡门常数，清水可取 0.4。对于含有其他介质的液流，k 与介质浓度有关。积分常数 C 反映紊流边界粗糙度对紊流的影响。不同边界状态所确定的不同紊流流区内，其流速分布有不同的形式。

（1）紊流光滑区：

$$\frac{u_x}{u_*} = 2.5\ln \frac{y\,u_x}{\nu} + 5.5 \tag{4-19}$$

（2）紊流粗糙区：

$$\frac{u_x}{u_*} = 2.5\ln \frac{y}{\Delta} + 8.5 \tag{4-20}$$

实践证明，对数型流速分布公式在紊流核心区能较好地反映紊流的流速分布规律。

2. 指数型流速分布公式

根据大量实测资料的回归分析和研究表明，紊流流速分布也近似符合指数型分布规律。因而，普朗特提出了如下经验性的指数型流速分布公式：

（1）对于管流：

$$\frac{u_x}{u_m} = \left(\frac{y}{r}\right)^n \tag{4-21}$$

（2）对于明流：

$$\frac{u_x}{u_m} = \left(\frac{y}{H}\right)^n \tag{4-22}$$

公式中指数 n 与水流运动强度有关，其值为 $1/6 \sim 1/10$。一般 n 值随 Re 增大而减小，具体可查表 4-2 确定。当 $Re < 10^5$ 时，通常取 $1/7$。u_m 为断面最大流速。

表 4-2　　　　　　　　　　　$Re - n$ 对应关系

Re	4×10^3	2.3×10^4	1.1×10^5	1.1×10^6	2×10^6	3.2×10^6
n	$1/6$	$1/6.6$	$1/7$	$1/8.8$	$1/10$	$1/10$

指数型公式结构简单，使用方便，具有相当精度，因而在实际中得到较广泛的应用。

3. 紊流流速分布的特点

在紊流中由于液体质点间相互紊动混掺、碰撞，使动量大小不同的各液层质点，通过碰撞产生质点间的动量传递、交换。动量大者向动量小者输出动量，或者说后者从前者获取动量，结果使流速分布均匀化。紊流的指数型和对数型流速分布公式正是从结构形式上反映了紊流运动的这一物理特性。显然，由这两类公式表示的紊流断面流速分布比层流断面流速分布要均匀得多，因此它们能较真实地反映实际的紊流流速分布，如图 4-12 所示。

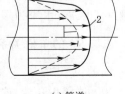

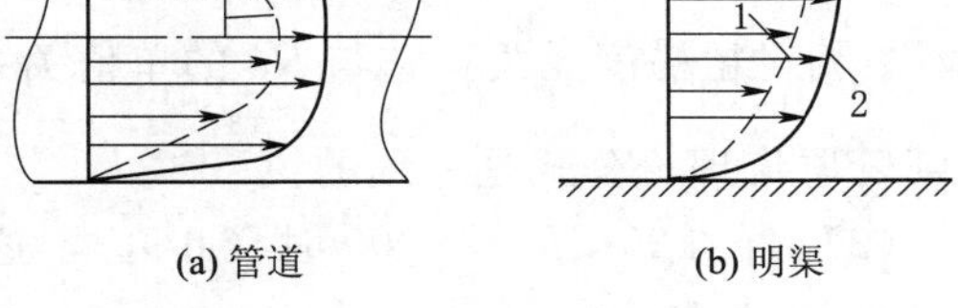

(a) 管道　　　　　　　(b) 明渠

图 4-12　紊流断面的流速分布

1—层流时抛物线分布；2—紊流时对数曲线分布

任务三　沿程水头损失的分析及计算

任务描述：本任务重点阐述了沿程水头损失系数的变化规律及其确定，以及沿程水头损失的分析及计算。

确定紊流沿程水头损失通常有两种方法：一是利用均匀流沿程水头损失的达西-魏斯巴赫公式，关键是确定与流态相关的沿程水头损失系数 λ；二是利用水利工程实践中总结出的流速经验公式，进一步推求沿程水头损失。

一、沿程水头损失系数的分析——λ 值变化规律

要确定沿程水头损失，首先要搞清沿程水头损失系数 λ 的变化规律。

（一）尼古拉兹试验

1933 年尼古拉兹对人工粗糙管的 λ 值作了系统试验（采用不同粗细的砂粘贴在不同直径的管道内壁上，模拟管壁粗糙状况，进行系统的管道阻力试验），粒径 Δ 代表管壁绝对粗糙度，它与管道直径 d 的比值 Δ/d 表示相对粗糙度。他分析整理不同粗糙度的 6 组试验资料，以 Δ/d 为参变量，绘成 λ 和 Re 的关系曲线，如图 4-13 所示。

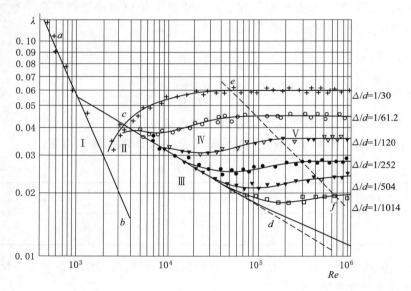

图 4-13　尼古拉兹试验（λ-Re 关系曲线）

由图 4-13 中可以看出，不同区域 λ 值的变化规律不同：

（1）当 $Re < 2320$ 时（Ⅰ区），水流为层流。所有试验点都落在直线 ab 上，这表明此时 λ 值与相对粗糙度无关。它与 Re 的单值关系由直线 ab 所决定，可以用方程 $\lambda = \dfrac{64}{Re}$ 表示，这与圆管层流理论公式是一致的。

（2）当 $2320 < Re < 4000$ 时（Ⅱ区），这一段是层流向紊流转化的过渡区，范围很窄，λ 值只受 Re 控制。

（3）当 $Re > 4000$ 时，水流已处于紊流状态，试验点明显地表现为三种不同的变化特点。它们分别反映了因紊流边界状态不同形成的三个不同流区中，λ 值的不同变化规律。

1) 当 Re 较小时（Ⅲ区），黏性底层厚度可以掩盖边壁粗糙度 Δ，属紊流光滑区。此时壁面的粗糙度对紊流核心区的阻力损失不起作用，即 λ 不受边壁粗糙度的影响。于是不同相对粗糙度的试验点便先后都落在同一直线 cd 上。只是边壁较粗糙的数据点，其 Δ 容易脱离 δ_0 掩盖，因而从较早的起点便脱离直线 cd（光滑区）进入 cd、ef 线之间的过渡带〔紊流过渡粗糙区（Ⅳ区）〕；而边壁较光滑的试验点据则因 δ_0 较容易淹没 Δ，与直线 cd 的重合段较长，从较迟的下点脱离直线 cd 进入过渡带。所以，图中直线 cd 就代表着紊流光滑管（区）沿程水头损失系数的变化规律：λ 值只取决于水流的 Re 而与边壁相对粗糙度 Δ/d 无关。

2) 当 Re 很大时（Ⅴ区），边界绝对粗糙度 Δ 完全突出在 δ_0 之外，属紊流粗糙区。此时沿程阻力主要受由紊流绕过边界凸起时形成的小漩涡影响，黏性底层的黏滞阻力几乎可以忽略不计。因而在图中可以看到：在直线 ef 以右的区域（Ⅴ区），不同粗糙度的试验点各自都形成一条近似水平线。注意观察粗糙度越大的试验点线越靠上，λ 值越大；而边界越光滑的试验点线则越靠下，λ 值越小；也就是说 λ 值随相对粗糙度增大而增大。这恰反映了Ⅴ区（紊流粗糙管）的沿程水头损失系数与 m 无关，而只受边界粗糙度控制的变化规律。在这个区域，只是与产生边界小漩涡紧密相关的 Δ/d 决定 λ 值的大小；由达西公式可知，此时 $h_f \propto v^2$，故紊流粗糙区又称为阻力平方区。

3) 在直线 cd 和直线 ef 之间的区域（Ⅳ区），不同粗糙度的点据各自形成一条曲线，并且每条曲线均随心的改变而变化。这正表明进入此区后，Re 的增大，使 δ_0 进一步减小，以致不能完全淹没 Δ，导致管壁粗糙度和黏性底层均对沿程阻力产生影响，故表现为进入此区的数据点（λ 值）受边界粗糙度和水流强度这两个因素共同控制，即在从光滑管向粗糙管转化的过渡区内：$\lambda = f(\Delta/d, Re)$。

尼古拉兹试验全面揭示了管道在不同流态下，λ、Re 以及边界粗糙度之间的相互影响制约关系。在人工加糙明渠中的试验，也可以得到与管流相似的结论。

（二）莫迪试验

1944 年莫迪（F. Moody）在总结前人试验研究的基础上，对工业用的 20 根不同管径的实际管道进行了试验研究，发现水流在紊流时，因 $\dfrac{\Delta}{\delta_0}$ 的不同，水流又分为 3 个流区，加上层流区，水流共分为 4 个流区，如图 4-14 所示。$Re < 2320$ 时为层流区。$Re > 2320$ 时紊流又分为 3 个流区：$\dfrac{\Delta}{\delta_0} < 0.4$ 时为紊流光滑区；$0.4 < \dfrac{\Delta}{\delta_0} < 6$ 时为紊流过渡区；$\dfrac{\Delta}{\delta_0} > 6$ 时为紊流粗糙区。莫迪发现 λ 在 4 个流区的变化规律与雷诺数 Re 和 $\dfrac{\Delta}{d}$ 有关（$\dfrac{\Delta}{d}$ 称为相对粗糙度），并把该规律绘成图（称为莫迪图），如图 4-15 所示。为了比较不同管径管道的绝对粗糙度对 λ 的影响，则取单位长度直径的绝对粗糙度即 $\dfrac{\Delta}{d}$ 作为比较值。λ 在 4 个流区的变化规律叙述如下：

（1）层流区（$Re < 2320$）：$\lambda = \dfrac{64}{Re}$；λ 与 $\dfrac{\Delta}{d}$ 无关；$h_f \propto v^{1.00}$。

层流时壁面的 Δ 完全掩盖在层流中，因此 λ 与 $\dfrac{\Delta}{d}$ 无关。前面雷诺试验已表明层流中 h_f

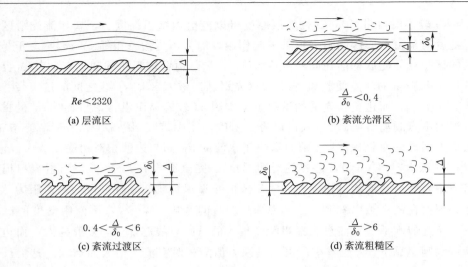

图 4-14　水流的四种流区

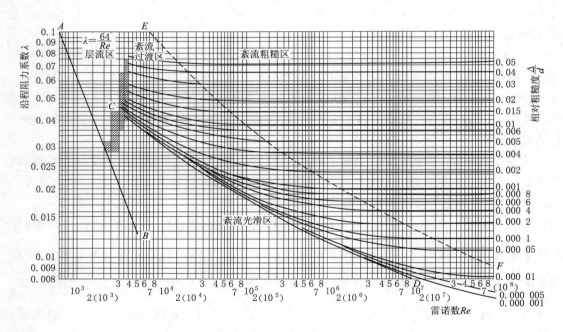

图 4-15　莫迪图

正比于 $v^{1.00}$。图 4-14 中 AB 直线（$Re < 2320$）即为层流区，20 根管道的试验点都集中在同一条直线 AB 上。

（2）紊流光滑区（$\dfrac{\Delta}{\delta_0} < 0.4$）：$\lambda = f(Re)$；$\lambda$ 与 $\dfrac{\Delta}{d}$ 无关；$h_f \propto v^{1.75}$。

Δ 仍被 δ_0 掩盖，水流就像在光滑的管壁上流动，对紊流流核区不产生影响，所以称这时的水流为紊流光滑区。前面雷诺试验已表明该流区 $h_f \propto v^{1.75}$。图 4-15 中 20 根管道的试验点都在一定区域内落在最下面 CD 曲线上。CD 曲线即为紊流光滑区。

（3）紊流过渡区（$0.4 < \dfrac{\Delta}{\delta_0} < 6$）：$\lambda = f(Re, \dfrac{\Delta}{d})$；$h_f \propto v^{1.75 \sim 2.00}$。

δ_0 已不能完全掩盖住 Δ 的作用，部分 Δ 突进紊流流核区而影响水流流动。前面雷诺试验已表明该流区 $h_f \propto v^{1.75\sim2.00}$。图 4-15 中最下面 CD 曲线与上面 EF 虚线之间的区域即为紊流过渡区。

（4）紊流粗糙区（$\frac{\Delta}{\delta_0} > 6$）：$\lambda = f\left(\frac{\Delta}{d}\right)$；$\lambda$ 与 Re 无关；$h_f \propto v^{2.00}$。

随着流速和雷诺数的增大，δ_0 比 Δ 小得多，已失去对边壁粗糙度的掩盖作用，绝对粗糙度 Δ 对水流影响较大，所以称这时的水流为紊流粗糙区。前面雷诺试验已表明该流区 $h_f \propto v^{2.00}$，因此该流区又称阻力平方区。图 4-15 中 EF 虚线之上的区域即为紊流粗糙区。

试验表明，以上 λ 值在 4 个流区的变化规律不光适用于管流，也适用于渠流。

务请记住 λ 值在 4 个流区的变化规律及其适用情形。

二、沿程水头损失的计算

（一）计算公式

计算沿程水头损失的基本公式是达西-魏斯巴赫公式，由达西和魏斯巴赫推导出，简称达-魏公式，是适用于管流和渠流所有流区的通用理论公式，水利工程中所有具体的 h_f 计算公式都是由达-魏公式推导而来的；1769 年法国工程师谢才（Chezy）根据明渠均匀流的实测资料提出的谢才公式是经验公式，只是达-魏公式在紊流粗糙区的一种表现形式（后面会有说明），两公式在世界水利工程中被广泛采用，均被纳入我国国家规范。其形式如下：

达-魏公式
$$h_f = \lambda \frac{l}{4R} \frac{v^2}{2g} \tag{4-23a}$$

谢才公式
$$v = C\sqrt{RJ} \ \text{或} \ h_f = \frac{v^2}{C^2 R} l \tag{4-24a}$$

式中　R——水力半径，m；

　　　v——断面平均流速，m/s；

　　　J——水力坡度，即 $J = \frac{h_f}{l}$；

　　　l——流程长度，m；

　　　C——谢才系数，反映边壁粗糙度和过水断面形状、尺寸对水头损失的影响，与雷诺数无关，$\sqrt{\text{m}}/\text{s}$；

　　　λ——沿程阻力系数，无单位，反映固体边壁粗糙度和雷诺数对沿程水头损失的影响。

请注意这两个公式适用情形不同：达-魏公式适用于层流与紊流，而谢才公式只适用于紊流粗糙区。

对于圆管，其水力半径 $R = \frac{d}{4}$，故沿程水头损失的表达式可写为

$$h_f = \lambda \frac{l}{d} \frac{v^2}{2g} \tag{4-23b}$$

$$h_f = \frac{4v^2}{C^2 d} l \tag{4-24b}$$

谢才公式 $h_f = \frac{v^2}{C^2 R} l = \frac{8g}{C^2} \frac{l}{4R} \frac{v^2}{2g}$，与达-魏公式比较可得

$$\lambda = \frac{8g}{C^2} \quad 或 \quad C = \sqrt{\frac{8g}{\lambda}} \tag{4-25}$$

计算谢才系数最常采用的公式是曼宁公式：

$$C = \frac{1}{n} R^{\frac{1}{6}} \tag{4-26}$$

式（4-25）将经验公式和理论公式联系了起来，但是，因为 C 值只有紊流粗糙区的计算公式，所以只在紊流粗糙区式（4-25）才可以两公式通用（后面将讨论这一问题）。

由以上分析可知，因为谢才公式中的谢才系数 C 与雷诺数 Re 无关，而只有紊流粗糙区（即紊流阻力平方区）水头损失才与 Re 无关，另外实际水流大多处于阻力平方区的紊流，计算谢才系数的曼宁公式又是根据大量实测资料推得的，所以谢才公式、曼宁公式等经验公式只适用于阻力平方区。

式（4-23a）、式（4-23b）在层流、紊流中沿程阻力系数 λ 的计算方法不同，前已讨论沿程阻力系数 λ 在层流与紊流中的变化规律，下面介绍 λ 值的确定方法。

（二）λ 值的求解

λ 的求解方法有两种，一种是由 $\frac{\Delta}{\delta_0}$ 判别水流在哪一个流区，根据经验公式 $\delta_0 = 32.8 \frac{d}{Re\sqrt{\lambda}}$ 计算 δ_0，由于此时 λ 值也未知，必须进行试算，较为烦琐，所以现在工程中不采用。

另一种是查莫迪图求 λ 值，由横坐标 Re 向上作垂线，与 $\frac{\Delta}{d}$ 曲线相交，再由交点向左作水平线，即得所求。这种方法须知道各种边界的 Δ 值，实际管道 Δ 不均匀，所以把与实际管道 λ 值相同的人工均匀粗糙管的 Δ 值作为实际管道和明渠的"当量粗糙度"。常用的当量粗糙度见表4-3。

表 4-3　　　　　　　　　　　　　　　各种壁面当量粗糙度 Δ 值

管流壁面边界条件	当量粗糙度值 Δ/mm	明渠流壁面边界条件	当量粗糙度值 Δ/mm
无缝清洁铜管、玻璃管	0.0015~0.01	纯水泥面、清洁水泥面	0.25~1.25
橡皮软管	0.01~0.03	刨光木板面	0.25~2.0
新的无缝钢管	0.04~0.17	未刨光的木槽	0.35~0.70
旧的、一般状况的钢管	0.12~0.21	非刨光木板面、水泥浆粉面	0.45~3.0
涂有沥青的钢管	0.12~0.24	水泥浆砖砌体	0.80~6.0
白铁皮管	0.15	混凝土槽、混凝土衬砌渠道	0.8~9.0
清洁的镀锌铁管	0.25	琢石护面	1.25~6.0
普通新铸铁、生铁管	0.25~0.42	土渠	4.0~11.0
旧的生锈金属管	0.60~0.62	水泥勾缝的普通块石砌体	6.0~17.0
污秽的金属管	0.75~0.97	干砌石渠道（中等质量）	25.0~45.0
木管	0.25~1.25	卵石河床（$d = 70~80\text{mm}$）	30.0~60.0
涂有珐琅质的排水管	0.25~6.0		
陶土排水管	0.45~6.0		
磨光的水泥管	0.33		
有抹面的混凝土管	0.5~0.6		
无抹面的混凝土管	1.0~2.0		

【例 4-2】 某小型水电站的引水管采用钢管，管径 $d=0.25\text{m}$，管长 $l=100\text{m}$，管壁状况一般，管内水温 10℃。当流量为 100L/s 时，求管中沿程水头损失 h_f。

解：（1）求 Re。

过水断面面积 $\qquad\qquad A=\dfrac{\pi}{4}d^2=\dfrac{3.14}{4}\times 0.25^2=0.05(\text{m}^2)$

断面平均流速 $\qquad\qquad v=\dfrac{Q}{A}=\dfrac{0.1}{0.05}=2.00(\text{m/s})$

由水温 $t=10℃$ 查表 1-1 得运动黏滞系数 $\nu=1.31\times 10^{-6}\text{m}^2/\text{s}$，则雷诺数

$$Re=\dfrac{vd}{\nu}=\dfrac{2.00\times 0.25}{1.31\times 10^{-6}}=381679>2320$$

故管中水流为紊流。

（2）求 λ。

由表 4-3 得 $\Delta=0.19\text{mm}$，近似取 $\Delta=0.2\text{mm}$，则 $\dfrac{\Delta}{d}=\dfrac{0.2}{250}=0.0008$。由 $Re=381679$ 和 $\dfrac{\Delta}{d}=0.0008$ 查莫迪图求 λ。从图右坐标上找到 $\dfrac{\Delta}{d}=0.0008$ 的一条曲线，由横坐标上 $Re=381679$ 的点引一垂直线，两线交于一点，由该点向左作水平线交得 $\lambda=0.0195$。

（3）计算沿程水头损失。

$$h_f=\lambda\dfrac{l}{d}\dfrac{v^2}{2g}=0.0195\times\dfrac{100}{0.25}\times\dfrac{2.00^2}{19.6}=1.59(\text{m})$$

（三）λ 值的测定

沿程阻力系数 λ 值的测定试验装置如图 4-16 所示。试验时，要保证水箱中的水位不变，测压管 AB 所在的断面距管道的进、出口有一定距离，使 AB 两断面保持均匀流，首先测出管长 l、管径 d 及 AB 两断面的测压管水头差 Δh。

由于各断面流速相同，没有局部水头损失，因而根据能量方程得

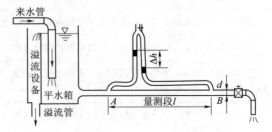

图 4-16　沿程阻力系数 λ 值测定

$$h_w=h_f=\left(z_A+\dfrac{p_A}{\gamma}\right)-\left(z_B+\dfrac{p_B}{\gamma}\right)=h_1-h_2=\Delta h$$

用体积法测出流量 $Q=V/t$，将量测到的 Δh 及 Q 代入达-魏公式得

$$h_f=\Delta h=\lambda\dfrac{l}{d}\dfrac{v^2}{2g}$$

则 $\qquad\qquad\qquad\qquad \lambda=\dfrac{\Delta h}{\dfrac{l}{d}\dfrac{Q^2}{2gA^2}}$ $\qquad\qquad\qquad\qquad$ （4-27）

由式（4-27）即可算出该管道通过流量 Q 时的 λ 值。对不同相对粗糙度的管子用不同的流量进行试验，即可得出不同相对粗糙度的管道在不同流区时的沿程阻力系数 λ 值。

三、实际工程中沿程水头损失的计算公式

前面主要从理论角度讲述 h_f 的计算，以掌握 h_f 和 λ 之间的变化规律。实际工程中必须

使用国家规定的标准计算公式，而这些公式也是根据达-魏公式和谢才公式，再结合管、渠的断面形状与尺寸及边界条件进行试验和推导而来的。按照（室外）输水目的不同共分为两大类，其水利计算均须按照有关技术规范和标准规定的公式计算。

第一类：灌溉输水，包括渠灌及喷灌、低压管灌的计算。

（1）渠流计算公式：

$$v = C\sqrt{Ri} \quad 或 \quad Q = Av = A\frac{1}{n}R^{\frac{2}{3}}i^{\frac{1}{2}} \tag{4-28}$$

渠流计算中的 C 用曼宁公式 $C = \dfrac{1}{n}R^{\frac{1}{6}}$ 计算。

式中　i——渠道底坡，指单位渠长的渠底高程改变量，均匀流时 $i = J = \dfrac{h_f}{l}$；

　　　n——糙率或粗糙系数，无单位，反映固体边壁粗糙度，见表 4-4。

表 4-4　　　　　　　　　　　　**不同边界条件的糙率 n 值**

壁面种类及状况	n	$1/n$
特别光滑的黄铜管、玻璃管，涂有珐琅质或其他釉料的表面	0.009	111
精致水泥浆抹面，安装及连接良好的新制的清洁铸铁管及钢管，精刨木板	0.011	90.9
很好地安装的未刨木板，正常情况下无显著水锈的给水管，非常清洁的排水管，最光滑的混凝土面	0.012	83.3
良好的砖砌体，正常情况的排水管，略有积污的给水管	0.013	76.9
积污的给水管和排水管，中等情况下渠道的混凝土砌面	0.014	71.4
良好的块石圬工，旧的砖砌体，比较粗制的混凝土砌面，特别光滑、仔细开挖的岩石面	0.017	58.8
坚实黏土的渠道，不密实淤泥层（有的地方是中断的）覆盖的黄土、砾石及泥土的渠道，良好养护情况下的大渠道	0.0225	44.4
良好的干砌圬工，中等养护情况下的土渠，情况良好的天然河流（河床清洁、顺直、水流通畅、无塌岸及深潭）	0.025	40.0
养护情况在中等标准以下的土渠	0.0275	36.4
情况比较不良的土渠（如部分渠底有水草、卵石或砾石，部分边岸崩塌等），水流条件良好的天然河流	0.030	33.3
情况特别坏的渠道（有不少深潭及塌岸、芦苇丛生、渠底有大石及密生的树根等），过水条件差、石子及水草数量增加、有深潭及浅滩等的弯曲河道	0.040	25.0

（2）管流计算公式：

$$h_f = f\frac{Q^m}{d^b}l \tag{4-29}$$

式中　h_f——沿程水头损失，m；

　　　Q——流量，m³/h；

　　　f——管材摩阻系数；

d——管道直径，mm；

m——流量指数；

b——管径指数；

l——管长，m。

注意式（4-29）中各参数单位不可改变，否则系数会改变。

各种管材的 f、b、m 值，可按表 4-5 取用。

表 4-5 $\qquad\qquad\qquad$ f、b、m 值

管 材 类 别		f	m	b
混凝土管、钢 筋混凝土管	$n=0.013$	1.312×10^6	2.00	5.33
	$n=0.014$	1.516×10^6	2.00	5.33
	$n=0.015$	1.749×10^6	2.00	5.33
当地材料管		$7.76n^2\times10^9$	2.00	5.33
旧钢管、旧铸铁管		6.25×10^5	1.90	5.10
石棉水泥管		1.455×10^5	1.85	4.89
硬塑料管		0.948×10^5	1.77	4.77
铝管、铝合金管		0.861×10^5	1.74	4.74

注 1. 地埋薄壁塑料管的 f 值，宜用表列硬塑料管 f 值的 1.05 倍。

$\qquad$ 2. n 为糙率，水泥砂土管 $n=0.0143$。

第二类：城镇室外给水（城镇工作、生活、公共设施、消防、绿化等），管道、渠道的计算。

（1）各类塑料管（由达-魏公式推得）：

$$h_f=0.000915\frac{Q^{1.774}}{d^{4.774}}l \qquad\qquad (4-30)$$

式中 $\quad d$——管内径，m；

$\qquad l$——管长，m；

$\qquad Q$——流量，m^3/s。

（2）混凝土管及采用水泥砂浆内衬的金属管、混凝土渠：

$$h_f=\frac{v^2}{C^2R}l \qquad （谢才公式） \qquad (4-31)$$

其中 $\qquad\qquad\qquad C=\frac{1}{n}R^y \qquad （巴甫洛夫斯基公式）\qquad (4-32)$

$$y=2.5\sqrt{n}-0.13-0.75\sqrt{R}(\sqrt{n}-0.1)（管流时用曼宁公式 y=\frac{1}{6}）\quad (4-33)$$

式（4-32）适用于 $0.1\leqslant R\leqslant3.0$；$0.011\leqslant n\leqslant0.040$；$n$ 值见表 4-4 和后文表 6-3。

（3）输配水管道、给水管网：

$$h_f=\frac{10.67Q^{1.852}}{C_h^{1.852}d^{4.87}}l \qquad\qquad (4-34)$$

式中 $\quad C_h$——海曾-威廉系数，见表 4-6；

$\qquad d$——管内径，m；

l——管长，m；

Q——流量，m^3/s。

表 4-6 海曾-威廉系数 C_h

管道材料	C_h	管道材料	C_h
玻璃管、塑料管、铜管	$145\sim150$	新铸铁管，最好状态	140
		新管	130
		旧管	100
		严重锈蚀	$90\sim100$
石棉水泥管、混凝土管	$130\sim140$	钢管、铸铁管水泥砂浆内衬	$120\sim130$
焊接钢管新管	110	钢管、铸铁管涂料内衬	$120\sim130$
焊接钢管旧管	95	陶土管	110

公式应用说明：近些年给水管道及给水管网已不再采用不加内衬的铸铁管和钢管，所以不再介绍舍维列夫公式（公式适用于不加内衬的铸铁管和钢管）。美国及欧洲、日本广泛采用海曾-威廉公式，我国近些年也多采用海曾-威廉公式。

【例 4-3】 某灌渠长 1000m，矩形断面，采用混凝土砌面（中等情况），底宽 $b=2.00m$，水深 $h=1.60m$，求流量 $Q=5.00m^3/s$ 时渠道的沿程水头损失。若改用直径 $d=1.20m$（1200mm）的混凝土管输水（选用正常排水管），则管道的沿程水头损失为多少？（均按均匀流 $i=J=\dfrac{h_f}{l}$ 计算。）

解： 首先正确选择公式，应选《水利技术标准汇编》中公式。

（1）灌渠沿程水头损失计算：选用式（4-28），即 $Q=Av=A\dfrac{1}{n}R^{\frac{2}{3}}i^{\frac{1}{2}}$。

由式（4-28）得

$$h_f=\left(\frac{Qn}{AR^{\frac{2}{3}}}\right)^2 l$$

$$A=2\times1.60=3.20(m^2)$$

$$R=\frac{A}{\chi}=\frac{3.20}{2+2\times1.60}=0.62(m)$$

查表 4-4，$n=0.014$，则

$$h_f=\left(\frac{Qn}{AR^{\frac{2}{3}}}\right)^2 l=\left(\frac{5.00\times0.014}{3.20\times0.62^{\frac{2}{3}}}\right)^2\times1000=0.91(m)$$

（2）管道输水沿程水头损失计算，选用式（4-29），$Q=5.00m^3/s=18000m^3/h$。

由 $n=0.013$，查表 4-5，$f=1.312\times10^6$，$m=2$，$b=5.33$，则

$$h_f=f\frac{Q^m}{d^b}l=1.312\times10^6\times\frac{18000^2}{1200^{5.33}}\times1000=16.46(m)$$

任务四　局部水头损失的分析及计算

任务描述：本任务重点阐述了局部水头损失系数的确定和局部水头损失的计算。

一、局部水头损失产生的原因

在实际工程中，由于控制及输送水流的需要，水流固体边界的改变是常见的。水流在这些部位产生的局部能量损失的确定，是水力设计中的重要问题。

局部水头损失产生于水流边界条件发生明显改变处，是水流形态发生较大变化引起的。这种能量损失只出现在边界突变前后的局部流段范围内，具有能耗大、能耗集中和以涡漩损失为主这三个特点。产生局部水头损失的主要原因是水流固体边界的突变，边界突变的形式多种多样，如图4-3、图4-17所示的管道或明渠的断面突然扩大、突然缩小及转弯、分岔、阀门处，在闸阀、桥墩前后及涵洞进口处等。固体边界突变对水流运动产生的影响可归纳成两点：

（1）在边界突变处，水流因受惯性力作用，主流将不紧贴固体边界而脱离边界流动，并在主流与边界之间形成强烈的漩涡。漩涡的分裂和互相摩擦要消耗大量的能量，因此漩涡区的大小和漩涡的强度直接影响局部水头损失的大小。

（2）由于主流脱离边界形成漩涡区，主流或受到压缩，或随着主流沿程不断扩散，流速分布急剧调整。如图4-17中断面1—1的流速分布图，经过不断改变，最后在断面2—2接近于下游正常水流的流速分布。在流速改变的过程中，质点内部相对运动加强，碰撞、摩擦作用加剧，从而造成较大的能量损失。

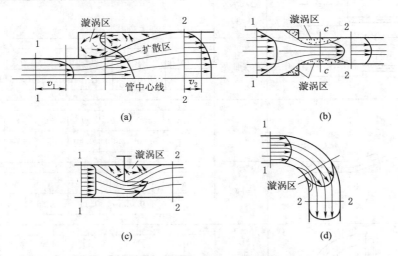

图4-17　局部水头损失发生部位及相关断面流速分布

二、局部水头损失的计算公式

局部水头损失是由于边界条件突然变化，局部范围内水流的强烈紊动和流速分布剧烈改变引起的较大能量损失，这种强紊动的水流能量损失主要和边界改变形式及水流速度有关，可以用流速水头与局部水头损失系数 ζ 的乘积来表示，其一般形式为

$$h_j = \zeta \frac{v^2}{2g} \tag{4-35}$$

式中，局部水头损失系数 ζ 通常由试验测定，现列于表 4－7 中。必须指出，ζ 都是对应于某一流速水头而言的，在选用时应注意两者的对应关系，以免用错了流速水头。若不加特殊标明，一般 ζ 值皆对应于局部阻力后的流速水头。查用时，要特别注意采用的 ζ 值必须与相应流速一致。常用的局部水头损失系数 ζ 值及相应的流速水头见表 4－7，更详细的局部水头损失系数可查有关手册。

表 4－7　　局部水头损失系数 ζ 值（h_j 计算公式中流速 v 为相应简图所标注的流速）

名称	简图		局部水头损失系数 ζ 值								
断面突然扩大	(简图)		$\zeta'=\left(1-\dfrac{A_1}{A_2}\right)^2$（应用公式 $h_j=\zeta'\dfrac{v_1^2}{2g}$） $\zeta''=\left(\dfrac{A_2}{A_1}-1\right)^2$（应用公式 $h_j=\zeta''\dfrac{v_2^2}{2g}$）								
断面突然缩小	(简图)		$\zeta=0.5\left(1-\dfrac{A_2}{A_1}\right)$								
进口	(简图)	完全修圆	0.05～0.10								
	(简图)	稍微修圆	0.20～0.25								
	(简图)	没有修圆	0.50								
出口	(简图)	流入水库（池）	1.0								

出口	流入明渠	A_1/A_2	0.1	0.2	0.3	0.4	0.5	0.6	0.7	0.8	0.9
		ζ	0.81	0.64	0.49	0.36	0.25	0.16	0.09	0.04	0.01

急转弯管	圆形	$\alpha/(°)$	30	40	50	60	70	80	90
		ζ	0.20	0.30	0.40	0.55	0.70	0.90	1.10
	矩形	$\alpha/(°)$	15	30	45	60	90		
		ζ	0.025	0.11	0.26	0.49	1.20		

弯管	90°	R/d	0.5	1.0	1.5	2.0	3.0	4.0	5.0
		$\zeta_{90°}$	1.2	0.80	0.60	0.48	0.36	0.30	0.29

弯管	任意角度 $\zeta_{\alpha°}=a\zeta_{qp}$	$\alpha/(°)$	20	30	40	50	60	70	80
		a	0.40	0.55	0.65	0.75	0.83	0.88	0.95
		$\alpha/(°)$	90	100	120	140	160	180	
		a	1.00	1.05	1.13	1.20	1.27	1.33	

名称	简　图	局部水头损失系数 ζ 值		

闸阀　圆形管道

当全开时（$a/d=1$）

d/mm	15	20～50	80	100	150	200～250
ζ	1.5	0.5	0.4	0.2	0.1	0.08

d/mm	300～450	500～800	900～1000
ζ	0.07	0.06	0.05

当各种开启度时

a/d	7/8	6/8	5/8	4/8	3/8	2/8	1/8
$A_{开启}/A_{总}$	0.948	0.856	0.740	0.609	0.466	0.315	0.159
ζ	0.15	0.26	0.81	2.06	5.52	17.0	97.8

截止阀　全开　4.3～6.1

莲蓬头（滤水网）

无底阀　2～3

有底阀

d/mm	40	50	75	100	150	200	250	300	350	400	500	750
ζ	12	10	8.5	7.0	6.0	5.2	4.4	3.7	3.4	3.1	2.5	1.6

平板门槽　0.05～0.20

拦污栅

$$\zeta = \beta\left(\frac{s}{b}\right)^{\frac{4}{3}}\sin\alpha$$

式中　s—栅条宽度；

b—栅条间距；

α—倾角；

β—栅条形状系数，用下表确定

栅条形状	1	2	3	4	5	6
β	2.42	1.83	1.67	1.035	0.92	0.76

【例 4-5】　从水箱引一直径不同的管道，如图 4-18 所示。已知第一段管管径 $d_1=175\text{mm}$，沿程水头损失 $h_{f1}=0.31\text{m}$，第二段管管径 $d_2=125\text{mm}$，沿程水头损失 $h_{f2}=1.26\text{m}$，且有一平板闸阀，其开度为 $a/d=0.5$。当输水流量 $Q=25\text{L/s}$ 时，试求：①局部水头损失 $\sum h_j$；②水箱的水头 H。

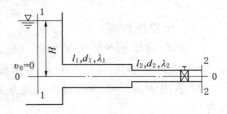

图 4-18　输水管道水头损失计算

解：①求局部水头损失：

$$v_1 = \frac{Q}{A_1} = \frac{0.025}{\frac{\pi}{4} \times 0.175^2} = 1.04(\text{m/s}) \,,\, v_2 = \frac{Q}{A_2} = \frac{0.025}{\frac{\pi}{4} \times 0.125^2} = 2.04(\text{m/s})$$

进口损失由直角进口查表 4 - 5 得 $\zeta_{进口} = 0.5$，则

$$h_{j1} = \zeta_{进口} \frac{v_1^2}{2g} = 0.5 \times \frac{1.04^2}{19.6} = 0.03(\text{m})$$

由 $\dfrac{A_2}{A_1} = \left(\dfrac{d_2}{d_1}\right)^2 = \left(\dfrac{0.125}{0.175}\right)^2 = 0.51$，查表 4 - 5 得

$$\zeta_{缩} = 0.5\left(1 - \frac{A_2}{A_1}\right) = 0.5 \times (1 - 0.51) = 0.25$$

则

$$h_{j2} = \zeta_{缩} \frac{v_2^2}{2g} = 0.25 \times \frac{2.04^2}{19.6} = 0.05(\text{m})$$

闸阀损失由平板闸门的开度 $a/d = 0.5$，查表 4 - 5 得 $\zeta_{阀} = 2.06$，则

$$h_{j3} = \zeta_{阀} \frac{v_2^2}{2g} = 2.06 \times \frac{2.04^2}{19.6} = 0.44(\text{m})$$

$$\sum h_j = h_{j1} + h_{j2} + h_{j3} = 0.03 + 0.05 + 0.44 = 0.52(\text{m})$$

②求水箱的水头：

以管轴线为基准面，取水箱内横断面和管出口断面为两过水断面，断面 1—1 取水面点为计算点，其位置高度为 H，压强为大气压，流速近似为零，断面 2—2 取中心点为代表点，位置高度为零，因断面四周为大气压强，故中心点也近似为大气压强，流速为 v_2。取 $\alpha_1 = \alpha_2 = 1.0$，列能量方程得

$$H = \frac{\alpha v_2^2}{2g} + h_w = \frac{\alpha v_2^2}{2g} + \sum h_f + \sum h_j = \frac{1.0 \times 2.04^2}{2 \times 9.81} + (0.31 + 1.26) + 0.52 = 2.30(\text{m})$$

项 目 学 习 小 结

本项目阐述了水头损失的根源及其分类、水流流动形态的判别及紊流的运动特性、沿程水头损失的分析及计算和局部水头损失的分析及计算。其中水头损失的基本规律及其分析与计算等内容是教学的重点和难点。通过本项目的学习，学生应当了解实际水流运动特性，熟悉水流阻力，学会判别水流流动形态，领会水头损失的基本规律，掌握水头损失的分析与计算方法。

职 业 能 力 训 练 四

一、单项选择题

1. 实际液体水头损失的根源（根本原因）是（　　）。

A. 液体黏滞性　　　B. 边界粗糙　　　C. 边界变化　　　D. 断面突变

2. 英国物理学家雷诺对水流现象进行了著名的（　　），研究发现水流分为层流和紊流两种流态。

A. 雷诺试验　　　B. 达西实验　　　C. 谢才实验　　　D. 佛汝德实验

3. 对于圆管水流，其水力半径 R 与圆管直径的关系是（　　　）。

A. $R = d$ 　　　 B. $R = \dfrac{d}{2}$ 　　　 C. $R = \dfrac{d}{3}$ 　　　 D. $R = \dfrac{d}{4}$

4. 谢才公式中谢才系数 C 与雷诺数 Re 无关，谢才公式、曼宁公式等只适用于（　　　）。

A. 紊流粗糙区 　　　 B. 紊流光滑区 　　　 C. 紊流过渡区 　　　 D. 层流区

5. 明渠水流沿程水头损失的大小与（　　　）。

A. 正常水深 h_0 无关 　　　　　　　 B. 动水压强 p 无关

C. 断面流速 v 无关 　　　　　　　 D. 渠道底坡 i 无关

二、多项选择题

1. 根据水流流动类型，水头损失可分为（　　　）。

A. 沿程水头损失 　　　　　　　 B. 全部水头损失

C. 局部水头损失 　　　　　　　 D. 部分水头损失

E. 个别水头损失

2. 影响水头损失的因素有（　　　）。

A. 水流压力 　　　 B. 动水压强 　　　 C. 液体黏滞性

D. 固体边界条件状况 　　　　　　 E. 流量

3. 通过雷诺试验，发现水流分两种流动形态：（　　　）。

A. 急流 　　　 B. 缓流 　　　 C. 临界流 　　　 D. 紊流 　　　 E. 层流

4. 紊流中水流质点之间发生相互（　　　），使断面流速分布趋于均匀。

A. 碰撞 　　　 B. 摩擦 　　　 C. 掺混 　　　 D. 串层 　　　 E. 反应

5. 研究发现管流和明流过水断面上的点流速，紊流呈（　　　）分布，层流呈（　　　）分布。

A. 直线 　　　 B. 螺旋曲线 　　　 C. 抛物线

D. 指数曲线 　　　 E. 对数曲线

三、判断题

1. 面积相等、形状不同的圆形、梯形、矩形过水断面中，水头损失最小的是圆形过水断面。　　　　　　　　　　　　　　　　　　　　　　　　　（　　　）

2. 黏滞性是引起水流运动能量损失的根本原因。　　　　　　　　　　（　　　）

3. 恒定流一定是均匀流，层流也一定是均匀流。　　　　　　　　　　（　　　）

4. 平坡渠道中一定能发生层流。　　　　　　　　　　　　　　　　　（　　　）

5. 谢才公式、曼宁公式都只适用于紊流粗糙区。　　　　　　　　　　（　　　）

四、简答题

1. 何谓水头损失？产生水头损失的根源是什么？水头损失的影响因素有哪些？

2. 用什么来判别层流和紊流？如何区别？Re 的物理意义是什么？

3. 两个圆管中流动的液体，流速 $v_1 \neq v_2$，管径 $d_1 \neq d_2$，问两管中的 Re 和 Re_k 分别一样吗？

4. 当输水管径一定时，随流量加大，Re 是增大了还是减小了？当输水管道的流量一定时，随管径加大，Re 是增大了还是减小了？

5. 若有两管道的直径 d、长度 l、绝对粗糙度 Δ 均相等，其中一条输油（ν 较大），一条输水（ν 较小）。问：①当两管中流速 v 相等时，其 h_f 是否相等？②当两管中 Re 相等时，h_f 是否相等？

五、计算题

1. 有一圆形管道，$d=150\text{mm}$，管道中通过的流体流量 $Q=6.0\text{L/s}$。①若管中液体为水，水温为 20℃；②若管中液体是重燃油，其运动黏滞系数 $\nu=150\times10^{-6}\text{m}^2/\text{s}$。试判别上述两种情况时液体的流态，并分别求流态发生转变时的相应流量（相应的速度为下临界流速）。

2. 有一压力输水管，管壁的当量粗糙度为 $\Delta=0.6\text{mm}$，水温为 15℃，管长为 25m，管径为 100mm。试求：①当流量为 4L/s、12L/s、40L/s 时，其沿程水头损失各为多少？②分析上述 3 种情况时沿程阻力系数 λ 和沿程水头损失大小的变化规律。

3. 有一水平放置的新的铸铁管，管径 $d=25\text{cm}$，管长 $l=250\text{m}$，水温 10℃，通过流量为 $0.125\text{m}^3/\text{s}$。试求：①管中流速；②沿程阻力系数；③水力坡度。

4. 某水源向 1000m 处输送水，流量为 $Q=2.50\text{m}^3/\text{s}$，①若为管道灌溉，采用管径 $d=1.00\text{m}$ 的混凝土管（中等粗糙）输水，试求输水管道的沿程水头损失；②若为城镇供水，采用梯形断面混凝土渠道（中等粗糙），底宽 $b=1\text{m}$，水深 $h=0.5\text{m}$，边坡系数 $m=1$，试求供水渠道的沿程水头损失。

5. 图 4-19 为某水塔的生活供水管路，已知铸铁管（按旧管）的管长 $l=600\text{m}$，管径 $d=800\text{mm}$，管路的进口为直角进口，有一个弯头和一个闸阀，弯头的局部水头损失系数 $\zeta_{弯}=0.8$。当闸门全开时，流量 $Q=0.80\text{m}^3/\text{s}$。求水塔的高度。

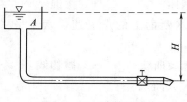

图 4-19　计算题 5

项目五　有压管流分析计算

项目描述：本项目包括三个学习任务：有压管流的特性及其分类、简单管路的水力计算和复杂管路的水力计算。有压管流分析计算主要包括简单管路水力计算和复杂管路水力计算，重点是简单管路的水力计算。首先要明确有压管流的特性和分类，掌握有压管流水力计算的基本原理，并初步学会应用。

项目学习目标：通过本项目的学习，熟悉有压管流的特性和分类，掌握有压管流水力计算的基本原理，学会简单管路的水力计算。

项目学习的重点：有压管流中简单管路和复杂管路的水力计算。

项目学习的难点：有压管流的复杂管路水力计算。

任务一　有压管流的特性及其分类

任务描述：本任务主要介绍了有压管流的特性及其分类，为后面有压管流水力计算等内容的学习打下基础。

在日常生活中，经常用管道来输送液体，如水利工程中的有压引水隧洞、水电站的压力钢管、灌溉工程中的虹吸管、倒虹吸管、抽水机的吸水管和压水管、城市给排水工程中的自来水管以及石油工程中的输油管等，都是常见的有压管道。

一、管流的定义、特点

充满整个管道的水流，称为管流。其特点是：没有自由液面，过水断面的压强一般都不等于大气压强（即相对压强一般不为零），它是靠压力作用流动的。因此，管流又称为压力流。输送压力流的管道称为压力管道。管流的过水断面一般为圆形断面。有些管道，水只占断面的一部分，具有自由液面，因而就不能当作管流，而必须当明渠水流来研究。

二、管流的分类

由于分类的方法不同，管流可分为各种类型，具体如下：

（1）根据管道中任意点的水力运动要素是否随时间发生变化，分为有压恒定流和有压非恒定流。当管中任意一点的水力运动要素不随时间而变时，即为有压恒定流；否则为有压非恒定流。本项目主要研究的是有压恒定流的水力计算。

（2）根据管道中水流的局部水头损失、流速水头两项之和与沿程水头损失的比值不同，管流可分为长管和短管。

1）长管：当管道中水流的沿程水头损失较大，而局部水头损失及流速水头两项之和与沿程水头损失的比小于 5%，以致局部水头损失及流速水头可以忽略不计，相应管道称为长管。

2）短管：当管道中局部水头损失与流速水头两项之和与沿程水头损失的比值大于 5%，则在管流计算中局部水头损失与流速水头不能忽略，相应管道称为短管。

由工程经验可知，一般自来水管网及其他长度较大的串联或并联管路、环状管网、树状管网等可视为长管。虹吸管、倒虹吸管、坝内泄水管、抽水机的吸水管等，可按短管计算。

必须注意：长管与短管的区分并不是按管道长短来区分的，如果没有忽略局部水头损失和流速水头的充分依据时，都应按短管计算，以免造成被动。

（3）根据管道出口情况，管流可分为自由出流与淹没出流。自由出流是指管道出口水流直接流入大气之中，如图 5-1（a）所示；淹没出流是指管道出口位于下游水面以下，被水淹没，如图 5-1（b）所示。

（4）根据管道的布置情况，压力管道又可分为简单管路和复杂管路。简单管路是指单根管径不变、没有分支，而且流量在管路的全长上保持不变的管路，如图 5-1（a）所示。复杂管路是指由两根及以上的管道所组成的管路，即各种不同管径的串联管路、并联管路、树状管网和环状管网，如图 5-2（a）、（b）、（c）、（d）所示，如自来水管或水电站的油、水系统管路等都是复杂管路。

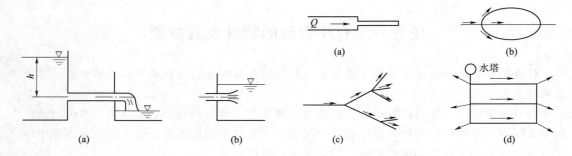

图 5-1　自由出流与淹没出流　　　　　　　图 5-2　简单管路与复杂管路

三、管流的计算任务

管流水力计算的任务主要有以下两类：

一类是设计新管路或新管网，按照标准或规范中规定的方法利用人数及用水定额求出设计流量 Q。然后由经济流速 v_e 和连续方程求得管径 d，再求管流的水头损失 h_f 和 h_j，再求管流上游的水塔高度或水泵扬程 H（又称水头）。

另一类是校核计算已建成管路的通过流量 Q、断面平均流速 v、管道压强 p、作用水头 H 等，判断是否满足用水需求。

两类任务可综合归纳为以下计算内容：

（1）管道输水能力的计算。即给定水头、管线布置和断面尺寸的情况下，确定输送的流量 Q。

（2）当管线布置、管道尺寸和流量一定时，要求确定管路的水头损失，即输送一定流量所必需的水头 H。

（3）当管线布置、作用水头及输送的流量已知时，计算管道的断面尺寸（对圆形断面的管道则是计算所需要的直径 d）。

（4）给定流量、作用水头和断面尺寸，要求确定沿管道各断面的压强 p。

任务二　简单管路的水力计算

任务描述： 本任务阐述了有压管流的简单管路水力计算。学会简单管路的水力计算，并加以融会贯通，后面学习复杂管路水力计算就容易多了。

一、简单短管的水力计算

简单短管的计算可分为自由出流与淹没出流两种情况。

（一）自由出流基本公式

管道出口水流流入大气，水流四周都受大气压强的作用，称为自由出流。如图5-3所示，以通过管道出口断面中心点的水平面为基准面，对断面1—1和断面2—2列能量方程如下：

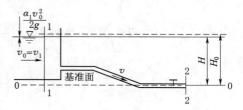

图5-3　简单管路自由出流水力计算

$$H + \frac{p_1}{\gamma} + \frac{\alpha_1 v_0^2}{2g} = 0 + \frac{p_2}{\gamma} + \frac{\alpha_2 v_2^2}{2g} + h_{w1-2}$$

式中 $p_1 = p_2 = p_a$，令 $\alpha_1 = \alpha_2 = 1.0$，$v_2 = v$，$H_0 = H + \frac{v_0^2}{2g}$

$$h_{w1-2} = \left(\lambda \frac{l}{d} + \sum \zeta \right) \frac{v^2}{2g}$$

整理得

$$H_0 = \left(1 + \lambda \frac{l}{d} + \sum \zeta \right) \frac{v^2}{2g} \tag{5-1}$$

式中　v_0——上游水池中的流速，称为行进流速；

　H——管道出口断面中心与上游水池水面的高差，称为管道的水头；

　H_0——包括行进流速在内的总水头。

式（5-1）说明，管道的总水头将全部消耗于管道的水头损失和保持出口的动能。上式可用于已知流量 Q、管径 d 和管道布置等，求管道的作用水头 H。

将式（5-1）整理并代入 $Q = Av$ 得管中流量为

$$Q = Av = \frac{1}{\sqrt{1 + \lambda \dfrac{l}{d} + \sum \zeta}} A \sqrt{2gH_0}$$

令

$$\mu_c = \frac{1}{\sqrt{1 + \lambda \dfrac{l}{d} + \sum \zeta}}$$

则

$$Q = \mu_c A \sqrt{2gH_0} \tag{5-2}$$

式中　μ_c——短管自由出流的流量系数；

　A——管道的过水断面面积。

式（5-2）即为短管自由出流的流量公式。

因一般管道的上游行进流速水头 $\dfrac{\alpha v_0^2}{2g}$ 很小，可忽略不计，则有

$$Q = \mu_c A \sqrt{2gH} \tag{5-3}$$

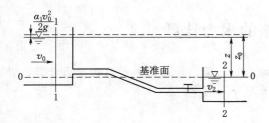

图 5-4　简单管路淹没出流水力计算

（二）淹没出流基本公式

管道出口如果淹没在下游水面以下，称淹没出流，如图 5-4 所示。取上游水池断面 1—1 和下游水池断面 2—2，并以下游水池的水面为基准面，水面点为代表点，列能量方程式：

$$z_1 + \frac{p_1}{\gamma} + \frac{\alpha_1 v_1^2}{2g} = 0 + \frac{p_2}{\gamma} + \frac{\alpha_2 v_2^2}{2g} + h_{\omega 12}$$

式中 $p_1 = p_2 = p_a$，$\alpha_1 = \alpha_2 = 1.0$，$v_1 = v_0$，$z_0 = z + \frac{\alpha v_0^2}{2g}$，并设断面 2—2 较大，$\frac{\alpha v_2^2}{2g} \approx 0$，$h_{\omega 1-2} = \left(\lambda \frac{l}{d} + \Sigma \zeta\right)\frac{v^2}{2g}$，管中流速为 v，整理可得

$$z_0 = \left(\lambda \frac{l}{d} + \Sigma \zeta\right)\frac{v^2}{2g} \tag{5-4}$$

式（5-4）说明，短管在淹没出流时，它的上下游水位差全部消耗于沿程水头损失和局部水头损失，用式（5-4）计算上下游水位差时较方便。

整理上式代入 $Q = Av$ 得

$$Q = Av = \frac{1}{\sqrt{\lambda \dfrac{l}{d} + \Sigma \zeta}} A\sqrt{2gz_0}$$

令 $\mu_c = \dfrac{1}{\sqrt{\lambda \dfrac{l}{d} + \Sigma \zeta}}$，$\mu_c$ 为短管淹没出流的流量系数，整理得

$$Q = \mu_c A\sqrt{2gz_0} \tag{5-5}$$

当行进流速水头很小可忽略不计时，式（5-5）可写成

$$Q = \mu_c A\sqrt{2gz} \tag{5-6}$$

比较式（5-3）和式（5-6）可知，短管自由出流和淹没出流的主要区别是：淹没出流时有效水头是上下游水位差 z，自由出流时有效水头是出口中心以上的水头 H。

注意：同一管路两种出流情况下流量系数 μ_c 的计算公式形式上虽然不同，但数值是相等的。因为淹没出流时，μ_c 计算公式的分母上虽然较自由出流时少了一项 α（$\alpha = 1.0$），但淹没出流时的 $\Sigma \zeta$ 中比自由出流的 $\Sigma \zeta$ 中多一个出口局部阻力系数 ζ_0（出口流入水池时一般情况下 $\zeta_0 = 1.0$）。故当其他条件相同时，两者的实际值是相等的。

【例 5-1】　图 5-5 为某水库的泄洪隧洞，已知洞长 $l = 300$m，洞径 $d = 2$m，隧洞的沿程阻力系数 $\lambda = 0.03$，转角 $\alpha = 30°$，水库水位为 42.50m，隧洞出口中心高程 25.00m。试确定下游水位分别为 22.00m、30.00m 时隧洞的泄洪流量。

解：（1）下游水位为 22.00m 时，低于管的出口，则为自由出流。由于水库中行进流速很小，由式（5-3）计算流量：

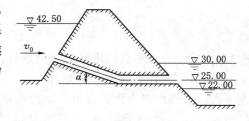

图 5-5　水库泄洪隧洞泄流量计算

$$Q = \mu_c A \sqrt{2gH}$$

查表 4-7 可得，进口局部水头损失系数为 $\zeta_{进口} = 0.5$，弯管局部水头损失系数为 $\zeta_{弯} = 0.2$，则自由出流的流量系数为

$$\mu_c = \frac{1}{\sqrt{1 + \lambda \dfrac{l}{d} + \sum \zeta}} = \frac{1}{\sqrt{1 + 0.03 \times \dfrac{300}{2} + 0.5 + 0.2}} = 0.402$$

$$H = 42.5 - 25 = 17.5(\text{m})$$

则隧洞的流量为

$$Q = \mu_c A \sqrt{2gH} = 0.402 \times \frac{3.14 \times 2^2}{4} \times \sqrt{2 \times 9.8 \times 17.5} = 19.76(\text{m}^3/\text{s})$$

（2）下游水位为 30.00m 时，高于隧洞出口高程（25.00m），此时管流则为淹没出流，且上游行进流速水头忽略不计，则流量计算公式为

$$Q = \mu_c A \sqrt{2gz}$$

$$z = 42.5 - 30.00 = 12.50 \ (\text{m})$$

自由出流与淹没出流的流量系数相等，即 $\mu_c = 0.402$，则隧洞的泄流量为

$$Q = \mu_c A \sqrt{2gz} = 0.402 \times \frac{3.14 \times 2^2}{4} \times \sqrt{2 \times 9.8 \times 12.5} = 19.76(\text{m}^3/\text{s})$$

（三）简单短管水力计算中的问题

1. 管径的确定

影响管道直径的因素较多，因而管径确定一般考虑以下几个方面：

（1）管道的输水流量 Q、管道的布置情况已知时，要求选定所需的管径及相应的水头。

在这种情况下，一般是从技术和经济条件综合考虑选定管道直径：

1）流量一定的条件下，管径大小与流速有关，故确定管径要考虑管道使用的技术要求。若管内流速过大，开通或关闭水流时，会由于水击作用而使管道遭到破坏；对水流中挟带泥沙的管道，流速又不宜过小，以免泥沙沉积。一般情况下，水电站引水管中流速不宜超过 5～6m/s；给水管道中的流速不应大于 2.5～3.0m/s，也不应小于 0.25m/s。

2）若采用较小的管径，则管道造价低，但流速增大，水头损失增大，输水耗费的电能也增加；反之，若采用较大的管径，则管内流速小，水头损失减小，运行费用也减少，但管道造价增高，故选取管径也应考虑管道的经济效益。重要的管路，应选择几个方案进行技术经济比较，使管道投资与运行费用的总和最小，这样的流速称为经济流速，其相应的管径称为经济管径。一般的给水管道，管径 d 为 100～200mm，经济流速为 0.6～1.0m/s；d 为 200～400mm，经济流速为 1.0～1.4m/s。水电站压力隧洞的经济流速为 2.5～3.5m/s；压力钢管为 3.0～4.0m/s，甚至 5.0～6.0m/s。经济流速涉及的因素较多，比较复杂，选用时应注意因时因地而异。

根据技术要求及经济条件选定管道的流速后，管道直径即可由下式求得

$$d = \sqrt{\frac{4Q}{\pi v}} \tag{5-7}$$

利用上式计算出的管径，当采用工业钢管时，则要选用表 5-1 中的标准管径。当使用标准管径后，注意管中的实际流速也发生了相应的变化，在计算水头损失时，一定要用标准管径相应的流速。

（2）当管道的流量、布置、管材及其作用水头等已知时，对于短管的直径确定，可采用试算法。

由式（5-3）$Q = \mu_c A \sqrt{2gH}$，$\mu_c = \dfrac{1}{\sqrt{1 + \lambda \dfrac{l}{d} + \sum \zeta}}$，$A = \dfrac{1}{4}\pi d^2$ 联立求解可得

$$d = \sqrt{\frac{4Q}{\pi \sqrt{2gH}}} \sqrt[4]{1 + \lambda \frac{l}{d} + \sum \zeta} \tag{5-8}$$

同样方法，利用式（5-6）$Q = \mu_c A \sqrt{2gz}$ 可推得淹没出流时的直径计算迭代公式：

$$d = \sqrt{\frac{4Q}{\pi \sqrt{2gz}}} \sqrt[4]{\lambda \frac{l}{d} + \sum \zeta} \tag{5-9}$$

2. 水头线的绘制

根据恒定总流能量方程，有压管流的所有水头线中，绘制总水头线及测压管水头线，可直观了解位能、压能、动能及总能量沿程的变化情况，有利于掌握管道压强沿程变化情况及影响管道使用的不利因素，并及时处理。如管道中出现过大的真空，则易产生空化和气蚀，从而降低管道输水能力，甚至危及管道安全；当管中出现过大压强时，则可能使管道破裂，而产生较大损失。因此，设计管道系统时，应控制管道中的最大压强、最大真空值以及各断面的压强，以保证管道系统正常工作，满足用户的要求。

（1）总水头线的绘制。

由能量方程可知，水流沿程能量的变化，如果没有能量的输入和输出，则主要是沿程的各类水头损失，能量沿程减小，因而总水头线的绘制方法为：

从上游开始，逐步扣除水头损失。一般存在局部水头损失的管段，由于局部水头损失发生的长度比较短，则可假设其集中于一个断面上，即在断面变化处按一定比例铅垂扣除水头损失。注意，在该断面上有两个总水头值：一个是局部损失前的，另一个是局部损失后的。只有沿程水头损失的管段，可在管段末端扣除沿程水头损失，用直线连接两断面间的总水头，而得总水头线。如图 5-6 所示。

（2）测压管水头线的绘制。

因测压管水头比总水头少一项流速水头，则在总水头线的基础上

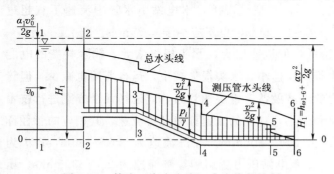

图 5-6　管流（自由出流）水头线的绘制

扣除各断面相应的流速水头即得测压管水头线：

$$z + \frac{p_i}{\gamma} = H_i - \frac{\alpha v_i^2}{2g} \tag{5-10}$$

（3）绘制总水头线和测压管水头线时应注意以下问题：

1）等直径的管段的沿程水头损失沿管长均匀分布，水头线为直线，测压管水头线与总水头线平行。则可由总水头线向下平移一个流速水头的距离，得到测压管水头线。

2）在绘制水头线时，要注意管道进、出口的边界条件，当上游行进流速水头约等于零时，总水头线的起点在上游液面；当上游流速水头不为零时，总水头线高出上游液面。

3）当管道为自由出流时，测压管水头线的终点应画在管道出口断面的中心点上，如图5-7（a）所示；淹没出流，当下游流速水头约为零时，测压管水头线的终点应与下游水面相连，如图5-7（b）所示；当下游流速不为零时，测压管水头线终点低于下游水面，如图5-7（c）所示。

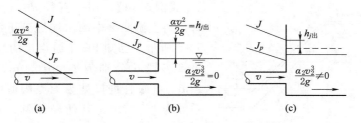

图5-7　不同出流情形的出口处水头线

（4）调整管道布置避免产生负压。

各断面测压管水头线与该断面中心的距离即为该断面中心点的压强水头。如测压管水头线在某断面的上方，则该断面中心点的压强为正；测压管水头线在某断面中心点的下方，则该断面中心点的压强为负值。当管内存在较大的负压时，其水流处于不稳定状态，且有可能产生空蚀破坏。因此，应采用必要措施以改变管内的受压情况。如图5-8中的阴影部分，其为测压管水头低于管轴线的区域，为真空区。

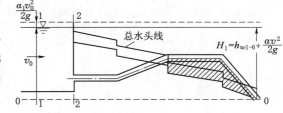

图5-8　管流有局部负压时的水头线

从图可知，管道系统任意断面压强水头为

$$\frac{p_i}{\gamma} = H_0 - h_{\omega 0 - i} - \frac{v_i^2}{2g} - z_i \tag{5-11}$$

可见，在管道系统工作水头一定的条件下，影响压强水头的因素为式中的后3项，可以通过改变这3项或其中的一项，控制管中的压强。较有效的方法是降低管线的高度，以提高管道中压强，避免管道中产生负压。

（四）简单短管水力计算应用举例

1．虹吸管的水力计算

由于虹吸管的局部水头损失和流速水头相应较大，一般按短管计算。我国黄河沿岸，利用虹吸管引黄河水进行灌溉的例子较多。

（1）工作原理。在虹吸管的最高处产生真空，而进水口处水面的压强为大气压强，因此，管内外形成压强差，迫使水流由压强大的地方流向压强小的地方。只要虹吸管内的真空压强不被破坏，而且保持一定的水位差，水就会不断地由上游流向下游。

（2）管内真空值的限制。水流能通过虹吸管，是因为上下游水面与虹吸管顶部存在压差，而虹吸管内真空值的高低就决定了这个压差的大小。但必须注意的是，当负压达到一定程度时，水会产生气化现象，破坏水流的连续性，致使不能正常输水。因此，为保虹吸管的正常工作，根据液体气化压强的概念，管内真空度一般限制在 6～8m 水柱高以内，以保证管内水流不被气化。

（3）虹吸管的计算主要有以下几个方面：①计算虹吸管的泄流量；②由虹吸管内允许真空高度值，确定管顶最大安装高度 h_s；③已知安装高度，校核吸水管中最大真空高度是否超过允许值。

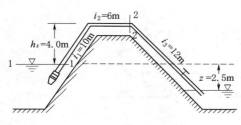

图 5-9　虹吸管的水力计算

【例 5-4】　用一直径 $d=0.4m$ 的铸铁虹吸管，将上游明渠中的水输送到下游明渠中，如图 5-9 所示。已知上、下游渠道的水位差 2.5m，虹吸管各段长分别为 $l_1=10.0m$，$l_2=6m$，$l_3=12m$。虹吸管进口处为无底阀滤网，其局部阻力系数为 $\zeta_1=2.5$。其他局部阻力系数：两个折角弯头 $\zeta_2=\zeta_3=0.55$，阀门 $\zeta_4=0.2$，出口 $\zeta_5=1.0$。虹吸管顶端中心线距上游水面的安装高度 $h_s=4.0m$，允许真空高度采用 $h_v=7.0m$。试确定虹吸管输水流量，并校核管中最大真空值是否超过允许值。

解：（1）确定输水流量。

先确定管路阻力系数 λ，查表取得铸铁管糙率系数 $n=0.013$，水力半径 $R=d/4=0.01m$。

$$C=\frac{1}{n}R^{\frac{1}{6}}=\frac{1}{0.013}\times 0.10^{\frac{1}{6}}=52.41\ (\text{m}^{\frac{1}{2}}/\text{s})$$

$$\lambda=\frac{8g}{C^2}=\frac{8\times 9.8}{52.41^2}=0.0285$$

$$\mu_c=\frac{1}{\sqrt{1+\lambda\dfrac{l}{d}+\sum\zeta}}=\frac{1}{\sqrt{0.0285\times\dfrac{10+6+12}{0.4}+2.5+2\times 0.55+0.2+1.0}}=0.389$$

$$Q=\mu_c A\sqrt{2gH}=0.389\times\frac{3.14}{4}\times\sqrt{2\times 9.8\times 2.5}=0.342\ (\text{m}^3/\text{s})$$

（2）校核虹吸管中最大真空度。

虹吸管的最大真空度应发生在管顶端最高段内。由于管中流速水头沿程不变，而总水头由于能量损失的原因沿程逐渐减小，且在第一弯头处还有局部能量损失，则管中压强从管进口一直到第二段弯头前，压强一直是降低的；下游第三管段，由于管路坡度一般大于水力坡度降，即断面中心高程的下降大于沿程水头损失，所以部分位能转化为压能，使第三段内压强沿程增加，则最大真空度应发生在断面 2—2。

$$v=\frac{Q}{A}=\frac{0.342}{\dfrac{3.14}{4}\times 0.4^2}=2.72\ (\text{m/s})$$

以上游水面为基准面，取 $\alpha_1=1.0$，建立断面 1—1 与断面 2—2 的能量方程，即得

$$z_1 + \frac{p_1}{\gamma} + \frac{v_1^2}{2g} = z_2 + \frac{p_2}{\gamma} + \frac{v_2^2}{2g} + h_\omega$$

其中　$z_1 = 0$，$\frac{v_1^2}{2g} \approx 0$，$p_1 = p_a = 0$，$z_2 = h_s$，$h_\omega = h_f + \sum h_j = \left(\lambda \frac{l_1}{d} + \sum \zeta\right) \frac{v_2^2}{2g}$

整理得安装高度的计算公式：

$$h_s = h_{真} - \left(1 + \lambda \frac{l}{d} + \sum \zeta\right) \frac{v_2^2}{2g} \qquad (5-12)$$

则真空高度的计算公式为

$$h_{真} = h_s + \left(1 + \lambda \frac{l}{d} + \sum \zeta\right) \frac{v^2}{2g} = 5.58 \;（\text{m}）$$

因为，实际真空高度 5.58m 小于允许真空高度 7.0m，则真空度没有超过界限值。

2．水泵装置的水力计算

水泵装置是一种增加水流能量的水力机械，在生活实际中被广泛应用。水泵装置由吸水管、水泵和压水管三部分组成，其水力计算包括吸水管和压水管的水力计算以及水泵机械配用功率等计算内容。水泵装置图如图 5-10 所示。

水泵的工作原理：开动水泵前，先由真空泵使水泵吸水管内形成真空，水源的水在大气压强的作用下，从吸水管进入泵壳；启动水泵，此时，由电机带动的水泵给水流输入能量（真空泵停止工作），水流获得能量，再经压水管，进入下游水池。

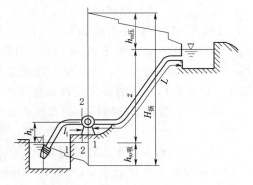

图 5-10　水泵装置的水力计算

水泵水力计算的主要任务是：管道直径的确定、水泵的安装高度确定、水泵的扬程确定和配套功率的确定。

（1）管道直径确定。吸水管和压水管的直径确定，一般根据允许流速来确定。允许流速是在一定条件下确定的经济流速。当流速确定后，则

$$d = \sqrt{\frac{4Q}{\pi v}}$$

（2）水泵的安装高度或最大允许真空高度确定。水泵的最大允许安装高度 h_s，主要取决于水泵的最大允许真空高度 $h_{真}$（或 h_v）。如图 5-10 所示，以水源水面为基准面，以水源水面为 1—1 断面，吸水管的末端取过水断面 2—2 断面，并列两个断面的能量方程。与虹吸管相同，可推导得水泵的安装高度计算公式为

$$h_s = h_{真} - \left(1 + \lambda \frac{l}{d} + \sum \zeta\right) \frac{v_2^2}{2g}$$

（3）水泵扬程计算。水泵的扬程就是从进水前池水位将水提升到出水池水位高度所必须的机械能。也就是出水池水位与进水池水位的水位差，再加上吸水管和压水管的总水头损失。可由能量方程推得

$$H_{扬程} = z + h_{\omega吸} + h_{\omega压} \qquad (5-13)$$

其中

$$h_{\omega吸} = \left(\lambda_{吸} \frac{l_{吸}}{d_{吸}} + \zeta_{网} + \zeta_{弯}\right) \frac{v_{吸}^2}{2g}$$

$$h_{\omega压} = \left(\lambda_压 \frac{l_压}{d_压} + \zeta_{压弯} + \zeta_{压出口}\right) \frac{v_压^2}{2g}$$

式中　z——进水池和出水池之间的水位差；

　　$H_{扬程}$——抽水机的扬程；

　　$h_{\omega吸}$——吸水管的总水头损失；

　　$h_{\omega压}$——压水管的总水头损失。

（4）带动水泵的动力机械功率。水流经过水泵获得了外加的能量，是因为带动水泵的动力机械对水流做了功，动力机械的功率应等于单位时间内对水体所做的功，即

$$N = \frac{\gamma Q H_{扬程}}{\eta_泵 \, \eta_动} \tag{5-14}$$

式中　$\eta_泵$——水泵机械效率；

　　$\eta_动$——动力机械效率。

【例 5-5】 有一水泵如图 5-10 所示，水泵的抽水量为 $Q = 28 \text{m}^3/\text{h}$，吸水管的管长 $l_吸 = 5\text{m}$，压水管的长度 $l_压 = 18\text{m}$，沿程阻力系数 $\lambda_吸 = \lambda_压 = 0.046$。局部阻力系数：进口 $\zeta_网 = 8.5\text{m}$，$90°$弯头 $\zeta_弯 = 0.36$，其他弯头 $\zeta = 0.26$，出口 $\zeta_{出口} = 1.0$，水泵的抽水主 $z = 18\text{m}$，水泵进口断面的最大允许真空度 $h_v = 6\text{m}$。试确定以下各项：①管道的直径；②水泵的安装高度；③水泵的扬程；④水泵的电机功率（水泵的效率为 $\eta_泵 = 0.8$，电机的效率 $\eta_动 = 0.90$）。

解：（1）水泵管道直径的确定。

根据吸水管允许流速 $v_吸 = 1.2 \sim 2\text{m/s}$，压水管允许流速 $v_压 = 1.5 \sim 2.5\text{m/s}$。

选取 $v_吸 = 2\text{m/s}$，$v_压 = 2.5\text{m/s}$，则相应的管径为

$$d_吸 = \sqrt{\frac{4Q}{\pi v}} = \sqrt{\frac{4 \times 28}{3.14 \times 2.0 \times 3600}} = 0.070 \text{(m)} = 70\text{mm}$$

$$d_吸 = \sqrt{\frac{4Q}{\pi v}} = \sqrt{\frac{4 \times 28}{3.14 \times 2.5 \times 3600}} = 0.063 \text{(m)} = 63\text{mm}$$

由以上计算结果并查表选用与它接近并大于它的直径得 $d_吸 = d_压 = 75\text{mm}$，则吸水管和压水管的流速均为

$$v = \frac{Q}{A} = \frac{4 \times 28}{3.14 \times 0.075 \times 3600} = 1.76 \text{(m/s)}$$

（2）水泵的安装高度确定。

$$h_s = h_真 - \left(1 + \lambda\frac{l}{d} + \sum\zeta\right)\frac{v_2^2}{2g}$$

$$= 6 - \left(1 + 0.046 \times \frac{5}{0.075} + 8.5 + 0.36\right) \times \frac{1.76^2}{19.6} = 3.96 \text{(m)}$$

安装高度说明：安装高度最大不超过 3.96m，否则将因水泵真空受到破坏，而产生不能抽上水或抽水量非常小的现象。

（3）水泵的扬程。

吸水管水头损失：

$$h_{\omega吸} = \left(\lambda_吸\frac{l_吸}{d_吸} + \zeta_网 + \zeta_弯\right)\frac{v_吸^2}{2g} = \left(0.046 \times \frac{5}{0.075} + 8.5 + 0.36\right) \times \frac{1.76^2}{19.6} = 1.89 \text{(m)}$$

压水管水头损失：

$$h_{\omega \text{压}} = \left(\lambda_{\text{压}}\frac{l_{\text{压}}}{d_{\text{压}}} + \zeta_{\text{压弯}} + \zeta_{\text{压出口}}\right)\frac{v_{\text{压}}^2}{2g} = \left(0.046 \times \frac{18}{0.075} + 2 \times 0.26 + 1.0\right) \times \frac{1.76^2}{19.6} = 1.98(\text{m})$$

所以，水泵的扬程为

$$H = z + h_{\omega \text{吸}} + h_{\omega \text{压}} = 18 + 1.89 + 1.98 = 21.87 \ (\text{m})$$

（4）水泵电动机的功率。

$$N = \frac{\gamma Q H}{\eta_{\text{泵}}\,\eta_{\text{动}}} = \frac{9.8 \times \dfrac{28}{3600} \times 21.87}{0.8 \times 0.9} = 2.32(\text{kW})$$

3. 倒虹吸管的水力计算

渠道穿越河流、渠沟、洼地、道路，采用其他类型建筑物不适宜时，可选用倒虹吸。倒虹吸管中的水流只是一般压力管道，其出流方式一般为短管淹没出流。

水力计算的任务：

（1）已知管道直径 d、管长 l、上下游水位差 z，求过流量。

（2）已知管道直径 d、管长 l 及管道布置、过流量 Q，求上下游水位差 z。

（3）已知管道布置、过流量 Q 和上下游水位差，求管道直径 d。

【例 5-3】　一横穿河道的钢筋混凝土倒虹吸管，如图 5-11 所示。管中设计流量 Q 为 $3\text{m}^3/\text{s}$，已知倒虹吸管全长 l 为 50m，上下游水位差 z 为 3m；中间经过两个弯管，其局部水头损失系数均为 0.20；进口局部阻力系数为 0.5，出口局部阻力系数为 1.0，上下游渠中流速 v_1 及 v_2 为 1.5m/s，管壁粗糙系数 $n=0.014$。①试确定倒虹吸管直径；

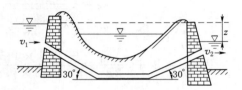

图 5-11　倒虹吸管的水力计算

②根据所选用管径，结合管道运行及环境实际情况（管长、局损系数、上下游水位差），校核该倒虹吸管的实际过流能力。

解：倒虹吸管一般作短管计算。

（1）本例题管道出口淹没在水下，而且上下游渠道中水流流速相同，流速水头消去。故应按短管的淹没出流公式（5-9）计算：

$$d = \sqrt{\frac{4Q}{\pi\sqrt{2gz}}}\sqrt[4]{\lambda\frac{l}{d} + \Sigma\zeta}$$

当沿程阻力系数用谢才系数计算时，$\lambda = \dfrac{8g}{C^2}$，$C = \dfrac{1}{n}R^{\frac{1}{6}}$，$R = \dfrac{d}{4}$，则可推得 $\lambda = \dfrac{2^{\frac{11}{3}}gn^2}{d^{\frac{1}{3}}}$，

代入直径计算公式得

$$d = \sqrt{\frac{4Q}{\pi\sqrt{2gz}}}\sqrt[4]{\frac{2^{\frac{11}{3}}gn^2 l}{d^{\frac{4}{3}}} + \Sigma\zeta}$$

代入数值得

$$d = \sqrt{\frac{4 \times 3}{3.14 \times \sqrt{2 \times 9.8 \times 3}}}\sqrt[4]{\frac{2^{\frac{11}{3}} \times 9.8 \times 0.014^2 \times 50}{d^{\frac{4}{3}}} + 0.5 + 2 \times 0.2 + 1.0}$$

$$d = 0.706 \sqrt[4]{\frac{1.22}{d^{\frac{4}{3}}} + 1.9}$$

列表试算，见表 5-1。

表 5-1　　　　　　　　　　　　　　**迭 代 试 算 表**

代入次数	1	2	3	4	5	6	7
代入值	∞	0.829	0.963	0.943	0.944	0.945	0.946
计算值	0.829	0.963	0.943	0.946	0.946	0.945	0.945

从表 5-1 计算结果可以看出，第六次计算的结果（计算值）与代入值几乎相等，且第六、第七次计算的结果近似相同，则最终选取管径 d 为 0.95m。根据管径尺寸标准，则选用直径为 1.0m 标准管径。

（2）根据所选用管径 $d=1.0$m，结合管道运行及环境实际情况（管长 $l=50$m、各局损系数 ζ_i、上下游水位差 $z=3$m），采用公式（5-5）计算：

$$Q = \frac{A}{\sqrt{\lambda \frac{l}{d} + \Sigma \zeta}} \sqrt{2gz_0} = \frac{\frac{1}{4}\pi d^2}{\sqrt{\lambda \frac{l}{d} + \Sigma \zeta}} \sqrt{2gz_0}$$

因 $z_0 = z + \frac{\alpha_1 v_1^2}{2g} = 3 + \frac{1 \times 1.5^2}{2 \times 9.8} = 3.115$(m)，$C = \frac{1}{n} R^{\frac{1}{6}} = \frac{1}{0.014} \times \left(\frac{1}{4}\right)^{\frac{1}{6}} =$
56.693$(\mathrm{m}^{\frac{1}{2}}/\mathrm{s})$，则

$$Q = \frac{\frac{1}{4} \times 3.14 \times 1^2}{\sqrt{\frac{2 \times 9.8}{56.693^2} \times \frac{50}{1} + (0.5 + 2 \times 0.2 + 1)}} \times \sqrt{2 \times 9.8 \times 3.115} = \frac{0.785}{1.485} \times 7.814 = 4.13(\mathrm{m}^3/\mathrm{s})$$

即该倒虹吸管实际过流能力达到 4.13m³/s。

二、简单长管的水力计算

由前可知，长管中的局部水头损失、流速水头两项之和与沿程水头损失的比小于 5%，局部水头损失及流速水头可忽略不计，因而可使管道计算大为简化，而且对计算精度影响不大。一般情况下，给水管路、抽水机的压水管、输油管道等均可按长管计算。

（一）简单长管水力计算的基本公式

由长管的定义，长管水力计算时，局部水头损失和流速水头忽略不计，能量方程式可简化为 $H = h_f$。

1. 计算沿程水头损失的谢才公式

水利工程中的有压管道，水流一般属于紊流的水力粗糙区，其水头损失可直接由谢才公式计算：

$$h_f = \frac{v^2}{C^2 R} l = H \quad (\text{其中 } C = \frac{1}{n} R^{\frac{1}{6}}) \tag{5-15}$$

或由 $Q = Av$，$v = C\sqrt{RJ}$，$J = \frac{h_f}{l} = \frac{H}{l}$，联立求解有

$$h_f = \frac{Q^2}{A^2 C^2 R} l = H$$

令 $K = AC\sqrt{R}$，$S = \dfrac{1}{K^2}$，可推得

$$h_f = \frac{Q^2}{K^2} l = S Q^2 l = H \qquad (5-16)$$

式中 S——管道比阻，为单位流量通过单位长度管道的水头损失，s^2/m^2；

      K——流量模数，由上式可以看出，当水力坡降 $J=1$ 时，$Q=K$，故 K 具有与流量相同的量纲，在水力学中 K 称为流量模数或特性流量。它综合反映管道断面形状、尺寸及边壁粗糙对输水能力的影响。水力坡度 J 相同时，输水能力与流量模数成正比。对于粗糙系数 n 为定值的圆管，K 值为管径的函数。不同直径及糙率的圆管，当谢才系数采用 $C = \dfrac{1}{n} R^{\frac{1}{6}}$ 计算时，其流量模数 K 值见表 5-2。

表 5-2   给水管道的流量模数 $K = AC\sqrt{R}$ 数值（按 $C = \dfrac{1}{n} R^{\frac{1}{6}}$）

直径 d/mm	$K/(L/s)$		
	清洁管（$n=0.011$）	正常管（$n=0.0125$）	污秽管（$n=0.0143$）
50	9.624	8.460	7.403
75	28.37	24.94	21.83
100	61.11	53.72	47.01
125	110.80	97.40	85.23
150	180.20	158.40	138.60
175	271.80	238.90	209.00
200	388.00	341.10	298.50
225	531.20	467.00	408.60
250	703.50	618.50	541.20
300	1.144×10^3	1.006×10^3	880.00
350	1.726×10^3	1.517×10^3	1.327×10^3
400	2.464×10^3	2.166×10^3	1.895×10^3
450	3.373×10^3	2.965×10^3	2.594×10^3
500	4.467×10^3	3.927×10^3	3.436×10^3
600	7.264×10^3	6.386×10^3	5.587×10^3
700	10.96×10^3	9.632×10^3	8.428×10^3
750	13.17×10^3	11.58×10^3	10.13×10^3
800	15.64×10^3	13.57×10^3	12.03×10^3
900	21.42×10^3	18.83×10^3	16.47×10^3

续表

直径 d/mm	$K/(L/s)$		
	清洁管（$n=0.011$）	正常管（$n=0.0125$）	污秽管（$n=0.0143$）
1000	$28.36×10^3$	$24.93×10^3$	$21.82×10^3$
1200	$46.12×10^3$	$40.55×10^3$	$35.48×10^3$
1400	$69.57×10^3$	$61.16×10^3$	$53.52×10^3$
1600	$99.33×10^3$	$87.32×10^3$	$76.41×10^3$
1800	$136.00×10^3$	$119.50×10^3$	$104.60×10^3$
2000	$180.10×10^3$	$158.30×10^3$	$138.50×10^3$

对于一般给水管道，一般流速不太大，可能属于紊流的粗糙区或过渡区。可以近似认为当 $v<1.2m/s$ 时，管流属于过渡区，h_f 约与流速 v 的 1.8 次方成正比。计算水头损失时，可在式（5-15）中乘以修正系数 k，即

$$H=k\frac{Q^2}{K^2}l=kSQ^2l \tag{5-17}$$

对于钢管或铸铁管，修正系数可查表 5-3。

表 5-3　　　　　　　　　钢管及铸铁管修正系数 k 值

$v/(m/s)$	k	$v/(m/s)$	k	$v/(m/s)$	k	$v/(m/s)$	k
0.20	1.41	0.45	1.175	0.70	1.085	1.00	1.03
0.25	1.33	0.50	1.15	0.75	1.07	1.10	1.015
0.30	1.28	0.55	1.13	0.80	1.06	1.20	1.00
0.35	1.24	0.60	1.115	0.85	1.05		
0.40	1.20	0.65	1.10	0.90	1.04		

2. 规范标准中明确的计算公式

（1）输配水管道和管网可按海曾-威廉公式计算：

$$h_f=\frac{10.67Q^{1.852}}{C_h^{1.852}d^{4.87}}l=H \tag{5-18}$$

式（5-18）中参数请参阅式（4-34），海曾-威廉系数 C_h 值可查阅表 4-6 取用。

（2）灌溉输水管道（包括喷灌、低压管灌管道）须按下式计算（只适用灌溉管道）：

$$h_f=f\frac{Q^m}{d^b}l=H \tag{5-19}$$

式（5-19）中参数、系数请参阅式（4-31），各种管材的 f、m、b 值，可查阅表 4-5 取用。

（3）各类塑料管可采用由达-魏公式推得下列公式计算：

$$h_f=0.000915\frac{Q^{1.774}}{d^{4.774}}l=H \tag{5-20}$$

其参数、系数请参阅式（4-30）。

（二）简单长管水力计算的类型

1. 输水能力计算

已知作用水头、管道尺寸、管道材料及管线布置，计算校核输水能力。

【例5－7】 某水塔只有一条管道向外供水，管道为铸铁管，总长 $l=1600\mathrm{m}$，管径 $d=200\mathrm{mm}$，水塔水面高程为18.0m，供水管道末端高程为8.0m，试求该管路的供水流量。

解： 管道为铸铁管、总长为1600m，管径不变，故可按简单长管计算。供水水头 $H=18.0-8.0=10$（m）。

（1）谢才公式计算。

假设管内水流为阻力平方区的紊流，由表5－1按正常管查得管径 $d=200\mathrm{mm}$ 的流量模数 $K=341.1\mathrm{L/s}$，则管中通过的流量为

$$Q=K\sqrt{\frac{H}{l}}=341.1\times\sqrt{\frac{10}{1600}}=26.97(\mathrm{L/s})=0.02697(\mathrm{m^3/s})$$

验算流速是否符合假设条件：

$$v=\frac{Q}{A}=\frac{4Q}{\pi d^2}=\frac{4\times0.02697}{3.14\times0.2^2}=0.859(\mathrm{m/s})$$

因为 $v<1.2\mathrm{m/s}$，属紊流过渡区，与假设不符，需要修正。

由表5－2内插得 $v=0.859\mathrm{m/s}$ 时的修正系数 $k=1.042$。

$$Q=K\sqrt{\frac{H}{kl}}=341.1\times\sqrt{\frac{10}{1.042\times1600}}=26.42(\mathrm{L/s})=0.02642(\mathrm{m^3/s})$$

（2）海曾-威廉公式计算。

由于铸铁管考虑杂质沉积，查表4－6，按旧管取 $C_h=100$，由海曾-威廉公式得

$$Q=\left(\frac{H\times C_h^{1.852}\times d^{4.87}}{10.67\times l}\right)^{\frac{1}{1.852}}=\left(\frac{10\times100^{1.852}\times0.2^{4.87}}{10.67\times1600}\right)^{\frac{1}{1.852}}=0.0261(\mathrm{m^3/s})$$

2. 计算作用水头

已知管道尺寸、材料、管线布置和输水能力，可利用《水利技术标准汇编》等的管道水头损失计算方法计算作用水头（确定水塔高度）。

【例5－8】 某给水管道选用硬聚氯乙烯（UPVC）管，管长 $l=500\mathrm{m}$，糙率 $n=0.0125$，管中通过流量 $Q=60\mathrm{L/s}$，选用经济流速为 $v=1.2\mathrm{m/s}$。试确定管径和作用水头。

解： 首先计算管径：

$$D=\sqrt{\frac{4Q}{\pi v}}=\sqrt{\frac{4\times0.06}{3.14\times1.2}}=0.252\,(\mathrm{m})$$

选用直径为250mm的标准管径。

（1）谢才公式计算：

流量模数 $K=AC\sqrt{R}=\dfrac{\pi}{4}d^2\dfrac{1}{n}R^{2/3}=\dfrac{3.14}{4}\times0.25^2\times\dfrac{1}{0.009}\times\left(\dfrac{0.25}{4}\right)^{\frac{2}{3}}=0.859(\mathrm{m^3/s})$

管道比阻 $\qquad\qquad S=1/K^2=1/0.859^2=1.355\,(\mathrm{s^2/m^6})$

因为 $v\geqslant1.2\mathrm{m/s}$，故修正系数取 $k=1$，则作用水头为

$$H=kSQ^2l=1\times1.335\times0.06^2\times500=2.44(\mathrm{m})$$

（2）采用由达-魏公式推得公式计算：

$$H = 0.000915 \frac{Q^{1.774}}{d^{4.774}} l = 0.000915 \times \frac{0.06^{1.774}}{0.25^{4.774}} \times 500 = 2.33 (\text{m})$$

3. 确定所需管径

管线布置已定，当要求输送一定流量时，确定所需的管径。

【例 5 - 9】 由一条长为 3300m 的灌溉管道（旧铸铁管）向水文站供水，作用水头 $H = 20\text{m}$，需要通过的流量为 $Q = 32\text{L/s}$，试确定管道的直径 d。

解： 按一般自来水管计算。考虑到管道在使用中，水里含有的杂质会逐渐沉积致使新管子变得有些污垢，故应按正常管考虑，取 $n = 0.0125$。

第一种方法：

先求流量模数 K 值，因为 $H = \frac{Q^2}{K^2} l$，则

$$K = Q \sqrt{\frac{l}{H}} = 32 \times \sqrt{\frac{3300}{20}} = 411.1 (\text{L/s})$$

查表 5 - 1，当 $K = 411.1\text{L/s}$ 时，所对应的管道直径在以下两个数字之间：

$$d = 200\text{mm}, \quad K = 341.1\text{L/s}; \quad d = 225\text{mm}, \quad K = 467.0\text{L/s}$$

为了保证对水文站的供水，应采用标准管 $d = 225\text{mm}$ 的管子。此时管中的流速为

$$v = \frac{Q}{A} = \frac{4Q}{\pi d^2} = \frac{4 \times 0.032}{3.14 \times 0.225^2} = 0.805 (\text{m/s})$$

由于 $v < 1.2\text{m/s}$，管中水流处于紊流过渡区，需要修正。查表 5 - 2，取 $k = 1.059$。

按公式 $H = k \frac{Q^2}{K^2} l$ 得修正后的流量模数 K 为

$$K = Q \sqrt{k \frac{l}{H}} = 32 \times \sqrt{1.059 \times \frac{3300}{20}} = 423.00 (\text{m/s})$$

此时流量模数仍在管径 200mm 与 225mm 的流量模数之间，故采用管径为 225mm 的管子，足可以保证供水。

第二种方法：

根据式（5 - 19）$h_f = f \frac{Q^m}{D^b} L$，查表 5 - 4 得 $n = 0.0125$ 时，

$$h_f = f \frac{Q^m}{D^b} L = 7.76 n^2 \times 10^9 \frac{Q^{2.0}}{D^{5.33}} L = 1.2125 \times 10^6 \frac{Q^{2.0}}{D^{5.33}} L$$

$$D = \left(1.2125 \times 10^6 \frac{Q^{2.0}}{h_f} L \right)^{\frac{1}{5.33}} = \left(1.2125 \times 10^6 \times \frac{115.2^{2.0}}{20} \times 3300 \right)^{\frac{1}{5.33}} = 214 (\text{mm})$$

则选用管径为 225mm。

任务三　复杂管路的水力计算

任务描述： 本任务阐述了有压管流的复杂管路水力计算。复杂管路可以理解为由许多简单管路有机组成，故复杂管路水力计算可以综合运用简单管路水力计算的方法。

复杂管路是由两根以上不同直径的管道组成的管路。复杂管道的每一根都可以看作是一条简单管道。复杂管路有以下几种。

一、串联管路

由许多管段首尾相接组成的管道称为串联管路，如图 5-12 所示。

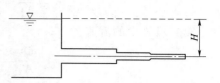

由于串联管路各管段的管径不同，在通过同一流量时，各管段的流速是不同的，因而应分段计算水头损失，然后将各管段的水头损失叠加起来，便可知道通过一定流量所需的作用水头。利用能量方程可推导得

图 5-12 复杂管路之串联管路

$$H = \sum h_f + \sum h_j + \frac{\alpha v^2}{2g}$$

经过具体推导可得串联管路的流量计算公式为

$$Q = \mu_c A \sqrt{2gH_0}$$

$$\mu_c = \frac{1}{\sqrt{1 + \sum \lambda_i \frac{l_i}{d_i} \left(\frac{A}{A_i}\right)^2 + \sum \zeta_i \left(\frac{A}{A_i}\right)^2}} \tag{5-21}$$

式中 μ_c ——管道系统的流量系数；

       A ——出口断面面积；

l_i、d_i、A_i ——第 i 段管道的长度、直径和横断面面积。

同理可得变断面串联管路恒定淹没出流流量公式为 $Q = \mu_c A \sqrt{2gz_0}$。

式中的流量系数为

$$\mu_c = \frac{1}{\sqrt{\sum \lambda_i \frac{l_i}{d_i} \left(\frac{A}{A_i}\right)^2 + \sum \zeta_i \left(\frac{A}{A_i}\right)^2}} \tag{5-22}$$

注意：若为长管时，则任一管段的水头损失为

$$H = \frac{Q_i^2}{K_i^2} l_i \tag{5-23}$$

则水池的作用水头 $H = \sum h_f = h_{f1} + h_{f2} + \cdots + h_{fi}$，则有

$$Q = \sqrt{\frac{H}{\sum \left(\frac{l_i}{K_i^2}\right)}} \tag{5-24}$$

式（5-23）或式（5-24）即为长管串联管道的简化计算公式。

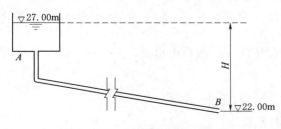

图 5-13 串联管路的水力计算

【例 5-10】 水塔供水管道 AB 长 $l = 1200m$，$Q = 38L/s$，材料为铸铁管。水塔水面及管道末端断面中心 B 点高程如图 5-13 所示。为了充分利用管道工作水头和节省管材，AB 采用管径 $d_1 = 225mm$ 和 $d_2 = 250mm$ 两根管道串联，求管道的长度 l_1 和 l_2。

解：第一段管中的流速：

$$v_1 = \frac{Q_1}{A_1} = \frac{4 \times 38 \times 10^{-3}}{3.14 \times 0.225^2} = 0.956 (\mathrm{m/s})$$

第二段管中的流速：

$$v_1 = \frac{Q_2}{A_2} = \frac{4 \times 38 \times 10^{-3}}{3.14 \times 0.25^2} = 0.775 (\mathrm{m/s})$$

由题意可知，此为长管的水力计算。由于两个流速均小于 1.2m/s，则需修正，查表 5-3 得水头损失的修正系数 $k_1 = 1.034$，$k_2 = 1.065$。若不计行进流速的影响，则得串联管路的水头为

$$H = k_1 \frac{Q^2}{K_1^2} l_1 + k_2 \frac{Q^2}{K_2^2} l_2$$

按正常管道查表 5-2，得 $K_1 = 467\mathrm{L/s}$，$K_2 = 618.5\mathrm{L/s}$，并将已知数值代入，且 $l_1 + l_2 = 1200\mathrm{m}$，则有

$$27 - 22 = 1.034 \times \left(\frac{38}{467}\right)^2 l_1 + 1.065 \times \left(\frac{38}{618.5}\right)^2 (1200 - l_1)$$

解得　$l_1 = 62.23\mathrm{m}$，$l_2 = 1200 - 62.23 = 1137.77$（m），最后取 $l_1 = 60\mathrm{m}$，$l_2 = 1140\mathrm{m}$。

二、有压隧洞的水力计算

有压隧洞的水力计算原理与串联管路非常相似，由于管道直径比隧洞小得多，则作用水头一般取上游水面到下游出口中心，而隧洞的作用水头与管道有所区别，如图 5-14 所示。

1. 有压隧洞的计算公式

有压隧洞从结构上讲，隧洞进口多为喇叭口，闸室多为方形，而洞身为圆形，出口处为避免产生负压，洞径有一圆变方的收缩。所以，有压隧洞的计算公式，在上述串联管路的基础上稍加改造即得

$$Q = \mu A \sqrt{2g(T_0 - h_p)} \tag{5-25}$$

其中

$$\mu = \frac{1}{\sqrt{1 + \sum \frac{2gl_i}{C_i^2 R_i} \left(\frac{A}{A_i}\right)^2 + \sum \zeta_i \left(\frac{A}{A_i}\right)^2}}$$

式中　μ——流量系数；

A——隧洞出口断面面积；

ζ_i——某一局部阻力系数，与之相应的过水断面面积为 A_i，该段的长度用 l_i 表示；

T_0——上游水面与隧洞出口底板高程差 T 及上游行进流速水头之和，一般可认为 $T_0 \approx T$；

h_p——隧洞出口断面水流的平均单位势能，自由出流时，$h_p = 0.5a + \dfrac{p}{\gamma}$，$a$ 为出口

断面洞高，$\dfrac{p}{\gamma}$ 为出口断面平均单位压能，一般自由出流时 $\dfrac{p}{\gamma} = 0.5a$，淹没出流时 $h_p = h_s$。

2. 有压隧洞的水力计算内容

（1）已知隧洞形式、尺寸和上游水位，求泄流量。

（2）已知隧洞形式、尺寸和泄流量，求上游需要的水位。

（3）已知上游水位、泄流量，求必需的洞径。

（4）计算压坡线（即测压管水头线）。

绘制测压管水头线的目的是检查隧洞内是否产生负压。隧洞的洞顶一般要有一定的正压（一般不宜小于 2m 水柱）以避免产生气蚀破坏。当绘制测压管水头线之后，如发现不能满足上述对压力的要求时，则要改变设计。通常采用的方法是将出口断面适当收缩，以使洞内压力得以提高，同时又要满足泄流量要求。改变设计之后，要重新做水力计算。

【例 5-11】　某水库最高水位为 350.00m，水库泄洪隧洞身为内径 6m 的圆形断面，隧洞进口底板高程 287.00m，出口底板高程 262.00m，隧洞进口段长 17m（包括喇叭形进口和闸室），闸室为 6m×6m 的方形断面，中有两道闸门槽。紧接着为一由方变圆的渐变段，长 24m。之后为圆形洞身，中有两段弯道，转弯半径 R 均为 40m，转角 θ 均为 45°，弯道中心线长 S 均为 31.5m。出口前设一段由圆变方的收缩渐变段，长为 24m，后设 5m×5m 的弧形闸门。出口断面与下游边界平顺衔接，无回流死角。全洞长 408m，各段长度如图 5-14 所示。洞内为混凝土衬砌，糙率 n=0.014。下游水位较低，不影响泄流。求下泄流量与库水位的关系，计算并绘制库水位为 350m 时的总水头线及压坡线。

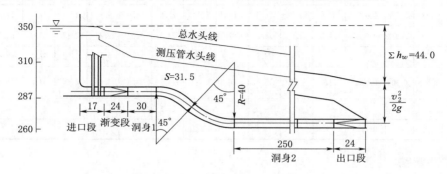

图 5-14　水库泄洪隧洞的水力计算（单位：m）

解：（1）求库水位与流量的关系。

出口断面面积 $A=5×5=25$（m²）。隧洞各段的局部与沿程能量损失系数的计算，见表 5-4 第二列至第 10 列。计算流量系数得

$$\mu=\frac{1}{\sqrt{1+0.408+0.701}}=0.689$$

以出口断面底部高程为基准面，根据出口段为逐渐收缩及出口断面与下游边界的平顺衔接条件，可取出口断面的 $\frac{p}{\gamma}=0.5a$ ，故 $h_p=0.5a+\frac{p}{\gamma}=a=5$m，库水位 ∇_1 与流量的关系为

$$Q=0.689×25×\sqrt{2×9.8(\nabla_1-262-5)}=76.26×\sqrt{\nabla_1-267}$$

将库水位分别为 350m、340m、330m、320m、310m 代入，即得相应的流量 Q 为 695m³/s、652m³/s、606m³/s、555m³/s、500m³/s。

（2）计算并绘制当库水位为 350m 时的总水头线和压坡线。

计算见表 5-4 第 11 列至第 17 列，并以第 16 列和第 17 列的结果绘制水头线（图 5-14）。出口断面水流单位势能 $z+\frac{p}{\gamma}$ 计算结果为 4.8m，它与 5.0m 相差很小（属于计算累积误差），可知计算是正确的。

表 5-4　　　　　　　　　　　泄洪隧洞各段水力计算表

(1) 管段	(2) A_i /m²	(3) $\frac{A}{A_i}$	(4) ζ_i	(5) $\zeta_i\left(\frac{A}{A_i}\right)^2$	(6) l_i /m	(7) R_i /m	(8) $\frac{1}{n}R^{\frac{1}{6}}$	(9) $\frac{2gl_i}{C^2R_i}$	(10) $\frac{2gl_i}{C^2R_i}\cdot\left(\frac{A}{A_i}\right)^2$	(11) v_i /(m/s)	(12) $\frac{v_i^2}{2g}$ /m	(13) $h_{ji}=(4)\times(12)$ /m	(14) $h_{ji}=(9)\times(12)$ /m	(15) h_{wi} /m	(16) $h_i=350-262$ h_{wi} /m	(17) $Z_i+\frac{p_i}{\gamma}=$ $h_i-\frac{v_i^2}{2g}$ /m
进口段 喇叭形进口			0.10	0.0483								1.90				
进口段 两道门槽	36.0	0.695	0.20	0.0966						19.3	19.0	3.80		6.42		
段身					17.0	1.50	76.5	0.0380	0.0184				0.722		81.6	62.6
渐变段	32.15 平均	0.778	0.05	0.0303	24.0	1.50	76.5	0.0537	0.0324	21.6	23.8	1.19	1.28	8.89	79.1	55.3
洞身1	28.3	0.883			30.0	1.50	76.5	0.0671	0.0520	24.6	30.9		2.07	11.0	77.0	46.1
弯段1	28.3	0.883	0.0928	0.0724	31.5	1.5	76.5	0.0705	0.0548	25.6	30.9	2.87	2.18	16.1	71.9	41.0
弯段2	28.3	0.883	0.0928	0.0724	31.5	1.5	75.5	0.0705	0.0548	24.6	30.9	2.87	2.18	21.2	66.8	35.9
洞身2	28.3	0.883			250.0	1.50	76.5	0.559	0.435	24.6	30.9		17.2	38.4	49.6	18.7
出口渐变段	26.65 平均	0.938	0.10	0.0880	24.0	1.37	75.4	0.0605	0.0531	26.1	34.8	3.48	2.10	44.0	44.0	9.2
出口断面	25.0	1								27.8	39.2			44.0	44.0	4.8
总和				0.4080					0.7010							

三、并联管路

由简单管道并联而成的管路称为并联管路。图 5-15 所示为三管段并联，A、B 两点分别为各管段管道的起点和终点。通过每段管道的流量可能不同，但每段管道的水头差是相等的。也就是说，并联管道在节点上与分支管道相同，即节点流量满足连续性条件，不管节点上连接多少个管道，也不论各个管道的流量、管径、管长及材料如何，节点水头只有一个，并联的两个节点之间的水头差总是相同的。

如图 5-15 所示，在并联管路两端点 A、B 分别连接测压管，则两测压管水面差代表 3 个并联管路中任一管路两端点的测压管水头差。该水头差也就是并联管路中各管的水头损失。当不计各管的局部水头损失时，各管路中的沿程水头损失相等：

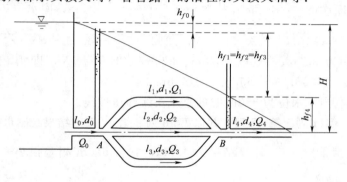

图 5-15　复杂管路之并联管路

$$h_{f1} = h_{f2} = h_{f3} = H_{AB} \qquad (5-26)$$

节点 A 和节点 B 的流量存在以下关系：

$$\begin{cases} Q_0 = Q_1 + Q_2 + Q_3 \\ Q_4 = Q_1 + Q_2 + Q_3 \end{cases} \qquad (5-27)$$

对于水力长管由式（5-16）得

$$h_f = H = k \frac{Q^2}{K^2} l = kS Q^2 l$$

由式（5-26）、式（5-27）与式（5-16）等 4 个方程联立，可求解 Q_1、Q_2、Q_3 及 H。

【例 5-12】　有一并联管道，如图 5-15 所示，$l_1 = 500m$，$l_2 = 400m$，$l_3 = 1000m$，$d_1 = d_2 = 150mm$，$d_3 = 200mm$。总流量 $Q = 100L/s$，$n = 0.0125$。求每一管段通过的流量 Q_1、Q_2、Q_3 及 A、B 两点间的水头损失。

解： 根据并联管道两节点间水头差相等的关系，有

$$H = \frac{Q_1^2}{K_1^2} l_1 = \frac{Q_2^2}{K_2^2} l_2 = \frac{Q_3^2}{K_3^2} l_3$$

根据管径和糙率值，查出 K 值，$K_2 = K_1 = 158.4L/s$，$K_3 = 341.0L/s$，则有

$$Q_2 = \frac{K_2}{K_1} Q_1 \sqrt{\frac{l_1}{l_2}} = \frac{158.4}{158.4} Q_1 \sqrt{\frac{500}{400}} = 1.12Q$$

$$Q_3 = \frac{K_3}{K_3} Q_1 \sqrt{\frac{l_1}{l_3}} = \frac{341.0}{158.4} Q_1 \sqrt{\frac{500}{1000}} = 1.52Q$$

根据节点流量连续性的条件，有

$$Q_0 = Q_1 + Q_2 + Q_3 = Q_1 + 1.12Q_1 + 1.52Q_1 = 3.64Q_1$$

所以

$$Q_1 = \frac{Q}{3.64} = \frac{100}{3.64} = 27.5 \,(L/s)$$

$$Q_2 = 1.12Q_1 = 1.12 \times 27.5 = 30.8 \,(L/s)$$

$$Q_3 = 1.52Q_1 = 1.52 \times 27.5 = 41.8 \,(L/s)$$

A、B 两点间水头损失为

$$H = \frac{Q_1^2}{K_1^2} l_1 = \frac{27.5^2}{158.4^2} \times 500 = 14.96 \,(m)$$

四、树状管路的水力计算

为了给更多的用户供水，在给水工程中往往将许多管路组合成管网。管网按其布置可分为树状管网及环状两种。

树状管路中，从水源到用户的管线，有如树枝状，从一点引出，逐级分流，如图 5-16 所示。这种管路的特点是造价较低，但供水可靠性较差，一旦管路有一处发生故障，则在该管段下游的各级管段都要受到影响。另外，树状管路由于逐级分流，流量较小，流速较低，甚至停滞，水质容易变坏。

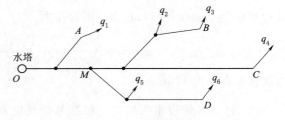

图 5-16　树状管网平面布置图

树状管路的流量逐级推算，即从最末端开始逐级推算上一级管段的流量，节点流量必须满足连续性方程，节点无论有多少分支，节点水头只有一个。

已知管段流量，树状管路的水力计算可分为：

（1）在一定水头差的条件下确定各级管段的管径。

（2）在新建给水系统的设计中，是已知管路沿线地形，各管段长度 l 及通过的流量 Q 和端点要求的自由水头 H_z，要求确定管路的各段直径 d 及水泵的扬程或水塔的高度 H_t。

1）首先按经济流速在已知流量情况下计算并选择标准直径。

2）利用水头损失计算公式：达西-魏斯巴赫公式在前面已介绍了在《水利技术标准汇编》中的经验公式（5-19），计算各级管段的沿程水头损失。

3）按串联管路计算干线中从水塔到管网控制点的总水头损失。管网的控制点是指在管网中水塔至该点的水头损失、地形标高和末端要求的自由水头 3 项之和最大值的点。应通过计算确定。

4）对于水泵扬程或水塔高度 H_t 可按下式计算：

$$H_t = \sum h_{fi} + H_z + z_0 - z_t \tag{5-28}$$

式中 H_z——控制点要求的压力水管段工作压力；

        z_0——控制点地面高程；

        z_t——泵站或水塔处的地面高程；

      $\sum h_{fi}$——从水塔到管网控制点的总水头。

注意：管道或管网的局部水头损失可按沿程水头损失的 $5\% \sim 10\%$ 计算。

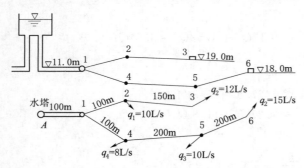

图 5-17 （树状）分支管网的水力计算

【例 5-13】 有一用水塔向生活区供水的管网，如图 5-17 所示，按分支管网布置。各管段长度及节点所需分出流量已知。管路采用硬聚氯乙烯（UPVC）管。管路端点自由水头选为 $H_z = 6.0\text{m}$，各端点地面高程如图所示。试求管网中各管段的管径及水塔高度。

解： 由图 5-17 可以看出，计算分叉管路有两条，即 A—1—2—3 和 A—1—4—5—6。根据连续性条件，确定所有管段的流量，见表 5-5。下面举例说明列表的计算过程。

（1）确定各管段的直径。选用给水管路经济流速为 $v_经 = 1.5\text{m/s}$，以管 5—6 为例，流量 $Q = q_6 = 15\text{L/s} = 54\text{m}^3/\text{h}$，则管径为

$$d = \sqrt{\frac{4Q}{\pi v}} = \sqrt{\frac{4 \times 0.015}{3.14 \times 1.2}} = 0.113 \, (\text{m})$$

则取管道直径为 125mm。

（2）计算各管段水头损失。根据单位长度水头损失计算公式 $h_f = f \dfrac{Q^m}{D^b} L$，查表 4-5，$f = 0.948 \times 10^5$，$m = 1.77$，$b = 4.77$，代入上式有

$$h_f = 0.948 \times 10^5 \times \frac{Q^{1.77}}{D^{4.77}} L$$

$$h_{f5-6} = 0.948 \times 10^5 \times \frac{54^{1.77}}{125^{4.77}} \times 200 = 2.2 \, (\text{m})$$

其余管段见表 5-5 计算。

表 5-5　　　　　　　　　　　各管段沿程水头损失计算表

管段	管长 /m	流量		管径 d /mm	流速 v /(m/s)	水头损失 h_f /m
		L/s	m³/h			
5-6	200	15	54	125	1.22	2.2
4-5	200	25	90	150	1.42	2.27
1-4	100	33	118.8	175	1.37	0.89
A-1	100	55	198	225	1.38	0.66
2-3	150	12	43.2	100	1.53	3.22
1-2	100	22	79.2	150	1.25	0.91

（3）确定水塔高度。分别计算分支管路 A—1—2—3 和 A—1—4—5—6 所需要的水塔水头值，即

$$H_{A-1-2-3} = \sum h_{fi} + H_z + z_0 - z_t = 4.79 + 6 + 19 - 11 = 18.79 \, (\text{m})$$

$$H_{A-1-4-5-6} = \sum h_{fi} + H_z + z_0 - z_t = 6.02 + 6 + 18 - 11.0 = 19.02 \, (\text{m})$$

由以上计算可以看出，最不利管路为 A—1—4—5—6 分支，考虑 5%～10% 的局部水头损失为 0.3～0.6m，则水塔高度选择为 19.5m。

五、环状管网的水力计算

环状管网的设计，应根据供用水的要求及地形条件布置管网，确定各管段长度及各节点需要向外供应的流量。对于环状管网来讲，虽然各节点的流量已知，但各管段中的流量却无法一次确定下来，有时甚至管中水流的方向都无法一下子确定下来。因此，工程设计中常采用渐近分析法来解决。但不管用什么方法来求解，都必须遵循以下两条原则：

（1）由于水流的连续性和不可压缩性，对于任一节点来说，流入和流出的流量相等。也就是说，在节点处，流量的代数和为零，即

$$\sum Q = 0 \tag{5-29}$$

（2）对于管网中任何一个闭合环路来讲，从一个节点到另一个节点之间，沿两条不同的管线所计算的水头损失相等。因为每一节点的水头只可能有一个数值，所以任意两个节点之间的水头差（即水头损失）也只可能有一个。例如图 5-18（a）的闭合环路 1—2—3—9—1 中，沿着管线 1—2—3 所计算的水头损失，应等于沿管线 1—9—3 的水头损失，即

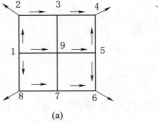
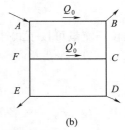

图 5-18　环状管网平面布置示意图

$$h_{f1-2} + h_{f2-3} = h_{f1-9} + h_{f9-3} \text{ 或 } (h_{f1-2} + h_{f2-3}) - (h_{f1-9} + h_{f9-3}) = 0$$

在进行闭合环路的计算时，规定顺时针方向计算的水头损失为正，例如 h_{f1-2} 和 h_{f2-3}；反时针方向为负，如 h_{f1-9} 和 h_{f9-3}，则沿同一方向转一周，计算的水头损失总和应为零，即

$$\sum_{环} h_{fi} = 0 \tag{5-30}$$

式中　　h_{fi}——闭合环路中任一管段的水头损失。

下面介绍单一环状管网的渐近分析法。

设某段管网如图 5-18（b）所示，在管网中取闭合环路 A—B—C—F—A 进行分析。流入节点 A 的流量 Q 可以设想按两个方向流动，一支沿着 A—B—C 方向流动，其流量为 Q_0；另一支沿着 A—F—C 方向流动，其流量为 Q'_0。根据这样分配的流量，就可以选择各管段相应的管径，并计算相应原水头损失。若求得的水头损失有闭合差，即 $\sum_{环} h_{fi} \neq 0$，这说明没有满足上述第二个原则，其原因就在于流量分配的比例不当，其中一支管路流量过大，而另一支管路流量过小。因此，对流量的分配应进行校正，将一部分流量 ΔQ_0，由过大的一支管路分配到流量过小的一支去。设这时支线 A—B—C 的流量将变为 $Q_1 = Q_0 + \Delta Q_0$，则支线 A—F—C 的流量将变为 $Q'_1 = Q'_0 - \Delta Q_0$。为了满足第二个原则，必须使校正后的流量满足条件

$$\sum_{环} h_{fi} = 0 \text{ 或 } \sum_{ABC} h_{fi} = \sum_{AFC} h_{fi}$$

因
$$H = \frac{Q^2}{K^2} l = sQ^2$$

其中
$$s = \frac{l}{K^2}$$

则式（5-30）可写成

$$\sum s(Q_0 + \Delta Q_0)^2 = \sum s'(Q'_0 - \Delta Q_0)^2$$

将上式展开，并忽略二次微量，则得

$$\Delta Q_0 = -\frac{\sum s Q_0^2 - \sum s' Q_0'^2}{2\sum s Q_0 + 2\sum s' Q'_0}$$

令 h_{f0} 及 h_{f0}' 分别表示流量校正前两个分支线上各管段的水头损失，则 $h_{f0} = s Q_0^2$，$h'_{f0} = s' Q_0'^2$，上式可写成

$$\Delta Q_0 = -\frac{\sum h_{f0} - \sum h'_{f0}}{2\sum \dfrac{h_{f0}}{Q_0} + 2\sum \dfrac{h'_{f0}}{Q'_0}}$$

故校正流量可按下式计算：

$$\Delta Q = -\frac{\sum h_f}{2\sum \dfrac{h_f}{Q}} \tag{5-31}$$

式中　　Q、h_f——各管段中所分配的流量及相应各管段中的水头损失。

对同一闭合环路，在计算时，分子中各项的符号可以按顺时针方向流动的水头损失取（＋）号，反时针方向流动的水头损失取（－）号；分母中各项数值则不必考虑其正、负号。如果计算结果水头损失还有闭合差，可按上述步骤进行新的校正，直至闭合差小到可以忽略

时为止。这时各管段的流量、管径和水头损失，就可作为最后确定的数据。

如果某一段管路为几个闭合环中所共用，则这段管路的流量校正值应为那些闭合环路校正值的总和。例如，图 5-18（b）中管段 FC 的校正值，应为闭合环路 $A—B—C—F—A$ 的校正值与闭合环路 $F—C—D—E—F$ 的校正值之和。

【例 5-14】 某环状管网采用铸铁管，糙率 $n = 0.0125$，由 1、2、3、4 四个节点组成，各管段长度和节点流量分别在图 5-19 中标出。试确定各管段的直径及管网中的流量分配（要求闭合差 $\sum h_{fi} < 0.1$m）。

解：（1）初拟流向，分配流量。初拟各管段的流向如图 5-19 所示。根据节点流量平衡 $\sum Q_i = 0$，第一次分配的流量值列于表 5-6。

（2）根据初步分配的流量，按经济流速选择标准管径，见表 5-6。

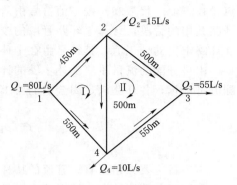

图 5-19　环状管网的水力计算

表 5-6　　　　　　　　　　　　　　环状管网水力计算表

环号	管段	管长 l/m	管径 d/mm	一次分配流量 /(L/s)	K_i /(L/s)	v_i /(m/s)	修正系数 k	h_{fi} /m	$\dfrac{h_{fi}}{Q_i}$	ΔQ /(L/s)	校正流量 /(L/s)	二次分配流量 /(L/s)	v_i /(m/s)	修正系数 k^2	h_{fi} /m	$\dfrac{h_{fi}}{Q_i}$	ΔQ /(L/s)	校正流量 /(L/s)	三次分配流量 /(L/s)	v_i /(m/s)	修正系数 k	h_{fi} /m
I	1—2	450	250	50	618.5	1.02	1.027	3.020	0.060		−0.85	49.15	1.00	1.030	2.927	0.060		−0.18	48.97	1.00	1.030	2.906
	2—4	500	200	20	341.1	0.64	1.103	1.896	0.095	−0.85	−0.85 +0.40	19.55	0.62	1.110	1.823	0.903	−0.18	−0.18 +0.21	19.37	0.624	1.110	1.829
	1—4	550	200	−30	341.1	0.95	1.035	−4.403	0.147		−0.85	−30.85	0.98	1.032	−4.643	0.151		−0.18	−31.03	0.988	1.031	−4.693
	Σ							0.513	0.302						0.11	0.304						0.04
II	2—3	500	150	15	158.4	0.85	1.050	4.708	0.314		−0.40	14.6	0.82	1.060	4.503	0.308		−0.21	14.39	0.813	1.057	4.362
	2—4	500	200	−20	341.1	0.64	1.103	−1.896	0.095	−0.40	−0.40 +0.85	−19.55	0.62	1.110	−1.832	0.093	−0.21	−0.21 +0.18	−19.76	0.624	1.110	−1.829
	4—3	550	250	−40	618.5	0.81	1.060	−2.438	0.061		−0.40	−40.40	0.82	1.062	−2.487	0.062		−0.21	−40.61	0.827	1.055	−2.500
	Σ							0.374	0.470						0.193	0.463						0.033

（3）计算两环形管中各管段的水头损失。首先按分配流量利用公式 $h_{fi} = k_i \dfrac{Q_i^2}{K_i^2} l_i$ 计算出各管段的水头损失。例如计算 1—2 段水头损失，可由 $d_{1-2} = 250$mm，$n = 0.0125$，查表 5-2 得 $K_{1-2} = 618.5$L/s。第一次分配流量 $Q_{1-2} = 50$L/s，则

$$v_{1-2} = \frac{4Q_{1-2}}{\pi d_{1-2}^2} = \frac{4 \times 0.05}{3.14 \times 0.25^2} = 1.02 \text{（m/s）}$$

查表 5-3 得修正系数 $k = 1.027$，则

$$h_{f1-2} = 1.027 \times \frac{0.05^2}{0.6185^2} \times 450 = 3.02 \text{（m）}$$

按同样的方法可计算出两环各管段的水头损失，结果列于表 5-6 中。

（4）检查两环水头损失的闭合值 $\sum h_{fi}$ 是否满足要求。根据第一次分配的流量，Ⅰ 环闭

合差 $\sum h_{fi} = 0.513\mathrm{m}$，Ⅱ环闭合差 $\sum h_{fi} = 0.374\mathrm{m}$，闭合差均大于规定值。

（5）按式（5-33）分别计算两环校正流量 ΔQ，将 ΔQ 与各管段第一次分配的流量相加，得二次分配流量。

值得注意的是，对于两个闭合环路共用的管段，该管段的流量校正值应为两个闭合环路流量校正值的代数和。校正值符号由所在环路的方向确定。例如本题 2—4 段为Ⅰ、Ⅱ闭合环路共用的管段，计算Ⅰ环路管段的校正流量时，除加上Ⅰ环路求出的校正值外，还应加上Ⅱ环路求出的校正值，其符号由在Ⅰ环路中的方向确定。

由再分配的流量重复上述步骤的计算，直到各环路满足闭合差要求为止。本题按 3 次分配流量计算，各环路满足闭合差的要求，故 3 次分配流量即为各管段通过的流量。

项 目 学 习 小 结

本项目主要介绍了有压管流的特性及其分类、简单管路和复杂管路的水力计算。其中简单管路和复杂管路的水力计算等内容是教学的重点和难点。通过本项目的学习，学生应当明确有压管流的特性、分类及其水力计算类型，掌握简单管路和复杂管路的水力计算方法。

职 业 能 力 训 练 五

一、单项选择题

1. 充满整个管道的水流称为（　　）。

A. 均匀流　　　　　B. 恒定流　　　　　C. 明流　　　　　D. 管流

2. 根据（　　）不同，管流可分为长管和短管。

A. 管道的长度

B. 管道中水流的流速水头大小

C. 管道中水流的局部水头损失大小

D. 管道中水流的局部水头损失、流速水头两项之和与沿程水头损失的比值

3. 测压管水头线总是低于总水头线，因为测压管水头比总水头少一项（　　）。

A. 压强水头　　　　B. 位置水头　　　　C. 流速水头　　　D. 沿程水头损失

4. 各断面测压管水头线与该断面中心的距离即为该断面中心点的（　　）。

A. 压强水头　　　　B. 位置水头　　　　C. 流速水头　　　D. 沿程水头损失

5. 长管的总水头线与测压管水头线（　　）。

A. 相重合　　　　　　　　　　　　B. 相平行，呈直线

C. 相平行，呈阶梯状　　　　　　　D. 以上都不对

二、多项选择题

1. 根据管道中水流的局部水头损失、流速水头两项之和与沿程水头损失的比值不同，管流可分为（　　）。

A. 粗管　　　　　　B. 细管　　　　　　C. 中管　　　　　D. 短管

E. 长管

2. 根据管道的出口情况，管流可分为（　　）。

A. 自由出流　　　　B. 淹没出流　　　　C. 均匀出流　　　D. 恒定出流

E. 限制出流

3. 简单短管出流流量 Q 与出口断面中心水头 H_0 或 H，或上下游水位差 z_0 或 z 的关系有（　　）。

A. $Q \propto H^{\frac{1}{2}}$　　　　B. $Q \propto H_0^{\frac{1}{2}}$　　　　C. $Q \propto (H_0 z_0)^2$　　D. $Q \propto z^{\frac{1}{2}}$

E. $Q \propto z_0^{\frac{1}{2}}$

4. 当短管某一局部流段出现负压时，其水流处于不稳定状态，且有可能产生空蚀破坏，解决此问题的有效方法有（　　）。

　　A. 提高管线的高程（高度）　　　　　　B. 降低管线的高程（高度）

　　C. 提高上游水位　　　　　　　　　　　D. 降低上游水位

　　E. 降低下游水位

5. 水力学中流量模数综合反映（　　）对输水能力的影响。

　　A. 水流流量　　　　B. 水流流速　　　　C. 管道断面形状

　　D. 管道断面尺寸　　E. 边壁粗糙程度

三、判断题

1. 水流总是从压强大的地方向压强小的地方流动。　　　　　　　　　　　（　　）

2. 等直径管段的水头线为斜直线。　　　　　　　　　　　　　　　　　　（　　）

3. 短管某一局部流段出现负压，则该流段断面测压管水头线处于相应断面中心点的下方。　　　　　　　　　　　　　　　　　　　　　　　　　　　　　　　　　（　　）

4. 为保证虹吸管正常工作，管内真空度一般限制在 6～8m 水柱高以内，以保证管内水流不被汽化。　　　　　　　　　　　　　　　　　　　　　　　　　　　　　　（　　）

5. 水泵的扬程就是指水泵的提水高度。　　　　　　　　　　　　　　　　（　　）

四、简答题

1. 什么是管流？它的水力学特点及其水力计算内容分别是什么？

2. 何谓短管和长管？短管与长管的判别标准和主要区别分别是什么？

3. 管道直径的确定方法有几种？各是如何计算的？

4. 抽水机安装高度和虹吸管的安装高度计算公式是否相同？具体是什么？

5. 什么是水泵的扬程？水泵的扬程与上下游水位差是否相等？

五、作图题

试定性绘制图 5-20 中各管道的总水头线和测压管水头线。

六、计算题

1. 一横穿河道的钢筋混凝土倒虹吸管，如图 5-11 所示。已知管道通过的流量为 $2m^3/s$，长度 $L=30m$，$\lambda=0.0223$，有两个 $\alpha=30°$ 的转角，当管径 $d=1.2m$ 时，试确定上下游渠道中的水位差 z。

2. 用虹吸管从蓄水池引水灌溉（图 5-21）。虹吸管采用直径为 0.4m 的钢管，管道进口处安装一莲蓬头，有 2 个 40° 转角；上下游水位差 z 为 4.0m；上游水面至管顶高度为 1.8m；管段长度 l_1 为 8m，l_2 为 40m，l_3 为 12m。要求计算：①通过虹吸管的流量为多少？②虹吸管中压强小的地方在哪里？其最大真空值是多少？

3. 用离心式水泵将湖水抽到水池（图 5-22），流量为 $Q=0.2m^3/s$，湖面高程 z_1 为 85.0m，水池水面高程 z_3 为 105.0m，吸水管长 l_1 为 10m，水泵的允许真空值为 4.5m，吸

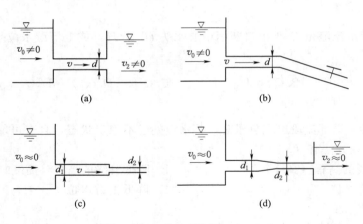

图 5-20　作图题 1

水管底阀局部水头损失系数 $\zeta_1 = 2.5$，90°弯头局部阻力系数 ζ_2 为 0.3，水泵入口前的渐变收缩段局部阻力系数 $\zeta_3 = 0.1$，吸水管沿程阻力系数 $\lambda = 0.022$，压力管道采用铸铁管。其直径 $d_2 = 500\text{mm}$，长度 $l_2 = 1000\text{m}$，$n = 0.013$。试确定：①吸水管的直径 d_1；②水泵的安装高度；③抽水机的扬程。

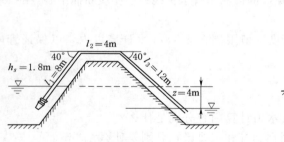

图 5-21　计算题 2

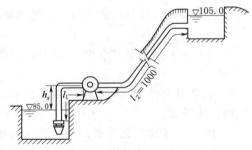

图 5-22　计算题 3（单位：m）

4. 有一输水管路，自山上水源引水向用户供水，采用铸铁管（$n = 0.0125$），已知管长 $l = 150\text{m}$，作用水头 $H = 12\text{m}$，供水流量 $Q = 120\text{m}^3/\text{h}$，为了充分利用水头，试确定水管的直径。

5. 有一分支管网布置如图 5-23 所示。已知水塔地面高程为 16.0m，4 点出口地面高程为 20m，6 点出口地面高程为 22m，4 点和 6 点自由水头都为 8m。各管段长度分别为：$l_{01} = 200\text{m}$，$l_{12} = 100\text{m}$，$l_{23} = 300\text{m}$，$l_{34} = 80\text{m}$，$l_{56} = 150\text{m}$。全部采用硬聚氯乙烯（UPVC）管。试设计各管段直径及水塔高度。

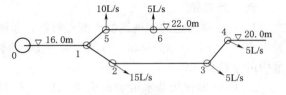

图 5-23　计算题 5

项目六   明渠恒定均匀流分析计算

项目描述：本项目包括三个学习任务：明渠水流要素，明渠均匀流的特性、条件及计算公式，明渠均匀流水力计算类型及有关问题。首先要理解明渠水流基本要素，明确明渠均匀流主要特性及其发生条件，领会明渠均匀流水力计算基本原理，掌握明渠均匀流水力计算常见类型，并学会解决其有关问题。

项目学习目标：通过本项目的学习，理解明渠水流的基本要素，明确明渠恒定均匀流的特性及其条件，领会明渠恒定均匀流的基本规律，掌握明渠恒定均匀流各种类型的水力计算，并解决其有关问题。

项目学习的重点：明渠恒定均匀流的发生条件、水力计算及有关问题。

项目学习的难点：明渠恒定均匀流的水力计算及有关问题。

任务一   明 渠 水 流 要 素

任务描述：本任务主要介绍了明渠恒定均匀流的基本要素，为后面明渠恒定均匀流的主要特性、发生条件、水力计算及有关问题等内容的学习打下基础。

明渠是一种人工修建或自然形成的渠槽，当液体通过渠槽而流动时，形成与大气相接触的自由表面，表面上各点压强均为大气压强。所以，这种渠槽中的水流称为明渠水流或无压流。输水渠道、无压隧洞、渡槽、涵洞以及天然河道中的水流都属于明渠水流。

当明渠中水流的运动要素不随时间的变化而变化时，称为明渠恒定流，否则称为明渠非恒定流。明渠恒定流中，如果流线是一簇平行直线，则水深、断面平均流速及流速分布均沿程不变，称为明渠恒定均匀流；如果流线不是平行直线，则称为明渠恒定非均匀流。

明渠的断面形状、尺寸、底坡等对水流流动状态有重要影响，所以为了研究明渠水流运动的规律，必须首先了解明渠的类型及其对水流运动的影响。

一、明渠的横断面

人工明渠的横断面，通常做成对称的几何形状。例如常见的梯形、矩形、U 形或圆形等。至于河道的横断面，则常呈不规则的形状，如图 6-1 所示。

当明渠修在土质地基上时，常设计成梯形断面，其两侧的倾斜程度用边坡系数 m（$m=\cot\theta$）表示，m 的大小应根据土的种类或护面情况而定（表 6-1）。矩形断面常用于岩石中开凿或两侧用条石砌筑而成的渠道，混凝土渠或木渠也常做成矩形。圆形断面通常用于无压隧洞。

根据渠道的横断面形状、尺寸，就可以计算渠道过水断面的水力要素。如工程中应用最广的梯形渠道，其过水断面的诸水力要素关系如下：

水面宽度： $B=b+2mh$ (6-1)

过水断面面积： $A=(b+mh)h$ (6-2)

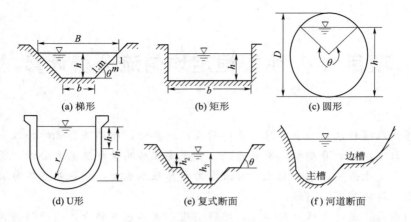

图 6-1　明槽断面形状

表 6-1　　　　　　　　　　　　　梯形渠道的边坡系数

土壤种类	边坡系数 m	土壤种类	边坡系数 m
粉砂、细砂、中砂和粗砂	3.0~3.5	卵石和砌石	1.25~1.5
疏松的和中等密实的细砂、中砂和粗砂	2.0~2.5	黏土和密实黄土	1.0~1.25
密实的细砂、中砂和粗砂	1.5~2.0	半岩性耐水土壤	0.5~1.0
砂壤土和松散壤土	1.5~2.0	风化的岩石	0.25~0.5
黏壤土、黄土	1.25~1.5	未风化的岩石	0~0.25

湿周
$$\chi = b + 2h\sqrt{1+m^2} \tag{6-3}$$

水力半径
$$R = \frac{A}{\chi} \tag{6-4}$$

对于矩形和圆形断面，可根据一定的几何关系，求出过水断面的水力要素，见表 6-2。

表 6-2　　　　　　　　　　　　　常 见 断 面 水 力 要 素

断面形状	水面宽度 B	过水面积 A	湿周 χ	水力半径 R
矩形	b	mh	$b+2m$	$\dfrac{mh}{b+2h}$
梯形	$b+2hm$	$(b+mh)h$	$\chi = b+2h\sqrt{1+m^2}$	$\dfrac{(b+mh)h}{b+2h\sqrt{1+m^2}}$
圆形	$2\sqrt{h(d-h)}$	$\dfrac{d^2}{8}(\theta-\sin\theta)$ θ 以弧度计	$\dfrac{1}{2}\theta d$	$\dfrac{d}{4}\left(1-\dfrac{\sin\theta}{\theta}\right)$

二、明渠的底坡

明渠渠底纵向倾斜的程度（即渠底纵向坡度）称为底坡，用 i 表示，它等于渠底线与水平线夹角 θ 的正弦，即

$$i = \sin\theta = \frac{z_1 - z_2}{\Delta l} \qquad (6-5)$$

实际工程中，为计算方便，当底坡较小（$i < 0.10$，$\theta \leqslant 6°$）时，$\sin\theta \approx \tan\theta$，渠段水平投影长度 $\Delta l'$ 与其沿底坡线长度（实际长度）Δl 相差很小，则渠段长度常用 $\Delta l'$ 代替 Δl，如图 6-2（a）所示，则

$$i \approx \tan\theta = \frac{z_1 - z_2}{\Delta l'} \qquad (6-6)$$

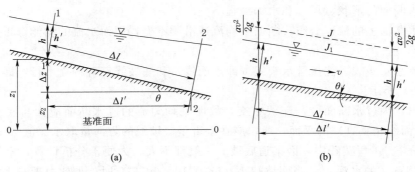

(a)

(b)

图 6-2　底坡及水头线

渠底高程沿水流方向逐渐下降的渠道，称为顺坡渠道或正坡渠道〔图 6-3（a）〕，其底坡 $i > 0$；渠底为水平的渠道，称为平坡渠道或平底渠道〔图 6-3（b）〕，其底坡 $i = 0$；渠底沿程逐渐升高的渠道，称为逆坡渠道或反坡渠道〔图 6-3（c）〕，其底坡 $i < 0$。

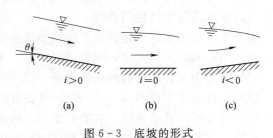

(a)　　　　(b)　　　　(c)

图 6-3　底坡的形式

任务二　明渠均匀流的特性、条件及计算公式

任务描述： 本任务描述了明渠恒定均匀流的特性、条件及计算公式，它是明渠恒定均匀流的水力计算及有关问题解决的重要依据。

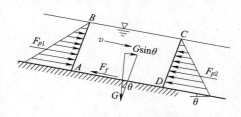

图 6-4　明渠流段受力分析

一、明渠均匀流的特性

设想在产生均匀流动的明渠中取出一单位长度的流段 $ABCD$ 进行分析（图 6-4）。设此流段水体重量为 G，周界的摩阻力为 F_f，流段两端的动水压力各为 F_{p1}、F_{p2}，渠底线与水平线的夹角为 θ。明渠均匀流是一种等速直线运动，作用于流段上所有外力在流动方向的分量必相互平衡，即得流段受力

方程：$F_{p1}+G \cdot \sin\theta-F_{p2}-F_f=0$。

因均匀流中过水断面上的压强按静水压强分布，而且各过水断面的水深及过水断面积相同，故可知 $F_{p1}=F_{p2}$，则可由流段受力方程推得 $G \cdot \sin\theta=F_f$。

上式表明：明渠均匀流中摩阻力水流重力在流动方向的分力相平衡。当 $G \cdot \sin\theta \neq F_f$ 时，明渠中将产生非均匀流。

由图 6-4 可知，平底渠道底坡 $i=0$，流段重力在顺流方向分力 $G \cdot \sin\theta=0$；逆坡渠道底坡 $i=0$，流段重力的分力 $G \cdot \sin\theta$ 与摩阻力 F_f 的方向一致；因而都不可能满足 $G \cdot \sin\theta=F_f$ 的平衡条件，故平底及逆坡渠段中，不可能产生均匀流动，只有在顺坡渠段中，才有可能产生均匀流。

明渠均匀流的流线为一簇相互平行的直线，因此，它具有下列特性：

（1）过水断面的形状、尺寸和水深沿程不变。

（2）过水断面上的流速分布、断面平均流速沿程不变，因而水流的动能修正系数及流速水头也沿程不变。

（3）水流总水头线、测压管水头线（即水面线）和底坡线三者相互平行，即 $J=J_p=i$，如图 6-2（b）所示。

必须指出，因过水断面应与流线正交，故明渠均匀流的过水断面应为与底坡线相垂直（同时也与水面线相垂直）的平面，所以应在垂直于底坡线的方向量取水深值（图 6-2 中此水深以 h' 表示）。工程实践中，因渠道底坡 i 一般都不大，为便于分析计算，常用铅垂方向的水深 h 代替真实的水深 h'，当底坡较小（$i<0.10$，$\theta \leqslant 6°$）时，如此处理对水深引起的误差均小于 1%，但当渠底坡 i 很大时，将会引起显著的误差。

二、明渠均匀流产生的条件

由于明渠均匀流有上述特性，它的形成须要满足下列的条件：

（1）明渠水流为恒定流，流量沿程不变，无支流的汇入或分出。

（2）渠道须是长而直的棱柱体明渠，断面形状和大小沿程不变。

（3）渠道须是正坡明渠（$i>0$），且底坡和粗糙系数沿程不变。

（4）所分析计算的渠段内水流不受闸、坝或跌水等水工建筑物的局部干扰。

显然，实际工程中的渠道并不是都能严格满足上述条件要求的，特别是许多渠道中总有这样或那样建筑物存在，因此，大多数明渠中的水流都是非均匀流。但是，在顺直棱柱体渠道中的恒定流，当流量沿程不变时，只要渠道有足够的长度，在离渠道进口、出口或水工建筑物有一定距离的渠段内，流量、底坡和糙率变化较小时，水流仍近似于均匀流，实际上常按均匀流处理。至于天然河道，因其断面几何尺寸、坡度、粗糙系数一般均沿程变化，所以不会产生均匀流。但对于较为水流顺直、断面规整的河段，当其余条件比较接近、变化很小时，也可近似看做均匀流。

三、明渠均匀流的计算公式

明渠均匀流水力计算的基本公式有：

恒定流连续性方程：　　　　　　　$Q=Av=$ 常数

均匀流谢才公式：　　　　　　　　$v=C\sqrt{RJ}$ 　　　　　　　　　　　　（6-7）

对于明渠均匀流来讲，因为 $J=i$，所以谢才公式可以写成如下形式：

$$v=C\sqrt{Ri} \text{ 或 } Q=Av=AC\sqrt{Ri}=K\sqrt{i} \tag{6-8}$$

其中
$$K = AC\sqrt{R}$$

式中，K 为流量模数，单位为 m^3/s，它综合反映明渠断面形状、尺寸和粗糙程度对过水能力的影响。在底坡一定的情况下，流量与流量模数成正比。

谢才系数 C 与断面形状、尺寸及边壁租糙有关。

曼宁公式
$$C = \frac{1}{n}R^{\frac{1}{6}} \qquad (6-9)$$

把曼宁公式代入明渠均匀流的基本公式，可得

$$Q = AC\sqrt{Ri} = \frac{1}{n}Ai^{1/2}R^{2/3} = \frac{1}{n}\frac{A^{5/3}i^{1/2}}{\chi^{2/3}} \qquad (6-10)$$

因此，根据实际情况正确地选定粗糙系数，对明渠的计算将有重要的意义。在设计通过已知流量的渠道时，如果 n 值选得偏小，计算所得的断面也偏小，过水能力将达不到设计要求，容易发生水流漫溢渠道造成事故，还会因实际流速过大引起冲刷。如果选择的 n 值偏大，不仅因断面尺寸偏大而造成浪费，对挟带泥沙的水流还会形成淤积。

严格说来粗糙系数应与渠槽表面粗糙程度及流量、水深等因素有关；对于挟带泥沙的水流还受含沙量多少的影响。但主要的因素仍然是表面的粗糙情况。对于人工渠道，在长期的实践中积累了丰富的资料，实际应用时可参照这些资料选择粗糙系数值（表 6-3）。对于天然河道，由于河床的不规则性，实际情况更为复杂，有条件时应通过实测来确定 n 值，初步选择时也可以参照。

表 6-3   **渠道及天然河道的粗糙系数 n 值**

渠道和天然河道类型及状况	n 最小值	n 正常值	n 最大值
一、渠道			
（一）敷面或衬砌渠道的材料			
1. 金属			
（1）光滑钢表面	0.011	0.012	0.014
a. 不油漆的	0.012	0.013	0.017
b. 油漆的	0.021	0.025	0.030
（2）皱纹的			
2. 非金属的			
（1）水泥			
a. 净水泥表面	0.010	0.011	0.013
b. 灰浆	0.011	0.013	0.015
（2）木材			
a. 未处理，表面刨光	0.010	0.012	0.014
b. 用木溜油处理，表面刨光	0.011	0.012	0.015
c. 表面未刨光	0.011	0.013	0.015
d. 用狭木条拼成的木板	0.012	0.015	0.018
e. 铺满焦油纸	0.010	0.014	0.017

续表

渠道和天然河道类型及状况	n 最小值	n 正常值	n 最大值
（3）混凝土			
a. 用刮泥刀做平	0.011	0.013	0.015
b. 用板刮平	0.013	0.015	0.016
c. 磨光，底部有卵石	0.015	0.017	0.020
d. 喷浆，表面良好	0.016	0.019	0.023
e. 喷浆，表面波状	0.018	0.022	0.025
f. 在开凿良好的岩石上喷浆	0.017	0.020	
g. 在开凿不好的岩石上喷浆	0.022	0.027	
（4）用板刮平的混凝土底的边壁			
a. 灰浆中嵌有排列整齐的石块	0.015	0.017	0.020
b. 灰浆中嵌有排列不规则的石块	0.017	0.020	0.024
c. 粉饰的水泥石块圬工	0.016	0.020	0.024
d. 水泥块石石圬工	0.020	0.025	0.030
e. 干砌块石	0.020	0.030	0.035
（5）卵石底的边壁			
a. 用木板浇注的混凝土	0.017	0.020	0.025
b. 灰浆中嵌乱石块	0.020	0.023	0.026
c. 干石砌块	0.023	0.033	0.036
（6）砖			
a. 加釉的	0.011	0.013	0.015
b. 在水泥灰浆中	0.012	0.015	0.018
（7）圬工			
a. 浆砌块石	0.017	0.025	0.030
b. 干砌块石	0.023	0.032	0.035
（8）修正的方石	0.013	0.015	0.017
（9）沥青			
a. 光滑	0.013	0.013	
b. 粗糙	0.016	0.016	
（二）开凿或挖掘而不敷面的渠道			
（1）渠线顺直，断面均匀的土渠			
a. 清洁，最近完成	0.016	0.018	0.020
b. 清洁，经过风雨侵蚀	0.018	0.022	0.025
c. 清洁，有卵石	0.022	0.025	0.030
d. 有牧草和杂草	0.022	0.027	0.033

渠道和天然河道类型及状况	n 最小值	n 正常值	n 最大值
（2）渠线弯曲，断面变化的土渠			
a. 没有植物	0.023	0.025	0.030
b. 有牧草和一些杂草	0.025	0.030	0.033
c. 有茂密的杂草或深槽中有水生植物	0.030	0.035	0.040
d. 土底，碎石边壁	0.028	0.030	0.035
e. 块石底，边壁为杂草	0.025	0.035	0.040
f. 圆石底，边壁清洁	0.030	0.040	0.050
（3）用挖土机开凿或挖掘的渠道			
a. 没有植物	0.025	0.028	0.033
b. 渠岸有稀疏的小树	0.035	0.050	0.060
（4）石渠			
a. 光滑而均匀	0.025	0.035	0.040
b. 参差不齐而不规则	0.035	0.040	0.050
（5）没有加以维护的渠道，杂草和小树没清除			
a. 有于水深相等高度的浓密杂草	0.050	0.080	0.120
b. 底部清洁，两侧壁有小树	0.040	0.050	0.080
c. 在最高水位时，情况同上	0.045	0.070	0.110
d. 高水位时，有稠密的小树	0.080	0.100	0.140
e. 同 d，水深较浅，河底坡度多变，平面上回流区较多	0.040	0.048	0.055
f. 同 d，但有较多的石块	0.045	0.050	0.060
g. 流动很慢的河段，多草，有深潭	0.050	0.070	0.080
h. 多杂草的河段、多深潭，或林木滩地过洪	0.075	0.100	0.150
二、天然河道			
（一）小河流（洪水位的水面宽＜30m）			
（1）平原河流部分			
a. 清洁、顺直，无沙滩和深潭	0.025	0.030	0.033
b. 同 a，多石及杂草	0.030	0.035	0.044
c. 清洁，弯曲，有深潭和浅滩	0.033	0.040	0.045
d. 同 d，但有些杂草和石块	0.035	0.045	0.050
e. 同 d，水深较浅，河底坡度多变，平面上回流区较多	0.040	0.048	0.055
f. 同 d，但有较多的石块	0.045	0.050	0.060
g. 流动很慢的河段，多草，有深潭	0.050	0.070	0.080
h. 多杂草的河段、多深潭，或林木滩地过洪	0.075	0.100	0.150
（2）山区河流（河槽无草树，河岸较陡，岸坡树丛过洪时淹没）			
a. 河底有砾石，卵石间有孤石	0.030	0.040	0.050
b. 河底有卵石和孤石	0.040	0.050	0.070

渠道和天然河道类型及状况	n 最小值	n 正常值	n 最大值
（二）大河流（洪水位的水面宽大于 30m）			
相应于上述小河流各种情况，由于河岸阻力较小，n 值略小			
a. 断面比较规整，无孤石或丛木	0.025	0.030	0.060
b. 断面不规整，床面粗糙	0.035	0.035	0.100
（三）洪水时期滩地漫流			
（1）草地，无丛木			
a. 短草	0.025	0.030	0.035
b. 长草	0.030	0.035	0.050
（2）耕种面积			
a. 未熟禾稼	0.020	0.030	0.040
b. 已熟成行禾稼	0.025	0.035	0.045
c. 已熟密植禾稼	0.030	0.040	0.050
（3）矮丛木			
a. 稀疏，多杂草	0.035	0.050	0.070
b. 不密，夏季情况	0.040	0.060	0.080
c. 茂密，夏季情况	0.070	0.100	0.160
（4）树木			
a. 平整田地，干树无枝	0.030	0.040	0.050
b. 平整田地，干树多新枝	0.050	0.060	0.080
c. 密林，树下少植物，洪水水位在枝下	0.080	0.120	0.160
d. 密林，树下少植物，洪水水位淹及树枝	0.100	0.120	0.160

任务三　明渠均匀流水力计算类型及有关问题

任务描述：本任务阐述了明渠恒定均匀流的水力计算类型及有关问题，它是本项目内容的重点和难点，更是水利类专业毕业生应掌握的基本知识和今后工作中常见的问题。

一、明渠均匀流的水力计算类型

应用基本公式（6-5）及式（6-6），即可解决工程实践中常见的明渠均匀流的计算问题。水利工程中，梯形断面的渠道应用最广，现以梯形渠道为例，来说明经常遇到的几种问题的计算方法。

由式（6-6）可以看出，对于梯形渠道，各水力要素间存在着下列函数关系：

一般情况下，边坡系数 m 及粗糙系数 n 是根据渠道护面材料的种类，用经验方法来确定。因此，梯形渠道均匀流的水力计算，实际上是根据渠道所担负的生产任务、施工条件、地形及地质状况等，预先选定 Q、b、h、i 4 个变量中的 3 个，然后应用基本公式求另一个变量。

工程实践中所提出的明渠均匀流的水力计算问题，主要有下列几种类型：

（1）已知渠道的断面尺寸 b、m、h 及底坡 i，粗糙系数 n，求通过的流量（或流速）。这一类型的问题大多属于对已成渠道进行校核性的水力计算。

【例 6-1】　某电站引水渠，在黏土中开凿，未作护面，渠线略有弯曲，在使用过程中，岸坡滋生杂草。今测得下列数据：断面为梯形，边坡系数 m 为 1.5，底宽 b 为 34m，底坡 i 为 1/6500，渠底至堤顶高差为 3.2m（图 6-5）。电站引用流量 Q 为 67m³/s。今因工业发展需要，要求引水渠道分流供给工业用水，试计算渠道在保证超高为 0.5m

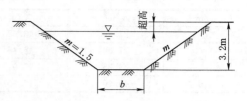

图 6-5　梯形断面渠道安全超高

的条件下，除电站引用流量外，尚能供给工业用水多少？并校核此时渠中是否发生冲刷。

解： 当超高为 0.5m 时，渠中水深 $=3.2-0.5=2.7$（m），此时的断面水力要素为：

过水断面面积：$A=(b+mh)h=(34+1.5\times2.7)\times2.7=102.74$（m²）

断面湿周：$\chi=b+2h\sqrt{1+m^2}=34+2\times2.7\times\sqrt{1+1.5^2}43.74$（m）

断面水力半径：$R=\dfrac{A}{\chi}=\dfrac{102.74}{43.74}=2.35$（m）

根据引水渠情况查表 6-3 得，糙率 $n=0.03$。

引水渠通过流量：$Q=AC\sqrt{Ri}=\dfrac{1}{n}Ai^{\frac{1}{2}}R^{\frac{2}{3}}=75$（m³/s）

在保证电站发电流量条件下，引水渠能供给工业用水量：

$$Q=75-67=8 \text{（m}^3/\text{s）}$$

断面流速：$v=\dfrac{Q}{A}=\dfrac{75}{102.74}=0.73$（m/s）

允许不冲流速：$v'=v'_R R^{\frac{1}{4}}=1.05\text{m/s}>v=0.73\text{m/s}$，故引水渠不会发生冲刷。

（2）已知渠道的设计流量 Q，底坡 i，底宽 b，边坡系数 m 和粗糙系数 n，求水深 h。

【例 6-2】　某电站引水渠，通过沙壤土地段，决定采用梯形断面，并用浆砌块石衬砌，以减少渗漏损失和加强渠道耐冲能力；取边坡系数 m 为 1，根据天然地形，为使挖、填方量最少，选用底坡 i 为 1/800，底宽 b 为 6m，设计流量 Q 为 70m³/s，试计算渠堤高度（要求超高 0.5m）。

解： 当求得水深 h 后，加上超高即得堤的高度，故本题主要是计算水深。浆砌块石衬砌 $n=0.025$。

根据　　　　　　　　　　　　$Q=Av=AC\sqrt{Ri}$

$$A=(b+mh)h,\ \chi=b+2h\sqrt{1+m^2},\ R=\frac{A}{\chi},\ C=\frac{1}{n}R^{\frac{1}{6}}$$

则

$$Q=(b+mh)h\frac{1}{n}\left[\frac{(b+mh)h}{b+2h\sqrt{1+m^2}}\right]^{\frac{2}{3}}i^{\frac{1}{2}}$$

可采用试算-图解法或迭代法求解。

下面仅介绍试算-图解法：

可假设一系列数值，代入上式计算相应的 Q 值，并绘成 h-Q 曲线，然后根据已知流量，在曲线上即可找出要求的 h 值。

设 $h=2.5$、3.0、3.5、4.0m，计算相应的 A、X、R、C 及 Q 值，见表 6-4 所列。

表 6-4　　　　　　　　　　　　计　算　结　果　列　示　表

h/m	A/m²	X/m	R/m	C/(m$^{\frac{1}{2}}$/s)	Q/(m³/s)
2.5	21.25	13.07	1.625	44.5	42.6
3.0	27.00	14.48	1.866	45.5	59.3
3.5	33.25	15.90	2.090	46.5	78.6
4.0	40.00	17.30	2.310	47.0	100.9

由上表绘出 h-Q 曲线（图 6-6）。从曲线查得：

当 $Q=70$m³/s 时，$h=3.3$m。

（3）已知渠道的设计流量 Q，底坡 i，水深 h，边坡系数 m 和粗糙系数 n，求底宽 b。

【例 6-3】　某灌溉渠道上有一渡槽，拟采用混凝土（用刮泥刀做平）预制构件拼接成矩形断面（图 6-7），根据渡槽两端渠道尺寸及渠底高程，初步拟定渡槽的底坡 i 为 1/1000，水深为 3.5m，设计流量 Q 为 31m³/s。试计算渠道底宽 b。

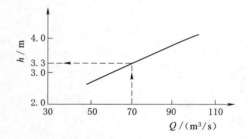

图 6-6　试算-图解法（h-Q 关系曲线）

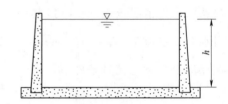

图 6-7　灌溉渡槽过水断面

解：刮泥刀做平的混凝土预制构件 $n=0.013$。

采用试算-图解法，设不同的 b 值，计算相应的 A、X、R、C 及 Q 值见表 6-5。

表 6-5　　　　　　　　　　　　计　算　结　果　列　示　表

b/m	A/m²	X/m	R/m	C/(m$^{\frac{1}{2}}$/s)	Q/(m³/s)
2.5	8.75	9.5	0.92	75.7	20.20
3.0	10.50	10.0	1.05	77.5	26.30
3.5	12.25	10.5	1.17	78.7	32.90
4.0	14.00	11.0	1.28	79.7	39.70

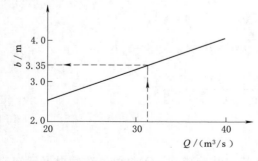

图 6-8　试算-图解法（b-Q 关系曲线）

根据上表绘制 b-Q 曲线（图 6-8）。由曲线查得：

当 $Q=31$m³/s 时，$b=3.35$m。

二、明渠均匀流水力计算的有关问题

（一）断面及流速的合理性问题

1. 水力最佳断面

从明渠均匀流的公式可以看出，明渠的输水能力（流量）取决于过水断面的形状、尺寸、底坡和粗糙系数的大小。设计渠道时，底坡一般依地形条件或其他技术上的要求而定，粗糙系数则主要取决于渠槽选用的建筑材料。在底坡及粗糙系数已定的前提下，渠道的过水能力则决定于渠道的横断面形状及尺寸。从经济观点上来说，总是希望所选定的横断面形状在通过已知的设计流量时面积最小，或者是过水面积一定时通过的流量最大。符合这种条件的断面，其工程量最小，称为水力最佳断面。

根据明渠均匀流水力计算基本公式可知：当渠道的底坡 i，粗糙系数 n 及过水断面积 A 一定时，湿周 χ 越小（或水力半径 R 越大）通过流量 Q 越大；或者说当 i、n、Q 一定时，湿周 χ 越小（或水力半径 R 越大）所需的过水断面积 A 越小。由几何学可知，面积一定时圆形断面的湿周最小，水力半径最大；因为半圆形的过水断面与圆形断面的水力半径相同，所以，在明渠的各种断面形状中，半圆形断面是水力最佳的。但半圆形断面不易施工，对于无衬护的土渠，两侧边坡往往达不到稳定要求；因此，半圆形断面难于普遍采用，只有在钢筋混凝土或钢丝网水泥作成的波槽等建筑物中才采用类似半圆形的断面。

工程中采用最多的是梯形断面，其边坡系数 m 由边坡稳定要求确定。在 m 一定的情况下，同样的过水面积 A，湿周的大小因底宽与水深的比值而异。根据水力最佳断面的条件：$A=$ 常数，$\chi=$ 最小值。

当底宽为 b、水深为 h 时，则水力最佳断面宽深比 β_m 为

$$\beta_m = \frac{b}{h} = 2(\sqrt{1+m^2} - m) \tag{6-11}$$

$$R_m = \frac{h_m}{2} \tag{6-12}$$

即梯形水力最佳断面的水力半径等于水深的一半。

在一般土渠中，边坡系数 $m>1$，则 $\beta_m<1$；即梯形水力最佳断面通常都是窄而深的断面。这种断面虽然工程量最小，但不便于施工及维护；所以，无衬护的大型土渠不宜采用梯形水力最佳断面。

2. 允许流速

为通过一定流量，可采用不同大小的过水断面，则渠道中将有不同的平均流速。如果流速过大，可能冲刷渠槽使渠道遭到破坏；如果流速过小，又会导致水流中挟带的泥沙淤积，降低渠道的过水能力。对航运渠道，流速的大小直接影响航运条件的优劣；对水电站的引水渠道，流速的大小还与电站的动能经济条件有关。所以，设计渠道时，断面平均流速应结合渠道所担负的生产任务（灌溉渠道、水电站引水渠道、航运渠道等）、渠道建筑材料的类型、水流中含沙量的多少及其他运用管理上的要求而选定，此流速 v 应大于不淤流速，小于不冲流速，即 $v_{不淤}<v<v_{不冲}$。

渠道中的流速应小于不冲允许流速 $v_{不冲}$，以保证渠道免遭冲刷。不冲允许流速与渠道建筑材料的物理特性（如土渠中土壤的种类、级配情况、密实程度等）和渠道水深有关。当渠中水流不挟带泥沙时，对岩石和人工护面渠道、黏性土质渠道及无黏性土质渠道的不冲允许流速可按表 6-6 选定。当渠中水流挟带泥沙时，不冲允许流速还与挟沙情况有关，可参考有关水力计算手册确定。

表 6 - 6　　　　　　　　　　　　　渠道的不冲允许流速

1. 坚硬岩石和人工护面的渠道不冲允许流速/(m/s)

岩石或护面	流量/(m³/s)		
	<1	1~10	>10
软质水成岩（泥灰岩、页岩、软砾岩）	2.5	3.0	3.5
中等硬质水成岩（致密砾岩、多孔石灰岩、层状石灰岩、白云石灰岩、灰质砂岩）	3.5	4.25	5.0
硬质水成岩（白云砂岩、硬质石灰岩）	5.0	6.0	7.0
结晶岩、火成岩	8.0	9.0	10.0
单层块石铺砌	2.5	3.5	4.0
双层块石铺砌	3.5	4.5	5.0
混凝土护面（水流中不含砂和卵石）	6.0	8.0	10.0

2. 黏性土渠道的不冲允许流速/(m/s)

土质名称	轻壤土	中壤土	重壤土	黏土
不冲允许流速	0.60~0.80	0.65~0.85	0.75~0.95	0.70~1.00

3. 无黏性土质渠道的不冲允许流速/(m/s)

土壤名称	粒径/mm	水深/m			
		0.4	1.0	2.0	>3.0
粉土、淤泥	0.005~0.05	0.12~0.17	0.15~0.21	0.17~0.24	0.19~0.26
细砂	0.05~0.25	0.17~0.27	0.21~0.32	0.24~0.37	0.26~0.40
中砂	0.25~1.00	0.27~0.47	0.32~0.57	0.37~0.65	0.40~0.70
粗砂	1.00~2.5	0.47~0.53	0.57~0.65	0.65~0.75	0.70~0.80
细砾石	2.5~5.0	0.53~0.65	0.65~0.80	0.75~0.90	0.8~0.95
中砾石	5~10	0.65~0.80	0.80~1.00	0.90~1.1	0.95~1.20
大砾石	10~15	0.80~0.95	1.0~1.2	1.1~1.3	1.2~1.4
小卵石	15~25	0.95~1.2	1.2~1.4	1.3~1.6	1.4~1.8
中卵石	25~40	1.2~1.5	1.4~1.8	1.6~2.1	1.8~2.2
大卵石	40~75	1.5~2.0	1.8~2.4	2.1~2.8	2.2~3.0
小漂石	75~100	2.0~2.3	2.4~2.8	2.8~3.2	3.0~3.4
中漂石	100~150	2.3~2.8	2.8~3.4	3.2~3.9	3.4~4.2
大漂石	150~200	2.8~3.2	3.4~3.9	3.9~4.5	4.2~4.9
顽石	>200	>3.2	>3.9	>4.5	>4.9

注　表中所有不冲允许流速是当水力半径 R 为 1 时的取值。当不等于 1 时，表中数值要乘 R^a 系数，a 为指数，一般取 1/4。所设计断面满足不冲刷不淤积的条件。

【例 6 - 4】　某梯形渠道设计流量 Q 为 2m³/s，渠道为重壤土，粗糙系数为 0.025，边坡系数 1.25，底坡 0.0002，试设计一最佳水力断面，并校核渠中流速（已知不淤流速 $v_{不淤}=0.4$m/s）。

解：当为水力最佳断面时：

$$\beta_m = \frac{b}{h} = 2(\sqrt{1+m^2} - m) = 2 \times (\sqrt{1+1.25^2} - 1.25) = 0.702$$

代入式（6-10）得

$$h = \left[\frac{nQ\ (\beta + 2\sqrt{1+m^2})^{\frac{2}{3}}}{(\beta_m + m)^{\frac{5}{3}} i^{\frac{1}{2}}} \right]^{\frac{3}{8}} = 1.49\ (\text{m})$$

$$b = \beta_m h = 0.702 \times 1.49 = 1.05\ (\text{m})$$

$$R = \frac{(b+mh)h}{b+2h\sqrt{1+m^2}} = 0.746$$

$$v_{\text{不冲}} = v_{\text{表}} R^{\frac{1}{4}} = (0.75 \sim 0.95) \times 0.746^{\frac{1}{4}} = (0.697 \sim 0.883)(\text{m/s})$$

$$v = \frac{Q}{(b+mh)h} = \frac{2}{(1.05 + 1.25 \times 1.49) \times 1.49} = 0.46\ (\text{m/s})$$

因为 $v_{\text{不淤}} < v < v_{\text{不冲}}$，所以校核满足要求。

（二）断面周界上粗糙度不同的明渠水力计算

由于不同的材料具有不同的粗糙系数，因此，当明渠的渠底和两侧采用不同材料时，粗糙系数会沿湿周发生变化。例如边坡为混凝土护面而底部为浆砌卵石的渠道［图6-9（a）］、利用圬工在山坡上所构成的渠道［图6-9（b）］等，其各部分湿周具有不同的粗糙系数。此外，深挖的渠道因其下部与上部的土质不同，其下部及上部的粗糙系数亦各不相同，这种湿周的各部分具有不同粗糙系数的渠道称为非均质渠道。非均质渠道的水力计算通常按均质渠道的方法处理，但式（6-6）中的粗糙系数 n 应采用某一等效的粗糙系数（亦称综合粗糙系数，即综合糙率）代替，它与各部分湿周的长度及相应的粗糙系数有关。一般情况下，综合粗糙系数（综合糙率）n_e 可按下式计算：

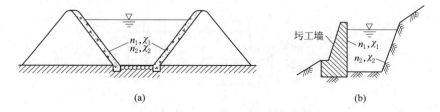

图6-9　周界上粗糙度不同的明渠断面

$$n_e = \frac{n_1 \chi_1 + n_2 \chi_2 + \cdots + n_m \chi_m}{\chi_1 + \chi_2 + \cdots + \chi_m}$$

当渠底糙率小于侧壁糙率时可采用

$$n_e = \sqrt{\frac{n_1^2 \chi_1 + n_2^2 \chi_2 + \cdots + n_m^2 \chi_m}{\chi_1 + \chi_2 + \cdots + \chi_m}}$$

式中，χ_1、χ_2、$\cdots$、χ_m 分别为对应于糙率 n_1、n_2、$\cdots$、n_m 的湿周。

（三）复式断面明渠水力计算

当通过渠道的流量变化范围较大时，渠道断面形状常采用复式断面［图6-10（a）］。复式断面的粗糙系数沿湿周可能不变，也可能发生变化，应视渠道的具体情况而定。

复式断面明渠均匀流的流量一般按下述方法计算：先将复式断面划分成几个部分，使每一部分的湿周不致因水深的略微增大而产生急剧的增加。例如图6-11所示的复式断面，通

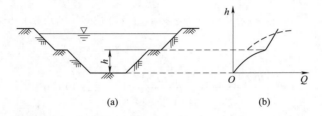

图 6-10 渠道复式断面及其 h-Q 关系曲线

常将它分为 Ⅰ、Ⅱ 及 Ⅲ 三个部分，然后再对每一部分应用式（6-8）得到

$$Q_1 = A_1 C_1 \sqrt{R_1 i} = K_1 \sqrt{i}$$

$$Q_2 = A_2 C_2 \sqrt{R_2 i} = K_2 \sqrt{i}$$

$$Q_3 = A_3 C_3 \sqrt{R_3 i} = K_3 \sqrt{i}$$

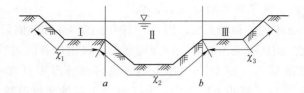

图 6-11 复式断面分区计算

【例 6-5】 一复式断面渠道如图 6-12 所示，已知 b_1 与 b_3 均为 6m，b_2 为 10m；h_1 与 h_3 均为 1.8m，h_2 与为 4m；m_1 与 m_2 均为 1.5，m_3 为 2.0；i 为 0.0002，n 为 0.02，求 Q 及 v。

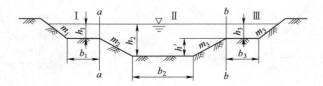

图 6-12 复式断面渠道水力计算

解：
$$Q_1 = A_1 C_1 \sqrt{R_1 i} = K_1 \sqrt{i}$$

$$A_1 = \left(b_1 + \frac{m_1 \times h_1}{2}\right) \times h_1 = \left(6 + \frac{1.5 \times 1.8}{2}\right) \times 1.8 = 13.2 \, (\text{m}^2)$$

$$\chi_1 = b_1 + h_1 \times (1 + m_1^2)^{1/2} = 6 + 1.8 \times (1 + 1.5^2)^{0.5} = 9.25 \, (\text{m})$$

$$R_1 = \frac{A_1}{\chi_1} = \frac{13.2}{9.25} = 1.43 \, (\text{m})$$

$$K_1 = A_1 C_1 R_1^{0.5} = \frac{1}{0.02} \times 13.2 \times 1.43 = 837 \, (\text{m}^3/\text{s})$$

同理，$K_2 = 7274 \text{m}^3/\text{s}$，$K_3 = 837 \text{m}^3/\text{s}$。

$$Q = Q_1 + Q_2 + Q_3 = (K_1 + K_2 + K_3) \sqrt{i} = (837 + 7274 + 837) \times \sqrt{0.0002}$$
$$= 126.54 \, (\text{m}^3/\text{s})$$

$$v = Q/(A_1 + A_2 + A_3) = 126.54/(13.2 + 65.5 + 13.2) = 1.38 \text{ (m/s)}$$

项 目 学 习 小 结

本项目主要介绍了明渠水流的基本要素、明渠恒定均匀流的特性及其发生条件、明渠恒定均匀流的水力计算类型及其有关问题。其中明渠恒定均匀流的发生条件、水力计算及有关问题等内容是教学的重点和难点。通过本项目的学习，学生应当理解明渠水流的基本要素，明确明渠恒定均匀流的主要特性、发生条件及其水力计算类型，掌握明渠恒定均匀流的水力计算方法，并学会解决其有关问题。

职 业 能 力 训 练 六

一、单项选择题

1. 如图 6-13 所示的傍山渠道，常采用断面一侧及渠底为岩石而边坡用另一种材料建造，此渠道在同一过水断面上各部分湿周的糙率不同，称为非均质渠道。在计算此类明渠均匀流流量时，就要用到综合糙率 n_e，当渠道底部的糙率系数小于侧壁的糙率系数时，计算式采用（   ）。

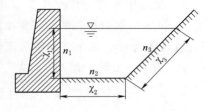

图 6-13　课后训练题（单选题 1）

A. $n_e = \sqrt{\dfrac{n_1 \chi_1 + n_2 \chi_2 + n_3 \chi_3}{\chi_1 + \chi_2 + \chi_3}}$ 　 B. $n_e = \sqrt{\dfrac{n_1^2 \chi_1 + n_2^2 \chi_2 + n_3^2 \chi_3}{\chi_1 + \chi_2 + \chi_3}}$

D. $n_e = \sqrt{\dfrac{n_1 \chi_1 + n_2 \chi_2 + n_3 \chi_3}{n_1 + n_2 + n_3}}$ 　 C. $n_e = \sqrt{\dfrac{n_1^2 \chi_1 + n_2^2 \chi_2 + n_3^2 \chi_3}{n_1 + n_2 + n_3}}$

2. 渠道设计中，当底坡、糙率、过水断面面积 A 一定时，流量 Q 最大时的过水断面称为（   ）。

A. 最小渠道断面　　　B. 最大渠道断面　　　C. 水力最佳断面　　　D. 水力最大断面

3. 下面各种不同形状的渠道断面中，（   ）断面是水力最佳断面。

A. 圆形　　　　　　　B. 矩形　　　　　　　C. 梯形　　　　　　　D. 三角形

4. 设梯形水力最佳断面的水深为 h_m、底宽为 b_m、水力半径为 R_m，则梯形水力最佳断面有（   ）。

A. $\dfrac{h_m}{R_m} = 1$　　　　B. $\dfrac{h_m}{R_m} = 2$　　　　C. $\dfrac{h_m}{R_m} = 3$　　　　D. $\dfrac{h_m}{R_m} = 4$

5. 设矩形水力最佳断面的水深为 h_m、水面宽为 b_m，则矩形水力最佳断面有（   ）。

A. $\dfrac{b_m}{h_m} = 4$　　　　B. $\dfrac{b_m}{h_m} = 3$　　　　C. $\dfrac{b_m}{h_m} = 2$　　　　D. $\dfrac{b_m}{h_m} = 1$

二、多项选择题

1. 明渠均匀流的主要特性有（   ）。

A. 过水断面的形状、尺寸及大小沿程不变

B. 过水断面上的流速分布、动水压强分布沿程不变

C. 总水头线、水面线及底坡线三者相互平行

D. 水流断面的流速水头及动能修正系数沿程不变

E. 过水断面上的断面平均流速、流量及水深沿程不变

2. 产生明渠均匀流的条件是（   ）。

A. 水流应为恒定流

B. 渠道内流量应沿程不变，即无支流的汇入或分出

C. 水流雷诺数必须达到 5000 以上

D. 渠道中无闸、坝或跌水等建筑物的局部干扰

E. 渠道必须是长而直的棱柱体顺坡明渠，粗糙系数沿程不变

3. 影响明渠糙率 n 值的因素主要有（   ）。

A. 明渠渠床的粗糙状况　　　B. 渠道弯曲状况　　　C. 渠道通过的流量

D. 渠道中水流的含沙量　　　E. 混凝土渠道的养护情况

4. 设梯形水力最佳断面正常水深为 h_m、底宽为 b_m、水力半径为 R_m、宽深比为 β_m，渠道边坡系数为 m。关于下面说法正确的有（   ）。

A. 当 $m=2$ 时，$\beta_m=0.472$　　　　　B. 当 $m=0$ 时，$\beta_m=2$

C. $\beta_m=2(\sqrt{1+m^2}-m)$　　　　　D. $\dfrac{h_m}{R_m}=1$

E. $\dfrac{h_m}{R_m}=2$

5. 下面关于明渠水流说法正确的有（   ）。

A. 人工渠道、天然河道中的水流通常称为明渠水流

B. 明渠水流是具有自由水面、表面压强为当地大气压、相对压强为零的水流，故又称为无压水流

C. 明渠水流是靠重力沿水流方向上分力作用流动的水流

D. 凡是隧洞、管道等建筑物中的水流未充满整个过水横断面，水面上气存在的，都属于明渠水流

E. 明渠水流根据水流与运动要素是否随时间发生变化可分为明渠恒定均匀流和明渠恒定非均匀流

三、判断题

1. 明渠水流过水断面上各点的流速都是相等的。　　　　　　　　　　　　　（   ）

2. 均匀流的过水断面大小沿流程不变，各过水断面流速分布相同，断面平均流速相等。　　　　　　　　　　　　　　　　　　　　　　　　　　　　　　　（   ）

3. 两条明渠的断面形状、尺寸、糙率和通过的流量完全相等，但底坡不同，因此它们的正常水深不等。　　　　　　　　　　　　　　　　　　　　　　　　　（   ）

4. 均质明渠是指固体边界湿周上材料相同，糙率 n 也相同的渠道。　　　　（   ）

5. 人工渠道、天然河道中的水流通常称为明渠水流，其流动是靠重力沿水流方向上的分力作用。　　　　　　　　　　　　　　　　　　　　　　　　　　　　（   ）

四、简答题

1. 明渠均匀流的特性是什么？产生条件又是什么？平坡和逆坡上能否发生均匀流？为什么？

2. 均匀流水深与渠道底坡、糙率、流量之间有何关系？

3. 一顺坡棱柱体渠道，根据生产需要，要求扩大输水能力，可采取哪些措施？

4. 何谓水力最佳断面？水力最佳断面的水深、底坡、水力半径及边坡系数之间有何关系？

5. 水力最佳断面有什么优点？为什么说水力最佳断面并不是最经济断面？

五、计算题

1. 某水库泄洪隧道，断面为圆形，直径 d 为 8m，底坡 i 为 0.002，粗糙系数 n 为 0.014，水流为无压均匀流，若按水力最佳断面设计原理，试求隧道中流量达到最大时的水深，并计算其泄洪流量。

2. 一梯形断面黏土渠道，初步设计底坡 i 为 0.005，边坡系数 m 为 1.5，糙率 n 为 0.025，流量为 5.0m³/s。①已知底宽 b 为 2.0m，试用试算法和查图法求渠中正常水深，并校核渠中流速；②若设定渠中正常水深为 $h_0 = 1.0$m，试设计渠道底宽 b；③若宽深比 $\beta = 1.5$，试求其断面尺寸及安全超高。

3. 欲开挖一梯形断面土渠。已知：流量 $Q = 10$m³/s，边坡系数 $m = 1.5$，粗糙系数 $n = 0.02$，为防止冲刷的最大允许流速 1.0m/s。试求：①按水力最佳断面条件设计断面尺寸；②渠道的底坡 i 为多少？③若已知水深 $h = 1.5$m，底宽 $b = 5$m，底坡 $i = 0.0005$，求 n 及 v。

4. 有一环山渠道的断面如图 6-14 所示，水流近似为均匀流，靠山一边按 1:0.5 的边坡开挖（岩石较好，n_1 为 0.0275），另一边为直立的浆砌块石边墙 n_2 为 0.025，底宽 b 为 2m，底坡 i 为 0.002，求水深为 1.5m 时的过流能力。

5. 某天然河道的河床断面形状及尺寸如图 6-15 所示，边滩部分水深为 1.2m，若水流近似为均匀流，河底坡度 i 为 0.0004，试确定所通过的流量。

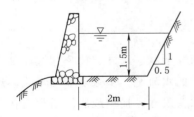

图 6-14 课后训练题（计算题 4）

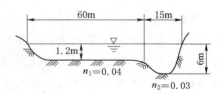

图 6-15 课后训练题（计算题 5）

项目七 明渠恒定非均匀流分析计算

项目描述：本项目包括五个学习任务：明渠水流的三种流态及其判别方法、明渠水流流态转换现象（水跌与水跃）、水跃的基本方程及其水力计算、棱柱体渠道恒定非均匀渐变流水面曲线的分析和计算、天然河道水面曲线计算及有关问题。明槽水流流态之间可以水跌或水跃的形式转换，流态的转换即水跌或水跃的发生需要相应的条件，为此需要掌握明渠水流流态类型及其判别方法、水跃的基本方程及其水力计算、棱柱体渠道恒定非均匀渐变流水面曲线的分析和计算等知识内容，并能解决一般工程问题。

项目学习目标：通过本项目的学习，理解明渠非均匀流的基本概念，明确明渠水流流态、水跌与水跃的发生条件及其区别、棱柱体渠道恒定非均匀渐变流水面曲线的类型，掌握明渠水流流态及其判别方法、水跃的水力计算原理、柱体渠道恒定非均匀渐变流水面曲线的分析方法和计算原理，并学会解决相关工程实际问题。

项目学习的重点：明渠水流流态及其判别、水跃的水力计算、棱柱体渠道恒定非均匀渐变流水面曲线的分析和计算。

项目学习的难点：棱柱体明槽恒定非均匀渐变流水面曲线的分析和计算。

任务一　明渠水流的三种流态及其判别方法

任务描述：本任务主要介绍了明渠水流的三种流态及相关概念，为后面水跌的分析、水跃的水力计算、棱柱体渠道恒定非均匀渐变流水面曲线的定性分析和计算等内容的学习打下基础。

一、概述

前面我们学习了明渠均匀流，明渠均匀流只能在断面形状、尺寸、糙率和底坡都沿程不变的长直正坡渠道中发生。而天然河道或者人工渠道中的水流绝大多数是非均匀流。这是因为自然条件所限和人为控制水流（如改变过水断面形状及尺寸，糙率或底坡沿程变化，在河道或渠道中修建各种水工建筑物等）都可以使河渠中的水流变成非均匀流。如河（渠）道上水闸前后、渠道底坡变化处上下游的水流都属于明渠非均匀流。

明渠非均匀流的渠底线、水面线和总水头线彼此互不平行，三种线的坡度也不相等，即 $J \neq J_p \neq i$，且水面线和总水头线都是曲线，流速、水深也是沿程变化的。如果明渠非均匀流的流线间夹角较小，曲率半径较大，称为明渠渐变流；反之为明渠急变流。

河（渠）道的纵剖面与水面的交线称为水面线，水面线的壅高或降低不仅影响河（渠）道的堤防及护岸的高程，而且对河道、渠道的淤积、冲刷造成直接影响。因此，分析和计算明渠非均匀流水面线，在实际工程中有着十分重要的意义。本项目重点研究明渠恒定非均匀渐变流水面线的变化规律和计算方法。

二、明渠水流的三种流态及相关概念

（一）明渠水流的三种流态

在生活中大家会观察到这样一种现象，在平静的湖面上投一颗石子，水面将会产生一个干扰波，而且这个波动以石子的着水点为中心，以一定的速度 v_w 向四周传播。平静水面上干扰波的波形是半径不等的同心圆，如图 7 − 1（a）所示。如果在流动的水中投一颗石子，设水流的断面平均流速为 v，那么水面波的传播速度应是水流的速度与波速的矢量和。比较水流的流速 v 和干扰波传播的相对波速 v_w 的大小，水面干扰波的传播图形和速度如图 7 − 1（b）～（d）所示。当 $v < v_w$ 时，水面波将以速度 $v'_w = v_w - v$ 速度向上游传播，以速度 $v'_w = v_w + v$ 向下游传播；当 $v > v_w$ 时，水面波不能向上游传播，只能向下游传播，向下游传播的速度为 $v + v_w$。当 $v = v_w$ 时，$v + v_w = 2v_w$。在工程水力学分析研究中，根据干扰微波能否向上游传播，将水流分为缓流、急流和临界流。

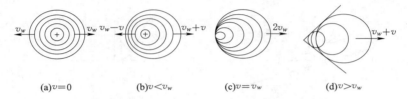

图 7 − 1　明渠水流的水面干扰波

正确判别水流的三种流态，对分析研究明渠非均匀流的水面曲线变化有着重要作用。

（二）干扰波的相对波速

由上面的分析可知，要判别水流的流态，不仅需要知道水流的断面平均流速，还必须确定干扰波的相对波速。

由能量方程可推出：矩形断面明渠中干扰波传播的相对波速计算公式为 $v_w = \sqrt{gh}$；当明渠水流的过水断面为任意形状，其过水断面面积为 A，水面宽度为 B，断面平均水深 $\overline{h} = \dfrac{A}{B}$ 时，该明渠水流中的干扰波相对波速为 $v_w = \sqrt{g\overline{h}}$。

由此可以看出，在忽略摩阻力的情况下，干扰波的波速与断面平均水深的 1/2 次方成正比，水深越大，波速亦越大。

（三）流态判别数——佛汝德数

当求出明渠中的断面平均流速和干扰波的波速之后，将两者比较，就可以判别水流的流态。但在水力学研究中，通常是以水流的流速和波速的比值作为流态的判别数，称佛汝德数，用符号 Fr 表示。

$$Fr = \frac{v}{v_w} = \frac{v}{\sqrt{g\dfrac{A}{B}}} = \frac{v}{\sqrt{g\overline{h}}} \tag{7 − 1}$$

佛汝德数是一个无量纲数，是水力学中的一个极其重要的判别数。为了理解其物理意义，可以将佛汝德数改变一下形式，写为

$$Fr = \frac{v}{\sqrt{g\overline{h}}} = \sqrt{2\frac{\dfrac{v^2}{2g}}{h}} \tag{7 − 2}$$

由式（7-2）可看出，佛汝德数 Fr 反映了过水断面上单位重量的液体所具有的平均动能与平均势能之比。Fr 越大，水流的平均动能所占的比重越大，当平均单位动能等于平均单位势能的 $1/2$ 时，$Fr=1$，即 $\dfrac{v}{\sqrt{g\bar{h}}}=1$，则有 $v=\sqrt{g\bar{h}}=v_w$，水流为临界流。

（四）断面单位能量、临界水深

为了从能量的角度进一步分析明渠水流的三种流态，需要引入断面单位能量和临界水深的概念。

1. 断面单位能量

如图 7-2 所示，明渠的底坡与水平面的夹角为 θ，水流为非均匀渐变流。任取一过水断面，设水深为 h、流速为 v。若以过水断面最低点的水平面为基准面，以水面为代表点，断面上单位重量的液体所具有的机械能，称为断面单位能量或断面比能，以 E_s 表示。

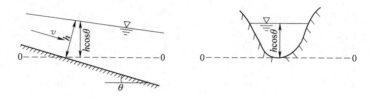

图 7-2　断面比能的计算

$$E_s = h\cos\theta + \frac{\alpha v^2}{2g} \tag{7-3}$$

当底坡较小（工程中一般当底坡 $i<10\%$）时，$\cos\theta\approx1$，式（7-3）则为

$$E_s = h + \frac{\alpha v^2}{2g} \tag{7-4}$$

上式可改写为

$$E_s = h + \frac{\alpha Q^2}{2gA^2} \tag{7-5}$$

由式（7-5）可以看出，当流量 Q 和渠道过水断面的形状和尺寸一定时，断面比能仅仅是水深的函数，即 $E_s=f(h)$。在非均匀流中，由于边界条件的影响，同一流量可能会以不同的水深通过某一过水断面，水深不同，过水断面面积 A 和流速 v 也不同，可以计算出不同的断面比能 E_s 值。以水深 h 为纵坐标，以 E_s 为横坐标，可以绘制出 $h-E_s$ 关系曲线。$h-E_s$ 关系曲线称为比能曲线。下面首先定性分析一下比能曲线的变化规律。

由式（7-5）可以看出：当 $h\to0$ 时，$A\to0$，$\dfrac{\alpha Q^2}{2gA^2}\to\infty$，$E_s\to\infty$，比能曲线以横坐标轴为渐近线；当 $h\to\infty$ 时，$A\to\infty$，$\dfrac{\alpha Q^2}{2gA^2}\to0$，$E_s\to0$，比能曲线以 $45°$ 线为渐近线。因为断面比能是水深的连续函数，并且水深 h 从 0 增加到 ∞，断面比能 E_s 从 ∞ 先是减小，而后再增加到 ∞，故比能曲线中间必有一拐点，拐点所对应的断面比能为最小值。根据上面的讨论，定性绘制出的比能曲线如图 7-3 所示。

2. 临界水深

为了解断面比能最小值所对应的水深的意义，可以将式（7-5）对 h 求一阶导数，并令其等于零。

$$\frac{dE_s}{dh} = \frac{d}{dh}\left(h + \frac{\alpha Q^2}{2gA^2}\right) = 1 - \frac{\alpha Q^2}{gA^3}\frac{dA}{dh}$$

式中 dA 是水深变化 dh 引起的过水断面面积的变化，故 $\frac{dA}{dh} = B$，B 为过水断面的水面宽度，代入上式得

$$\frac{dE_s}{dh} = 1 - \frac{\alpha Q^2}{gA^3}\frac{dA}{dh} = 1 - \frac{\alpha v^2}{g\frac{A}{B}} \qquad (7-6)$$

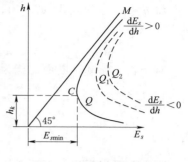

图 7-3　断面比能曲线

取 $\alpha = 1$，则式（7-6）可写为

$$\frac{dE_s}{dh} = 1 - \frac{v^2}{g\frac{A}{B}} = 1 - Fr^2 \qquad (7-7)$$

式（7-7）表明，断面比能最小时，$Fr = 1$，这就是前面讲到的临界流动。因此，把断面比能最小值 $E_{s\min}$ 所对应的水深称为临界水深，用 h_k 表示。图 7-3 中，临界水深在比能曲线上所对应的点 C 将比能曲线分成上、下两支，曲线上半支随水深 h 的增大，断面比能 E_s 增大，即 $\frac{dE_s}{dh} > 0$，$Fr < 1$，为缓流；曲线下半支随水深 h 的增大，断面比能 E_s 减小，即 $\frac{dE_s}{dh} < 0$，$Fr > 1$，为急流。断面比能曲线是对某一固定断面而言的，且与流量有关。对于同一断面，不同流量可以得出不同的比能曲线及相应的临界水深，如图 7-3 中虚线所示。当渠道中通过某一流量时，实际水深 h 大于临界水深 h_k，相应于比能曲线上支，为缓流；实际水深 h 小于临界水深 h_k，相应于比能曲线下支，为急流；实际水深 $h = h_k$，则为临界流。因此，用临界水深也可判别水流的流态。

若以 A_k、B_k 分别表示临界水深 h_k 所对应的过水断面面积和水面宽度，由式（7-6）可以得到临界水深的计算公式为

$$1 - \frac{\alpha Q^2}{gA^3}\frac{dA}{dh} = 0$$

即

$$\frac{\alpha Q^2}{g} = \frac{A_k^3}{B_k} \qquad (7-8)$$

当流量 Q、断面形状和尺寸一定时，可以用式（7-8）求解临界水深。由式（7-8）可知，临界水深既与渠底坡度无关，也与渠道糙率无关，完全取决于渠道通过的流量及明渠的断面形状。对于任意形状的断面，式（7-8）是临界水深的隐函数形式，求解临界水深需要试算。为了计算方便，对于水利工程中常见的梯形断面、圆形断面可以利用附录Ⅲ求出临界水深。试算法及附录Ⅲ的用法见［例 7-3］。

对于矩形断面 $A_k = B_k h_k$，总流量 $Q = B_k q$，q 为单宽流量，单位是 $m^3/(s \cdot m)$，代入式（7-8）可以得到临界水深的计算公式为

$$h_k = \sqrt[3]{\frac{\alpha q^2}{g}} \qquad (7-9)$$

下面再分析一下矩形明槽中的临界流动的水深、流速水头和断面单位能量间的关系。

将 $q = h_k v_k$ 代入式（7-9），整理得

$$h_k = 2\frac{\alpha v_k^2}{2g} \qquad (7-10)$$

对于临界流动，断面比能为

$$E_{s\min} = h_k + \frac{\alpha v_k^2}{2g} = h_k + \frac{h_k}{2} = \frac{3}{2}h_k$$

或

$$h_k = \frac{2}{3}E_{s\min} \qquad (7-11)$$

由上面可以看出，矩形明槽中的临界流动，临界水深是临界流速水头的 2 倍，是断面单位能量的 2/3。

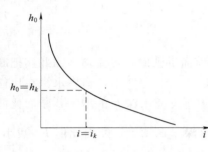

图 7-4　水深 h_0 与底坡 i 关系曲线

（五）缓坡、陡坡、临界底坡

从项目六明渠均匀流知道，对于断面形状、尺寸和糙率一定的棱柱体明渠，当通过一定流量形成均匀流时，渠道中的正常水深 h_0 仅与底坡 i 有关。底坡 i 越大，h_0 越小；底坡 i 越小，h_0 越大。正常水深 h_0 与底坡 i 的关系曲线如图 7-4 所示。

如果某一底坡恰好使渠道中的正常水深 h_0 等于相应流量的临界水深 h_k，该底坡称为临界底坡，用 i_k 表示。临界底坡上发生的稳定流动应既是均匀流，同时也是临界流，即应同时满足关系式（满足两个条件）：

$$\begin{cases} Q = A_k C_k \sqrt{R_k i_k} \\ \dfrac{\alpha Q^2}{g} = \dfrac{A_k^3}{B_k} \end{cases}$$

联解上述两式得临界底坡计算式：　$i_k = \dfrac{g\chi_k}{\alpha C_k B_k}$ $\qquad (7-12)$

式中　A_k、B_k、C_k、R_k、χ_k——临界水深所对应的过水断面面积、水面宽度、谢才系数、水力半径和湿周。

由式（7-12）可知，临界底坡 i_k 与流量、断面形状及尺寸、糙率有关，与渠道的实际底坡 i 无关。对于一定的流量，如果渠中形成均匀流动，渠道的底坡 i 与临界底坡 i_k 比较，存在三种情况：①$i < i_k$，$h_0 > h_k$，渠道底坡称为缓坡；②$i > i_k$，渠道底坡称为陡坡；③$i = i_k$，渠道底坡称为临界坡。所以，在均匀流的情况下，根据临界底坡即可判别水流的流态。

三、明渠水流流态的判别

（一）明流流态判别方法

1. 干扰波速判别法（又称流速判别法）

比较水流断面平均流速 v 和干扰波传播的相对波速 v_w 的大小，可判别水流的流态，方法如下：

当 $v < v_w$ 时，水面干扰波能向上游传播，明渠水流为缓流；

当 $v > v_w$ 时，水面干扰波不能向上游传播，明渠水流为急流；

当 $v=v_w$ 时，水面干扰波不能向上游传播，但处于临界状态，明渠水流为临界流。

2. 佛汝德数判别法

计算水流断面的佛汝德数 Fr，并与 1 比较，可判别水流的流态，方法如下：

当 $Fr<1$ 时，有 $v<v_w$，明渠水流为缓流；

当 $Fr>1$ 时，有 $v>v_w$，明渠水流为急流；

当 $Fr=1$ 时，有 $v=v_w$，明渠水流为临界流。

3. 临界水深判别法（又称水深判别法）

计算并比较水流断面水深 h 与临界水深 h_k 的大小，可判别水流的流态，方法如下：

当 $h>h_k$，明渠水流为缓流；

当 $h<h_k$，明渠水流为急流；

当 $h=h_k$，明渠水流为临界流。

4. 临界底坡判别法（又称底坡判别法）

计算一定流量下明渠的临界底坡 i_k，并与明渠实际底坡 i 比较，可判别明渠均匀流流态，方法如下：

当 $i<i_k$ 时，明渠水流正常水深 $h_0>h_k$，均匀流为缓流；

当 $i>i_k$ 时，明渠水流正常水深 $h_0<h_k$，均匀流为急流；

当 $i=i_k$ 时，明渠水流正常水深 $h_0=h_k$，均匀流为临界流。

临界底坡判别法仅适用于一定流量下的明渠均匀流流态的判别。对于明渠非均匀流，由于边界条件的控制，渠中的水深不等于正常水深 h_0，所以在缓坡上可能会出现急流，陡坡上也可能出现缓流，不能用临界底坡法判别急流与缓流。还需要注意的是，临界底坡与流量大小有关，对于同一渠道，流量不同，临界底坡也不同，所以要判别渠道底坡的类型，必须知晓相应流量下的临界底坡。

（二）明流流态判别应用举例

【例 7-1】 某河道岸坡陡直、两岸无浅滩，水流断面近乎矩形，已测得其过水断面面积 $A=480\text{m}^2$，水面宽度 $B=150\text{m}$，流量 $Q=1680\text{m}^3/\text{s}$，请分别用干扰波速 v_w、佛汝德数 Fr、临界水深 h_k 判别水流流态。

解： 河道断面平均流速为 $v=Q/A=1680/480=3.50$（m/s）

河道断面平均水深为 $\overline{h}=A/B=480/150=3.20$（m）

河道单宽流量为 $q=Q/B=1680/150=11.50$ [m³/(m·s)]

（1）干扰波速法。干扰波相对波速为

$$v_w=\sqrt{g\overline{h}}=\sqrt{9.8\times3.20}=5.60\text{（m/s）}>3.50\text{（m/s）}$$

（2）佛汝德数法。佛汝德数为

$$Fr=\frac{v}{\sqrt{g\overline{h}}}=\frac{3.50}{\sqrt{9.8\times3.20}}=0.625<1$$

（3）临界水深法。临界水深为

$$h_k=\sqrt[3]{\frac{\alpha q^2}{g}}=\sqrt[3]{\frac{1\times11.20^2}{9.8}}=1.046\text{（m）}<3.20\text{（m）}$$

因为 $v<v_w$，$Fr<1$，$h>h_k$，故通过三种方法都得到一致结论：河道中水流为缓流。

【例 7 - 2】　某梯形断面渠道，底宽 $b=2.0$ m，边坡系数 $m=1.5$，当通过流量 $Q=10$ m^3/s 时，渠道中的实际水深 $h=1.0$ m。试用试算法和查图法计算临界水深 h_k，并判别水流的流态。

解：（1）用试算法求 h_k。计算公式为

$$\frac{\alpha Q^2}{g}=\frac{A_k^2}{B_k}, \ A=(b+mh)h, \ B=b+2mh$$

首先算出已知值　　　　　　$\dfrac{\alpha Q^2}{g}=\dfrac{1\times10^2}{9.8}=10.20$

然后假设不同的水深 h，算出相应的比值 A^3/B，计算结果列于表 7 - 1 中。

表 7 - 1　　　　　　　　　　　[例 7 - 2] 计算列表

水深 h/m	A/m^2	B/m	A^3/B
0.50	1.375	3.50	0.743
0.80	2.56	4.40	3.81
1.00	3.50	5.00	8.58
1.05	3.75	5.15	10.20
1.10	4.02	5.30	12.26

从表 7 - 1 中数据可看出，当水深 $h=1.05$ m 时，$\dfrac{A_k^2}{B_k}=10.2=\dfrac{\alpha Q^2}{g}$，所以 $h_k=1.05$ m。

因为渠道实际水深 $h=1$ m$<h_k=1.05$ m，所以水流为急流。

（2）用图解法求 h_k。

计算 $\dfrac{Q}{b^{2.5}}=\dfrac{10}{2^{2.5}}=1.77$，由 $\dfrac{Q}{b^{2.5}}=1.77$ 及 $m=1.5$ 查附录Ⅲ的临界水深求解图，得 $h_k/b=0.52$，则临界水深 $h_k=0.52b=0.52\times2=1.04$（m）。

因为渠道实际水深 $h=1$ m$<h_k=1.04$ m，所以水流为急流。

【例 7 - 3】　一梯形断面渠道，$Q=65$ m^3/s，底宽 $b=8$ m，边坡系数 $m=2.5$，糙率 $n=0.0225$，底坡 $i=0.0004$，渠中水流为明渠均匀流。试计算临界底坡 i_k，并判别渠道的底坡是缓坡还是陡坡。

解：要计算临界底坡 i_k，首先应计算临界水深 h_k（用附录Ⅲ求解）。

$$\frac{Q}{b^{2.5}}=\frac{65}{8^{2.5}}=0.359$$

由 $\dfrac{Q}{b^{2.5}}=0.359$ 和 $m=2.5$ 查附录Ⅲ得　$h_k/b=0.19$，则

$$h_k=0.19\times8=1.52 \ （m）$$
$$A_k=(b+mh_k)h_k=(8+2.5\times1.52)\times1.52=17.94 \ （m^2）$$
$$B_k=b+2mh_k=8+2\times2.5\times1.52=15.60 \ （m）$$
$$\chi_k=b+2h_k\sqrt{1+m^2}=8+2\times1.52\times\sqrt{1+2.5^2}=16.19（m）$$

$$R_k = \frac{A_k}{\chi_k} = \frac{17.94}{16.19} = 1.108\,(\text{m})$$

$$C_k = \frac{1}{n}R^{\frac{1}{6}} = \frac{1}{0.0225} \times 1.108^{\frac{1}{6}} = 45.21\,(\text{m}^{\frac{1}{2}}/\text{s})$$

$$i_k = \frac{g\chi_k}{\alpha C_k B_k} = \frac{9.8 \times 16.19}{1 \times 45.21^2 \times 15.60} = 0.005 > 0.004$$

因为 $i < i_k$，所以此渠道必为缓坡渠道，渠中均匀流为缓流。

任务二　明渠水流流态转换现象——水跌与水跃

任务描述： 本任务主要简述水跌与水跃这两种局部水力现象，为后续讨论水跃的水力计算、棱柱体渠道恒定非均匀渐变流水面曲线的定性分析和计算等内容做好铺垫。

缓流和急流是明渠水流两种不同的流态。当水流由一种流态转换为另一种流态时，会产生局部水力现象——水跌和水跃。下面分别讨论这两种水力现象的特点及有关问题。

一、水跌

水跌是明渠水流由缓流过渡到急流产生的水面连续跌落现象。如图 7-5 所示，在缓坡上处于缓流状态的明渠水流，因渠底变为陡坡或末端存在跌坎，水流在底坡改变的 C—C 断面的上、下游一段距离内，由于重力作用增大，水流的势能将转变为动能，因此水面会发生急剧降落，并以临界流动状态通过 C—C 断面，转变为急流，这就是水跌现象。

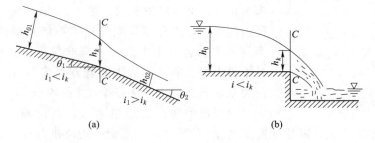

图 7-5　水跌示意图

水流由缓流过渡到急流时，必然经过临界断面 C—C。根据试验观测，C—C 断面的水深并不等于 h_k，h_k 出现在 C—C 断面的上游，距 C—C 断面的距离为 $(3\sim4)h_k$。但在实际工程中，一般仍近似认为转折断面 C—C 处的水深为 h_k。

二、水跃

水跃是明渠水流从急流过渡到缓流时，水面突然跃起的局部水力现象。例如，在水闸、溢流堰的下游，下泄的水流多为急流状态，如果下游河（渠）道中为缓流，就会产生水跃现象。如图 7-6 所示，为水闸下游产生的水跃。水跃区的流动可以分为主流区和表面旋滚区。主流区位于水跃的下部，在流动过程中，水流急剧扩散，水深增大，流速减小。主流区的上面有一个回旋翻滚的表面漩滚，水流饱掺空气。主流区与表面漩滚区的交界面上水流紊动混掺强烈，水质点不断交换，造成大量的能量损失，使流速急剧变小，很快转化为缓流状态。因此，工程上常利用水跃来消除泄水建筑物下泄水流的巨大余能，以确保建筑物和下游河道的安全。

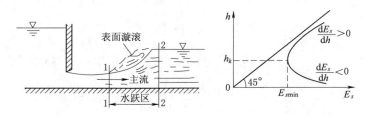

图 7 - 6　水跃及其断面比能曲线

任务三　水跃的基本方程及其水力计算

任务描述：本任务重点阐述水跃的基本方程及其水力计算，为深入探索棱柱体渠道恒定非均匀渐变流水面曲线的定性分析和计算等内容提供重要支撑。

一、棱柱体平底明渠的水跃方程

明渠水流从急流转换为缓流时必将发生水跃，水跃具体发生在什么位置，主要取决于跃前断面 1—1 和跃后断面 2—2 的水深，分别称为跃前水深和跃后水深，两者必须满足一定的关系才能发生水跃，这一对水深称为共轭水深。跃后水深与跃前水深之差称为水跃高度。跃前与跃后两断面间的水平距离，称为水跃长度。水跃水力计算的主要任务是推算共轭水深和水跃长度。

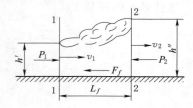

图 7 - 7　水跃方程推导

要求解水跃的共轭水深，就必须推导出水跃的共轭水深关系式，即水跃方程式。图 7 - 7 所示为一棱柱体水平明渠中的水跃，这种不采取任何工程措施而产生的水跃，称为自由水跃。由于水跃区水流非常紊乱，能量损失很大，且不易求得，所以无法用能量方程建立自由水跃的共轭水深关系，只能应用动量方程式来推求。

设渠道中通过的流量为 Q，跃前断面 1—1 的水深为 h'，断面平均流速为 v_1；跃后断面 2—2 的水深为 h''，断面平均流速为 v_2；水跃长度为 L_j。取跃前断面 1—1 和跃后断面 2—2 之间的水体为隔离体，并作如下假定：

（1）因水跃长度不大，水流与槽身之间的摩擦力与水跃两端的水压力相比甚小，可以忽略不计。

（2）跃前、跃后两断面上的水流满足渐变流条件，动水压强分布可以按静水压强的分布规律计算，故作用于跃前和跃后两断面上的动水总压力分别为 $P_1 = \gamma h_{c1} A_1$、$P_2 = \gamma h_{c2} A_2$。式中，A_1、A_2 分别表示跃前、跃后断面的面积，h_{c1}、h_{c2} 分别表示跃前、跃后断面形心处的水深。

（3）跃前、跃后断面的动量修正系数 $\beta_1 = \beta_2 = 1$。

对断面 1—1 和断面 2—2 列动量方程得

$$\gamma h_{c1} A_1 - \gamma h_{c2} A_2 = \frac{\gamma Q}{g}(v_2 - v_1)$$

根据连续方程 $v_1 = Q/A_1$，$v_2 = Q/A_2$，代入上式并整理得

$$\frac{Q^2}{gA_1} + h_{c1} A_1 = \frac{Q^2}{gA_2} + h_{c2} A_2 \tag{7 - 13}$$

式（7-13）就是棱柱体水平明渠的水跃方程式。

当渠道的断面形状、尺寸一定时，上式中的断面面积 A 和形心在水面以下深度 h_c 都是水深 h 的函数。因此，当流量 Q 一定时，水跃方程左、右两边分别是跃前水深 h' 和跃后水深 h'' 的函数，此函数称为水跃函数，并以 $J(h)$ 表示，即

$$J(h)=\frac{Q^2}{gA}+Ah_c \tag{7-14}$$

水跃方程可以写为

$$J(h')=J(h'') \tag{7-15}$$

式（7-15）表明，对于平底棱柱体明槽，跃前水深与跃后水深所对应的水跃函数值应相等。

二、棱柱体平底明渠共轭水深的计算

根据水跃方程式可知，只要已知共轭水深中的一个便可求出另一个。但水跃方程中的 A 和 h_c 都与共轭水深有关，除矩形断面外，一般来讲共轭水深不易直接求出，通常需采用图解法求解。方法是：在给定流量、断面形状和尺寸的情况下，设不同的水深 h，可算出一系列与水深相应的水跃函数值 $J(h)$。以 h 为纵坐标，$J(h)$ 为横坐标，可以绘出 $J(h)-h$ 关系曲线，称为水跃函数曲线，如图 7-8 所示。从图上可以看出，水跃函数存在最小值 $J_{\min}$，可以证明与 $J_{\min}$ 相应的水深为临界水深 h_k（见 ［例 7-3］），水跃函数的上半支 $h>h_k$

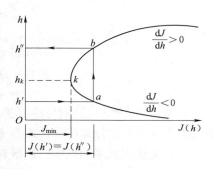

图 7-8　水跃函数曲线

为缓流；下半支 $h<h_k$ 为急流。同一水跃函数值在水跃函数曲线上对应的两个水深，必为共轭水深。因此，当已知一个共轭水深 h'（或 h''）时，以该水深作水平线交 $J(h)-h$ 关系曲线下半支于 a 点（或上半支于 b 点），自该点作平行于 h 轴的直线交 $J(h)-h$ 关系曲线的另一支 b 点（或 a 点），该点所对应的水深 h''（或 h'），即为所求的另一共轭水深。从 $J(h)-h$ 关系曲线上还可以看出，跃前水深 h' 越小，对应的跃后水深越大；跃前水深 h' 越大，对应的跃后水深越小。泄水建筑物下游明槽的断面多为矩形，讨论求解矩形断面明槽中的水跃共轭水深更具有实际意义。

设矩形断面明槽的底宽为 b，则单宽流量 $q=Q/b$。将 $Q=bq$，$A=bh$，$h_c=h/2$，代入式（7-15）得

$$\frac{b^2q^2}{gbh'}+\frac{h'}{2}bh'=\frac{b^2q^2}{gbh''}+\frac{h''}{2}bh''$$

两端消去 b，经整理得

$$h'h''(h'+h'')=\frac{2q^2}{g} \tag{7-16}$$

分别以跃前水深 h' 和跃后水深 h'' 为未知数，求解式（7-16），可得

$$h'=\frac{h''}{2}\left[\sqrt{1+\frac{8q^2}{gh''^3}}-1\right] \tag{7-17a}$$

$$h''=\frac{h'}{2}\left[\sqrt{1+\frac{8q^2}{gh'^3}}-1\right] \tag{7-17b}$$

式（7-17a）、式（7-17b）即矩形棱柱体水平明渠的水跃方程。因 $h_k = \sqrt[3]{\dfrac{\alpha q^2}{g}}$ ，则式（7-17a）、式（7-17b）可改写为

$$h' = \frac{h''}{2}\left(\sqrt{1 + \frac{8h_k^3}{\alpha h''^3}} - 1\right) \tag{7-18a}$$

$$h'' = \frac{h'}{2}\left(\sqrt{1 + \frac{8h_k^3}{\alpha h'^3}} - 1\right) \tag{7-18b}$$

因 $\dfrac{q^2}{gh'^3} = Fr_1^2$ ， $\dfrac{q^2}{gh''^3} = Fr_2^2$ ，式（7-17a）、式（7-17b）可改写为

$$h' = \frac{h''}{2}(\sqrt{1 + 8Fr_2^2} - 1) \tag{7-19a}$$

$$h'' = \frac{h'}{2}(\sqrt{1 + 8Fr_1^2} - 1) \tag{7-19b}$$

或

$$\eta = \frac{h''}{h'} = \frac{1}{2}(\sqrt{1 + 8Fr_1^2} - 1) \tag{7-20}$$

式中，Fr_1 和 Fr_2 分别为跃前断面和跃后断面的佛汝德数，η 称为共轭水深比。利用上面两组公式可直接计算棱柱体矩形平底明槽中的水跃共轭水深。

三、棱柱体水平明渠中的水跃长度

水跃长度是水工建筑物下游消能段长度设计的主要依据之一。由于水跃现象非常复杂，至今仍无计算水跃长度的成熟理论公式。工程实际中仍采用经验公式进行计算，常用的矩形断面跃长计算经验公式有：

（1）欧勒佛托斯基公式　　　　$L_j = 6.9(h'' - h') \tag{7-21}$

（2）切尔托乌索夫公式　　　　$L_j = 10.3h'(Fr_1 - 1)^{0.81} \tag{7-22}$

（3）陈椿庭公式　　　　　　　$L_j = 9.4(Fr_1 - 1)h' \tag{7-23}$

式中　h'、h''——跃前、跃后水深；

　　　　Fr_1——跃前断面的佛汝德数。

对于梯形断面平底明渠中的水跃长度，可查阅有关书籍。

注意：①由于水跃紊动强烈，水跃断面的位置前后摆动不定，水跃长度的估测结果差异较大，因此不同学者总结出水跃长度的经验公式较多，且计算结果出入较大，应注意经验公式的适用条件；②上述公式给出的水跃长度都是时均值；③实际水跃长度随渠壁粗糙程度的增加而缩短。

【例7-4】　某棱柱体渠道断面为矩形，底宽 $b = 5.0\text{m}$。渠道上建一水闸，闸门与渠道等宽。当闸门局部开启时，通过的流量 $Q = 20.4\text{m}^3/\text{s}$，闸后产生自由水跃，跃前水深 $h' = 0.62\text{m}$，求跃后水深 h''，并计算水跃的长度。

解：（1）求解跃后水深 h''。

跃前断面流速　　　　$v_1 = \dfrac{Q}{bh'} = \dfrac{20.4}{5 \times 0.62} = 6.581(\text{m})$

跃前佛汝德数　　　　$Fr_1 = \dfrac{v_1}{\sqrt{gh'}} = \dfrac{6.581}{\sqrt{9.8 \times 0.62}} = 2.67$

跃后断面水深 $h'' = \dfrac{h'}{2}(\sqrt{1+8Fr_1^2}-1) = \dfrac{0.62}{2}(\sqrt{1+8\times2.67^2}-1) = 2.05(\text{m})$

（2）估算水跃长度 L_j。

用式（7-21）计算：

$$L_j = 6.9(h''-h') = 6.9\times(2.05-0.62) = 9.87 \ (\text{m})$$

用式（7-22）计算：

$$L_j = 10.3h'(Fr_1-1)^{0.81} = 10.3\times0.62\times(2.67-1)^{0.81} = 9.67 \ (\text{m})$$

用式（7-23）计算：

$$L_j = 9.4(Fr_1-1)h' = 9.4\times(2.67-1)\times0.62 = 9.73 \ (\text{m})$$

从上面的计算结果看，只要在公式的应用范围内，各公式的计算结果相差不大。

任务四　棱柱体渠道恒定非均匀渐变流水面曲线的分析与计算

任务描述：本任务主要阐述了棱柱体渠道恒定非均匀渐变流水面曲线的分析与计算，为本项目的重点内容之一。

一、明渠恒定非均匀渐变流的水力计算

分析计算明渠非均匀流问题，必须遵循非均匀流的基本方程式。下面利用能量方程式，首先推导非均匀渐变流微分方程的一般形式。

（一）明渠恒定非均匀渐变流的基本微分方程

图 7-9 表示底坡为 i 的明渠非均匀渐变流。沿流动方向任取一微小流段 $\mathrm{d}l$，其上游断面 1—1 的水深为 h，水位为 z，断面平均流速为 v，底部高程为 z_0；下游断面 2—2 的水深、水位、断面平均流速、渠底高程可分别表示为 $h+\mathrm{d}h$、$z+\mathrm{d}z$、$v+\mathrm{d}v$ 和 $z_0+\mathrm{d}z_0$。由于水流为渐变流，以 0—0 为基准面，对断面 1—1、断面 2—2 建立能量方程，得

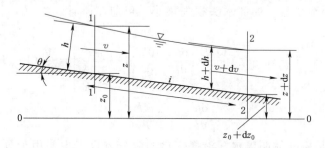

图 7-9　明渠恒定非均匀渐变流微分方程

$$z_0 + h\cos\theta + \frac{\alpha_1 v^2}{2g} = (z_0+\mathrm{d}z_0) + (h+\mathrm{d}h)\cos\theta + \frac{\alpha_2(v+\mathrm{d}v)^2}{2g} + \mathrm{d}h_f + \mathrm{d}h_j$$

$$(7-24)$$

式中，$\mathrm{d}h_f$ 和 $\mathrm{d}h_j$ 分别表示断面 1—1、断面 2—2 间的沿程水头损失和局部水头损失。

因为 $\dfrac{\alpha_2(v+\mathrm{d}v)^2}{2g} = \dfrac{\alpha_2}{2g}[v^2+2v\mathrm{d}v+(\mathrm{d}v)^2] = \dfrac{\alpha_2}{2g}(v^2+2v\mathrm{d}v) = \dfrac{\alpha_2 v^2}{2g}\mathrm{d}\left(\dfrac{\alpha_2 v^2}{2g}\right)$（已略去高阶微量）

沿程水头损失 $\mathrm{d}h_f$ 近似用均匀流公式计算，则 $\mathrm{d}h_f = \dfrac{Q^2}{K^2}\mathrm{d}l = J\mathrm{d}l$（其中 K 为流量模数，J 为沿程水头损失坡降，又称为摩阻坡度）；局部水头损失可表示为 $\mathrm{d}h_j = \zeta \mathrm{d}\left(\dfrac{v^2}{2g}\right)$；位置水头微量 $\mathrm{d}z_0 = -i\mathrm{d}l$。

令 $\alpha_1 = \alpha_2 = 1$，并将上式及 $\mathrm{d}h_f$、$\mathrm{d}h_j$、$\mathrm{d}z_0$ 代入式（7－24）化简得

$$(i - J)\mathrm{d}l = \mathrm{d}h\cos\theta + (\alpha + \zeta)\mathrm{d}\left(\dfrac{v^2}{2g}\right) \tag{7－25}$$

当底坡较小（$i < 1/10$）时，$\cos\theta \approx 1$，则式（7－26）可写作

$$(i - J)\mathrm{d}l = \mathrm{d}h + (\alpha + \zeta)\mathrm{d}\left(\dfrac{v^2}{2g}\right) \tag{7－26}$$

式（7－25）、式（7－26）就是明渠恒定非均匀流的基本微分方程。

（二）棱柱体明渠水深沿程变化的微分方程

对于人工渠道，渠底一般为平面，水深沿流程的变化能够反映出水面线的变化。为了便于分析人工棱柱体渠道的水面线，可将明渠非均匀流的基本微分方程变换为水深沿流程变化的形式。人工渠道的底坡一般都较小，可取 $\cos\theta = 1$，下面仅讨论这种情况。

将式（7－26）两端同除以 $\mathrm{d}l$，经整理则有

$$i - J = \dfrac{\mathrm{d}h}{\mathrm{d}l} + (\alpha + \zeta)\dfrac{\mathrm{d}}{\mathrm{d}l}\left(\dfrac{v^2}{2g}\right) \tag{7－27}$$

设明渠水面宽度为 B，因为棱柱体渠道的过水断面面积 A 是水深的函数，即 $A = f(h)$，而非均匀流水深 h 又是流程 l 的函数，故 A 是 l 的复合函数，则可得 $\dfrac{\mathrm{d}}{\mathrm{d}l}\left(\dfrac{v^2}{2g}\right) = \dfrac{\mathrm{d}}{\mathrm{d}l}\left(\dfrac{Q^2}{2gA^2}\right) = -\dfrac{Q^2}{gA^3}\dfrac{\mathrm{d}A}{\mathrm{d}l} = -\dfrac{Q^2 B}{gA^3}\dfrac{\mathrm{d}h}{\mathrm{d}l}$。

因为棱柱体明渠渐变流，局部水头损失很小，可忽略不计，$\zeta = 0$，将上式代入式（7－27），整理简化得

$$i - J = \left[1 - (\alpha + \zeta)\dfrac{Q^2 B}{gA^3}\right]\dfrac{\mathrm{d}h}{\mathrm{d}l} = \dfrac{\mathrm{d}h}{\mathrm{d}l}\left[1 - \dfrac{\alpha v^2}{g\dfrac{A}{B}}\right] = \dfrac{\mathrm{d}h}{\mathrm{d}l}(1 - Fr^2)$$

则有

$$\dfrac{\mathrm{d}h}{\mathrm{d}l} = \dfrac{i - J}{1 - Fr^2} \tag{7－28}$$

式（7－28）就是棱柱体明渠水深沿程变化的微分方程，主要用于分析棱柱体明渠非均匀渐变流水面线的变化规律。

（三）明渠恒定非均匀渐变流断面比能沿流程变化的微分方程

对于人工渠道，不管是棱柱体渠道还是非棱柱体渠道，只要其水流为恒定非均匀渐变流，其局部水头损失 $\mathrm{d}h_j$ 都很小，可以忽略不计，于是非均匀渐变流的一般方程式（7－26）又可以改写成下面的形式：

$$(i - J)\mathrm{d}l = \mathrm{d}h + \mathrm{d}\left(\dfrac{\alpha v^2}{2g}\right) = \mathrm{d}\left(h + \dfrac{\alpha v^2}{2g}\right)$$

因为上式为断面比能 $E_s = h + \dfrac{\alpha v^2}{2g}$ 的微小增量。因此，方程式（7－26）又可用断面比

能 E_s 沿流程的变化来表示：

$$i\,\mathrm{d}l = \mathrm{d}E_s + J\,\mathrm{d}l$$

将上式两边同除以 $\mathrm{d}l$，整理后得

$$\frac{\mathrm{d}E_s}{\mathrm{d}l} = i - J \qquad (7-29)$$

式（7-29）为人工渠道中恒定非均匀渐变流断面比能沿流程变化的微分方程。该式表明，断面比能沿程的变化与水流的均匀程度有关，它是一般明渠中恒定非均匀渐变流水面曲线计算的基本公式。

二、棱柱体渠道恒定非均匀渐变流水面曲线的定性分析

明渠非均匀渐变流的水面线比较复杂，在进行定量计算之前，对水面线的性质、形状作定性分析是很有必要的。

利用式（7-29），可定性分析棱柱体渠道水面线的沿程变化。当 $\frac{\mathrm{d}h}{\mathrm{d}l} > 0$ 时，表明水深沿程增加，水流作减速流动，称为壅水曲线；当 $\frac{\mathrm{d}h}{\mathrm{d}l} < 0$ 时，水深沿程减小，水流作加速流动，称为降水曲线；当 $\frac{\mathrm{d}h}{\mathrm{d}l} \rightarrow 0$ 时，水深沿程不变，趋于均匀流动；当 $\frac{\mathrm{d}h}{\mathrm{d}l} \rightarrow \pm\infty$ 时，由式（7-29）可知 $Fr \rightarrow 1$，则水深趋于临界水深，即 h 趋近 h_k，必然产生水跃或水跌。水面线的具体形式取决于明渠底坡大小和水流流态。

（一）渐变流水面曲线的分类

一般工程中的渠道在条件满足后产生均匀流，其正常水深为 h_0，当条件破坏后，均匀流水深 h_0 变为非均匀流水深 h，均匀流水面线变为非均匀流渐变流水面线，因渠底坡不同，水面线形状随之不同，所以应从渠底坡入手分析和研究渐变流水面线。明渠底坡分为 5 种：平坡（$i=0$）、缓坡（$i<i_k$）、陡坡（$i>i_k$）、临界坡（$i=i_k$）和逆坡（$i<0$）。因临界水深与渠道底坡无关，故 5 种底坡上都可以产生临界流，用 $K-K$ 线表示渠道的临界水深线，只有正坡棱柱体渠道中可以产生均匀流，用 $N-N$ 线表示渠道的正常水深线，$N-N$ 线和 $K-K$ 线分别与渠底平行。$N-N$ 线、$K-K$ 线、渠底线 3 条线将渠道水流流过的空间分为 3 个区域，$N-N$ 线或 $K-K$ 线之上为 a 区，$N-N$ 线与 $K-K$ 线之间为 b 区，$N-N$ 线或 $K-K$ 线之下，渠底之上为 c 区。

5 种底坡上 3 个区域将渠道水流流过的空间共分为 12 个区域，渐变流水面落在哪个区域，就是哪个区域的水面线，如此可以得到 12 条渐变流水面曲线。按照渠道底坡与所在区域分别给这 12 条水面曲线编号，为便于记忆，编成顺口溜"平、缓、陡、临、逆"，"0、1、2、3、$'$"（对应的右上角标）。如：平坡，无正常水深，所以没有 a 区，只有 b 区和 c 区，又因右下角标为"0"，所以落在 b 区、c 区的水面线为 b_0、c_0，平坡只有这两条水面线；缓坡，可以产生均匀流，有正常水深线 $N-N$ 线，也有 $K-K$ 线，所以有 a、b、c 三个区域，右下角标为"1"，所以缓坡上有 a_1、b_1、c_1 三条水面线；同理可得：陡坡，有 a_2、b_2、c_2 三条水面线；临界坡，$h=h_k$，$N-N$ 线与 $K-K$ 线重合，没有 b 区，只有 a 区和 c 区，所以有 a_3、c_3 两条水面线；逆坡，无 $N-N$ 线，即无 a 区，只有 b'、c' 两条水面线。综合上述 12 条水面曲线，其编号分别为 b_0、c_0、a_1、b_1、c_1、a_2、b_2、c_2、a_3、c_3、b'、c'，如

图7-10、图7-11所示。

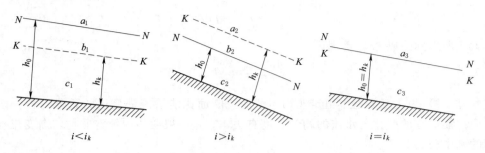

图 7-10 （正坡）河（渠）道水流空间的分区

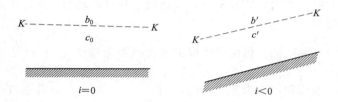

图 7-11 （平、逆坡）河（渠）道水流空间的分区

（二）水面线定性分析

棱柱体明渠中的各种水面线的定性分析，可以从式（7-29）得出。下面以缓坡渠道为例，分析各区水面线的型式。

1. a 区

该区水深为 h，且有 $h > h_0 > h_k$，所以为缓流，故 $Fr < 1$，$1 - Fr^2 > 0$；$h > h_0$，（水力坡度）摩阻坡度 $J < i$，$i - J > 0$，可得 $\mathrm{d}h/\mathrm{d}l > 0$，水深沿程增加，为 a_1 型壅水曲线。当 $h \to \infty$ 时，$J \to 0$，$Fr \to 0$，$\dfrac{\mathrm{d}h}{\mathrm{d}l} = i$，水面线趋近水平线。这就是说 a_1 型水面线的下游以水平线为渐近线。向上游水深减小，当 $h \to h_0$ 时，$J \to i$，$Fr \to 0$，$\dfrac{\mathrm{d}h}{\mathrm{d}l} \to 0$，趋于均匀流动。

所以 a_1 型水面线的上游端以正常水深线 N—N 线为渐近线，下游以水平线为渐近线［图7-12（a）］。在缓坡渠道上修建的挡水建筑物，当抬高上游水位，使上游控制水深 $h > h_0$ 时，建筑物上游出现的水面线就是 a_1 型壅水曲线［图7-12（b）］。

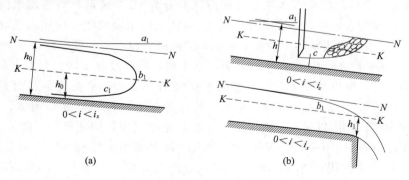

图 7-12 分析各区水面线型式

2. b 区

该区水深为 h，且有 $h_0 > h > h_k$，则 $Fr < 1$，$1 - Fr^2 > 0$；$h < h_0$，$J > i$，$i - J < 0$，由式（7-29）得 $\dfrac{\mathrm{d}h}{\mathrm{d}l} < 0$，故水深沿程减小，为 b_1 型降水曲线。向下游水深减小，当 $h \to h_k$ 时，$Fr \to 1$，$1 - Fr^2 \to 0$，$\dfrac{\mathrm{d}h}{\mathrm{d}l} \to \infty$，水面线与 $K-K$ 线有成正交的趋势，将出现从缓流向急流转换的水跌现象。向上游水深增大，当 $h \to h_0$ 时，$J \to i$，$i - J \to 0$，$\dfrac{\mathrm{d}h}{\mathrm{d}l} \to 0$，水深沿程不变，趋于均匀流动 [图 7-12（a）]。当缓坡渠道的下游存在跌坎时，跌坎上游的水面线便是 b_1 型降水曲线 [图 7-12（b）]。

3. c 区

该区水深 $h < h_k < h_0$。$h < h_0$，$J > i$，$i - J < 0$；$h < h_k$，$Fr > 1$，$1 - Fr^2 < 0$，由 $\mathrm{d}h/\mathrm{d}l > 0$，水深沿程增加，为 c_1 型壅水曲线。向下游水深增大，当 $h \to h_k$ 时，$Fr \to 1$，$1 - Fr^2 \to 0$，$\dfrac{\mathrm{d}h}{\mathrm{d}l} \to \infty$，水面线有与 $K-K$ 线成正交的趋势，将产生水跃现象 [图 7-12（a）]。c_1 型水面线的上游端的水深不可能为 0，其最小水深通常是由水工建筑物控制的。在缓坡渠道上修建的水闸，当闸门局部开启时，闸门后收缩断面 $C-C$ 的水深 $h_c < h_k$，为急流，在流动过程中克服阻力，断面单位能量减小，水深增大，自 $C-C$ 断面至跃前断面就是 c_1 型壅水曲线 [图 7-12（b）]。

用同样的方法，可以分析陡坡、临界坡、平坡和逆坡棱柱体渠道上的水面线，这里不再一一进行讨论。图 7-13 给出了陡坡、临界坡、平坡和逆坡上各类水面线的型式及实例供参考。需要指出的是，a_3 型和 c_3 型水面线，当水深 $h \to h_k$ 时，水面线以水平线为渐近线，这两种水面线实际上是很少出现的。

（三）水面线分析应注意的问题

12 种水面线既有共同的规律，又有各自的特点，分析时应注意以下几个问题：

（1）所有 a 区和 c 区只能产生壅水曲线，b 区只能产生降水曲线。

（2）无论何种底坡，每一个流区只可能有一种确定的水面曲线型式。如缓坡上的 a 区，只能是 a_1 型壅水曲线，没有其他型式的水面线。

（3）对于正坡渠道，当渠道很长，在非均匀流影响不到的地方，水深 $h \to h_0$，水面线与 $N-N$ 线相切，水流趋近均匀流动。水面线与 $K-K$ 线相趋近时，是以相垂直的方式趋近 $K-K$ 线。

（4）水流由缓流过渡为急流产生水跌，在底坡由缓坡变为陡坡或有跌坎的转折断面上，水深近似等于临界水深 h_k。水流由急流过渡到缓流发生水跃，水跃的位置应根据临界式水跃的跃后水深与下游水深相比较而确定。

（5）分析、计算水面线必须从已知水深的断面开始，这种断面称为控制断面。例如，当明渠中的水深受水工建筑物的控制时，建筑物上、下游的水深（详见项目八、项目九）即为控制水深；在跌坎上或其他缓流过渡为急流时的临界水深 h_k 即为控制水深。

（6）因为急流中的干扰波不能向上游传播，缓坡中的干扰波能向上游传播，所以急流应自上而下分析、推算水面线；缓流的控制水深在下游，应自下而上分析、推算水面线。

（四）水面线定性分析举例

分析的前提条件是先牢牢记住 12 条水面线的型式和形状（不记住是无法分析的），型式

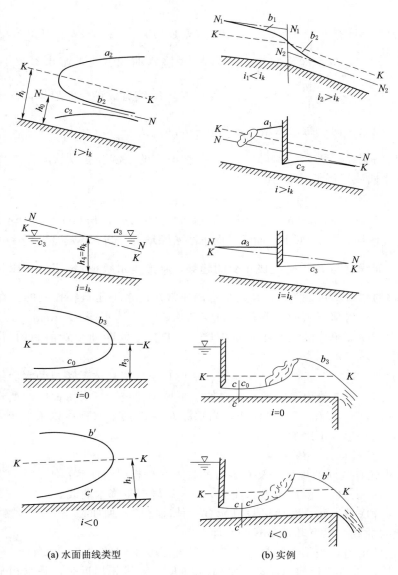

图 7-13　水面曲线类型及其实例

按顺口溜记忆，即"平、缓、陡、临、逆"；"0、1、2、3、'"。平坡对应右下角标 0，无正常水深，故只有 b_0、c。两条水面线，缓坡对应右下角标 1，其他类推，只有逆坡是右上角标"'"。

形状按壅、降水及趋向性记忆：a、c 区只能产生壅水，b 区只能产生降水；还要区别是下凹的壅水、降水还是上凸的壅水、降水。这要看水面线的趋向，如是趋向于 $N—N$ 线，则是以相切的方式与 $N—N$ 线相连接，就只能凸面向着 $N—N$ 线；如是趋向于 $K—K$ 线，则是以相垂直的方式趋向于 $K—K$ 线，就只能凹面向着 $K—K$ 线。（只要记住了水面线与 $N—N$ 线相切，与 $K—K$ 线相垂直，就记住了水面线的凹凸性。）

分析步骤（刚开始一定要按步骤做）：

（1）先画出 N—N 线和 K—K 线，平坡、逆坡只画 K—K 线。

（2）找出突变断面（渠道上发生改变的断面），如变坡处闸、坝前后等。

（3）从上游第 1 突变断面开始分析，分析断面前后的流态，流态变换只有 4 种情况：缓变急（即缓流变急流）、急变缓、缓变缓、急变急；缓变急发生水跌，即降水曲线，只能是 b 型，再由所在底坡决定其右角标；急变缓，发生水跃（三种水跃任画一种）；急变急，则因水波不能向上游传播，从断面向下游分析，上游不变，如是断面上游水深小于断面下游水深，则是壅水曲线，定是 c 型水面线，再由所在底坡决定其角标；反之，则是降水曲线，定是 b 型水面线；缓变缓，水波可向上游传播，从断面向上游分析，其下游不变，上游水深小于下游水深，则是壅水曲线，定是 a 型水面线，再由所在底坡决定其角标；反之，则是降水曲线，定是 b 型水面线，再由所在底坡决定其角标。注意对于平坡、逆坡，没有正常水深，在没有障碍时，直接画 b 型水面线；有障碍时如闸、坝后，均有一收缩断面，断面前为急变流（不在分析范围内），断面后是 c 型水面线。

（4）按与 N—N 线相切、与 K—K 线相垂直的方式画出水面线。

在水面线型式分析中，两相邻渠段底坡一定不相同，可能是一缓一陡，也可能都是陡坡或都是缓坡，无论什么情形，它们的 N—N 线与 K—K 线的位置关系及 N—N 线高度一定既有联系又有区别，务请明确清晰。

【例 7 - 5】　水库溢洪道为棱柱体渠道，进口设有闸门控制流量，纵剖面如图 7 - 14 所示。已知 $i_1=0$、$i_2>i_k$，下游河道不影响陡坡上的流动，试定性分析闸门局部开启时的沿程水面线的变化。

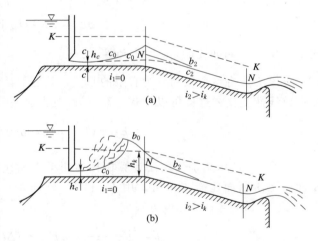

图 7 - 14　棱柱体水库溢洪道水面曲线分析

解：（1）根据已知条件，分别绘出 K—K 线和 N—N 线。

（2）确定控制断面，分析控制水深。水流在进口处受到闸门的控制，由于惯性的作用，闸门后存在一最小水深小于闸门的开度，称为收缩断面水深 h_c。h_c 就是闸后急流段的控制水深。平坡与陡坡的转折断面为另一控制断面，其水深受上游水流条件的影响。

（3）水面线定性分析。收缩断面水深位于 c 区，收缩断面之后将出现 c_0 型壅水曲线，根据平坡段的长度不同，可以出现两种情况。

一种情况如图 7 - 14（a）所示，平坡段较短，c_0 型水面线由于升高至水深 $h<h_k$，已达底坡转折断面。如果 $h<h_{02}$，在陡坡上形成 c 型壅水曲线，如图 7 - 14（a）中虚线所示；如果 $h_{02}<h<h_k$，则在陡坡上形成 b_2 型降水曲线，如图 7 - 14（a）中实线所示。陡坡上的流动为急流，如果陡坡段较长，在陡坡段下游水流趋于均匀流动，通过下游挑坎泄入下游河道。

另一种情况如图 7 - 14（b）所示，平坡段较长，当 c_0 型水面线趋近 h_k 时，距底坡转折断面尚远，在平坡段上出现急流向缓流转变，产生水跃。跃后断面的流动为缓流，下游陡坡为急流，则必然发生缓流向急流转变的水跃现象，转折断面上的水深为临界水深 h_k，陡坡上产生 b_2 型降水曲线，平坡段水跃之后为 b_0 型降水曲线，如图 7－14（b）中实线所示。因为转折断面上的水深 h_k 是平坡段上缓流的控制水深（缓流的控制水深在下游），所以 b_0 型降水曲线的始端水深受平坡段上缓流长度的影响，该段越长，b_0 型降水曲线的始端水深越大，根据跃前、跃后水深的共轭关系，水跃位置将向闸门方向移动，如图 7－14（b）中虚线所示。当跃前水深为收缩断面水深 h_c 或收缩断面被淹没时，将不存在 c_0 型壅水曲线。

三、棱柱体明渠恒定非均匀渐变流水面线的水力计算

上面分析了棱柱体明渠各种水面线的变化规律，本节将研究明渠恒定非均匀渐变流水面线的计算问题。

计算明渠恒定非均匀渐变流水面线的基本方法是分段法，它适用于各种流动情况。下面分别介绍如何利用分段法计算棱柱体渠道、非棱柱体渠道的水面线。

（一）计算公式

前面已经推导出明渠恒定非均匀渐变流的基本微分方程式为

$$(i - J)\mathrm{d}l = \mathrm{d}h\cos\theta + (\alpha + \zeta)\mathrm{d}\left(\frac{v^2}{2g}\right)$$

忽略局部水头损失，上式可写为 $\mathrm{d}\left(h\cos\theta + \dfrac{v^2}{2g}\right) = (i - J)\mathrm{d}l$

或
$$\mathrm{d}E_s = (i - J)\mathrm{d}l \tag{7-30}$$

式中　E_s——断面比能，$E_s = h\cos\theta + \dfrac{v^2}{2g}$。

分段法是将整个流动分为有限的几段，并近似认为在每个流段内，断面比能和沿程水头损失成线性变化，这样可以把式（7－30）改写成差分的形式：

$$\Delta E_s = (i - \overline{J})\Delta l \quad \text{或} \quad \Delta l = \frac{\Delta E_s}{i - \overline{J}} \tag{7-31}$$

式（7－31）就是分段法计算棱柱体明渠水面线的基本公式。式中 ΔE_s 为流段 Δl 下游断面与上游断面比能的差值。用 E_{su} 和 E_{sd} 分别表示上、下游断面的断面比能，则 $\Delta E_s = E_{sd} - E_{su}$，式（7－31）也可写成

$$\Delta l = \frac{E_{sd} - E_{su}}{i - \overline{J}} \quad \text{或} \quad E_{su} + i\Delta l = E_{sd} + \overline{J}\Delta l \tag{7-32}$$

$\overline{J}$ 为流段的平均水力坡度，近似采用均匀流沿程水头损失的计算公式，则

$$\overline{J} = \frac{\overline{v}^2}{\overline{C}^2\,\overline{R}} \tag{7-33}$$

式中　$\overline{v}$——流段上、下游断面流速的平均值，$\overline{v} = \dfrac{V_u + V_d}{2}$；

$\overline{C}$——流段上、下游断面谢才系数的平均值，$\overline{C} = \dfrac{C_u + C_d}{2}$；

$\overline{R}$——流段上、下游断面水力半径的平均值，$\overline{R} = \dfrac{R_u + R_d}{2}$。

（二）计算方法

用分段法计算水面线，首先应从控制断面开始，把非均匀流分成若干流段。流段的长度

应适宜，因分段法是由差分方程代替了微分方程，所以计算精度与流段划分的长短有关。流段越短，精度越高，但工作量越大；反之则精度越低。划分流段时一般应注意以下两点：

（1）每段的断面形状及尺寸、糙率、底坡应尽可能一致，应在发生突变处的断面上分段。

（2）一般情况下，降水曲线和急流壅水曲线水面变化较快，分段宜短些；缓流壅水曲线水面变化较缓，分段可长些。

棱柱体渠道水面线计算一般有两种情况：第一种情况是已知某流段两端断面的水深，求该流段长度 Δl，可直接用式（7-31）求出 Δl，无需试算。在实际工程水力计算中，可从已知控制断面水深开始，直接按水深分段。例如，控制断面的水深为 h_1，依据水深变化情况，设水深 h_1，h_2，h_3，h_4，…则 h_1—h_2 为第一流段，h_2—h_3 为第二流段，h_3—h_4 为第三流段，……而后可按每一流段的两端水深，分别求出各流段相应的长度 Δl_1，Δl_2，Δl_3，…这样就可计算出非均匀流的水面线。第二种情况是已知流段一端的水深和流段长，求另一端的水深。可先假设另一端水深，用式（7-31）计算出 Δl，若算出的 Δl 和已知流段长度相等，则假设的水深即为所求。否则，重新假设水深再进行试算。例如，当棱柱体渠道总长度一定，按第一种情况计算出前面各断面间的距离之后，要确定最后一个流段的末端水深，便属于此种情况。

任务五　天然河道水面曲线计算及有关问题

任务描述：本任务主要简述了天然河道水面曲线计算及有关问题，是棱柱体渠道恒定非均匀渐变流水面线水力计算的具体运用。

水利工程渠槽中除棱柱体明渠外，还有非棱柱体明渠。例如，溢洪道陡槽的渐变段、水闸与上下游引水渠连接段的渐变段以及天然河道等就属于非棱柱体明渠。非棱柱体明渠水面线的计算，其计算公式和平均摩阻坡度的计算与棱柱体明渠相同。两者的主要区别是，非棱柱体渠道的过水断面面积与流程和水深有关，即 $A=f(l,h)$。因此，计算水面线之前，必须从控制断面开始按流程分段，才能计算出划分流段的各个断面的尺寸，再利用式（7-31）从控制断面开始逐段通过试算求出各个断面的水深。

天然河道蜿蜒曲折，无论是其横断面形状、底坡或糙率沿程均有变化，而且糙率还随水位不同及主槽滩地不同而异，这些因素就造成天然河道中水力要素变化复杂，一般情况下天然河道水流都是非均匀流。

根据天然河道的上述特点，计算水面曲线时需要根据水文及地形的实测资料，预先把河道分为若干计算河段。这种分段应使得河道横断面形状、底坡（或水面坡）及糙率在同一计算段内比较一致。当然，计算河段分得越多，计算结果也就越精确，但计算工作量及所需资料也就大大增加。分段的多少应当视具体情况而定。有人提出计算河段长度可取 $2 \sim 4 km$，在天然状态下（未形成回水以前）每一段内的水位落差不应大于 $0.75 m$。此外，支流汇入处应作为上、下游河段的分界。在断面变化较大或有转弯的情况下应考虑河床的局部阻力。

首先建立水面曲线计算公式。

对于天然河道，由于河底并非平面，水深变化不规则，而以水位 z 来表示水面变化规律。今将式（7-24）中河底高程与水深之和代之以水位，即 $z_0+h=z_1$，$(z_0+\mathrm{d}z_0)+$

$(h+\mathrm{d}h)=z_2$，$v=v_1$，$v+\mathrm{d}v=v_2$，$\mathrm{d}h_f=\Delta h_f$，$\mathrm{d}h_j=\Delta h_j$，则式（7-24）可写为

$$z_1+\frac{\alpha_1 v_1^2}{2g}=z_2+\frac{\alpha_2 v_2^2}{2g}+\Delta h_f+\Delta h_j \tag{7-34}$$

式中 Δh_f 和 Δh_j 分别为断面 1 和断面 2 之间的沿程水头损失和局部水头损失。沿程水头损失可近似地用均匀流公式计算，即 $\Delta h_f=\dfrac{Q^2}{\overline{K}^2}\Delta l$，式中 $\overline{K}$ 为断面 1 和断面 2 的平均流量模数。局部水头损失 Δh_j 是由于过水断面沿程变化所引起的，可用下式计算：

$$\Delta h_j=\overline{\zeta}\left(\frac{v_2^2}{2g}-\frac{v_1^2}{2g}\right)$$

式中 $\overline{\zeta}$ 为河段的平均局部水头损失系数，与河道断面变化情况有关。在顺直河段，$\overline{\zeta}=0$；在收缩河段，水流不发生回流，其局部水头损失很小，可以忽略，取 $\overline{\zeta}=0$；在扩散河段，水流常与岸壁分离而形成回流，引起局部水头损失，扩散越大，损失越大。急剧扩散的河段，可取 $\overline{\zeta}=-(0.5\sim 1.0)$；逐渐扩散的河段，取 $\overline{\zeta}=-(0.3\sim 0.5)$。因扩散段的 $v_1>v_2$，而 Δh_j 是正值，故 $\overline{\zeta}$ 取负号。

将 Δh_f 和 Δh_j 的关系式代入式（7-34）得

$$z_1+\frac{\alpha_1 v_1^2}{2g}=z_2+\frac{\alpha_2 v_2^2}{2g}+\frac{Q^2\Delta l}{\overline{K}^2}+\overline{\zeta}\left(\frac{v_2^2}{2g}-\frac{v_1^2}{2g}\right) \tag{7-35}$$

式（7-35）为天然河道水面曲线一般计算公式。

如所选河段比较顺直均匀，且横断面形状和断面面积变化都不大，有 $v_1\approx v_2$，河段两端断面的流速水头差和局部水头损失可略去不计，则式（7-35）可简化为

$$z_1-z_2=\frac{Q^2\Delta l}{\overline{K}^2} \tag{7-36}$$

上式表明，在上述给定的条件下，水面坡度（测压管坡度）$\Delta z/\Delta l$ 等于水力坡度 $Q^2/\overline{K}^2$。利用式（7-35）或式（7-36），可进行水面曲线计算。

天然河道水面曲线的计算，就是求解式（7-35）。当式（7-35）中沿程损失和局部损失都考虑时，计算比较麻烦。因此，以往在可以只考虑沿程损失而不考虑局部损失时，往往利用简化公式（7-36）进行图解。众多的图解法，以往应用十分广泛。鉴于当今计算能力的提高，沿程损失和局部损失均可加以考虑，直接应用式（7-35）进行试算，故本节仅介绍试算法。试算法原理同棱柱体渠道水面线计算的第二种情况。

计算天然河道水面曲线，应已知河道通过的流量 Q、河道糙率 n、河道平均局部水头损失系数 $\overline{\zeta}$、计算河段长度 Δl 以及控制断面水位 z。若已知下游控制断面水位 z_2，则可由下游向上游逐段推算，此时与 z_2 有关的量均属已知。下面根据恒定总流能量方程推导天然河道水面曲线计算的具体公式。

整理式（7-35）等号两边的已知量与未知量，并将 $v=Q/A$ 代入，则有

$$z_1+\frac{\alpha_1+\overline{\zeta}}{2g}\cdot\frac{Q^2}{A_1^2}-\frac{Q^2}{\overline{K}^2}\Delta l=z_2+\frac{\alpha_2+\overline{\zeta}}{2g}\cdot\frac{Q^2}{A_2^2} \tag{7-37}$$

上式等号右边为 z_2 的函数，可由已知条件求得，以 B 表示；左边为 z_1 的函数，以 $f(z_1)$ 表示，上式简化为

$$f(z_1)=B \tag{7-38}$$

若已知天然河道下游水位 z_2，计算时，先假设一系列 z_1，列表计算相应的 $f(z_1)$，并绘制出 $z_1 - f(z_1)$ 曲线，当 $f(z_1) = B$ 时的 z_1 即为所求。依法逐段向上游推算，可得天然河道各断面水位。反之，若已知上游水位 z_1，则可从上游往下游逐段推算 z_2。

【例 7 - 6】 某水库溢洪道陡坡渐变段为矩形过水断面，其断面宽度从首部到末端，由 60m 变为 50m（图 7 - 15），陡坡段全长 100m，泄洪量 $Q = 392\text{m}^3/$s，进口断面 1—1 处水深 $h_1 = 1.63\text{m}$，陡坡段的底坡为 1：20，糙率 $n = 0.014$，请计算陡坡段的水面曲线。

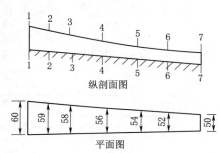

图 7 - 15　水库溢洪道陡坡渐变段
（单位：m）

解：陡坡全长 100m，分为 6 段，因进口处 1—2 段与 2—3 段水面变化较大，这两段坡长均 10m，其余 4 段坡长均 20m，可以算得各断面的宽度如图 7 - 15 所示，从断面 1 到断面 7，依次为 60m、59m、58m、56m、54m、52m、50m。

根据式（7 - 32）及结合本题具体情况，可用公式 $E_{s1} + i\Delta l = E_{s2} + \overline{J}\Delta l$ 计算。

由 $h_1 = 1.63\text{m}$，求出 $E_{s1} + i\Delta l$ 的数值，再假设 h_2，由 h_2 求出 $E_{s2} + \overline{J}\Delta l$ 的数值，如两者数值相等，则假设正确，h_2 即为所求；否则，再假设 h_2，直至两者数值相等为止。

（1）由 $h_1 = 1.63\text{m}$，求 $E_{s1} + i\Delta l$

$$A_l = b_1 h_l = 60 \times 1.63 = 97.8(\text{m}) \qquad \chi_1 = b_1 + 2h_1 = 60 + 2 \times 1.63 = 63.26(\text{m})$$

$$R_1 = \frac{A_1}{\chi_1} = \frac{97.8}{63.26} = 1.546(\text{m}) \qquad C_1 = \frac{1}{n}R_1^{\frac{1}{6}} = \frac{1}{0.014} \times 1.546^{\frac{1}{6}} = 76.81(\text{m}^{\frac{1}{2}}/\text{s})$$

$$v_1 = Q/A_1 = 392/97.80 = 4.008(\text{m/s}) \qquad \frac{\alpha_1 v_1^2}{2g} = \frac{1.10 \times 4.008^2}{2 \times 9.8} = 0.902(\text{m})(\text{取 } \alpha_1 = 1.10)$$

$$E_{s1} = h_1 + \frac{v_1^2}{2g} = 1.63 + 0.902 = 2.532(\text{m})$$

$$E_{s1} + i\Delta l_{1-2} = 2.532 + 1/20 \times 10 = 3.032(\text{m})$$

（2）假设 h_2，由 h_2 求 $E_{s2} + \overline{J}\Delta l$

假设断面 2 水深 $h_2 = 1.16\text{m}$，重复以上计算步骤，可得

$$A_2 = b_2 h_2 = 59 \times 1.16 = 68.44(\text{m})，\chi_2 = b_2 + 2h_2 = 59 + 2 \times 1.16 = 61.32(\text{m})$$

$$R_2 = \frac{A_2}{\chi_2} = \frac{68.44}{61.32} = 1.116(\text{m})，C_2 = \frac{1}{n}R_2^{\frac{1}{6}} = \frac{1}{0.014} \times 1.116^{\frac{1}{6}} = 72.75(\text{m}^{\frac{1}{2}}/\text{s})$$

$$V_2 = Q/A_2 = 392/68.44 = 5.728(\text{m/s})，\frac{\alpha_2 v_2^2}{2g} = \frac{1.10 \times 5.728^2}{2 \times 9.8} = 1.841(\text{m})\quad(\text{取 } \alpha_2 = 1.10)$$

$$E_{s2} = h_2 + \frac{v_2^2}{2g} = 1.16 + 1.841 = 3.001(\text{m})$$

计算 $\overline{J}\Delta l_{1-2}$

$$\overline{R} = \frac{R_1 + R_2}{2} = \frac{1.546 + 1.116}{2} = 1.331(\text{m})，\overline{C} = \frac{C_1 + C_2}{2} = \frac{76.81 + 72.75}{2} =$$

$74.78(\text{m}^{\frac{1}{2}}/\text{s})$

$$\overline{V}=\frac{V_1+V_2}{2}=\frac{4.008+5.728}{2}=4.868(\text{m/s})\ ,\ \overline{J}=\frac{\overline{v}^2}{\overline{C}^2\,\overline{R}}=\frac{4.868^2}{74.78^2\times1.331}=0.0032$$

$$E_{s2}+\overline{J}\,\Delta l_{1-2}=3.001+0.0032\times10=3.001+0.032=3.033(\text{m})\approx3.032\text{m}$$

试算成功，不需再算，则 $h_2=1.16$m。

对于 2—3、3—4、4—5、5—6、6—7 段，重复以上步骤，可求得其他各断面水深 h_3、h_4、h_5、h_6、h_7，计算结果见表 7-2。

表 7-2　　　　　　　　　　　　　水 面 曲 线 计 算 表

断面	1—1	2—2	3—3	4—4	5—5	6—6	7—7
h/m	1.630	1.160	1.032	0.910	0.853	0.824	0.810
b/m	60	59	58	56	54	52	50
A/m^2	97.80	68.44	59.86	50.96	46.06	42.85	40.50
$v/(\text{m/s})$	4.008	5.728	6.549	7.692	8.510	9.149	9.679
χ/m	63.26	61.32	60.06	57.82	55.71	53.65	51.62
R/m	1.546	1.116	0.996	0.881	0.827	0.799	0.785
$C/(\text{m}^{\frac{1}{2}}/\text{s})$	76.81	72.75	71.39	69.44	69.20	68.80	68.59
$\alpha v^2/2g/\text{m}$	0.902	1.841	2.407	3.320	4.065	4.697	5.258
E_s/m	2.532	3.001	3.439	4.231	4.918	5.521	6.068
$\Delta l/\text{m}$	10	10	20	20	20	20	
$i\Delta l/\text{m}$	0.5	0.5	1.0	1.0	1.0	1.0	
$E_{su}+i\Delta l/\text{m}$	3.02	3.501	4.439	5.231	5.918	6.521	
$\overline{R}/\text{m}$	1.331	1.056	0.939	0.854	0.813	0.792	
$\overline{v}/(\text{m/s})$	4.868	6.139	7.121	8.101	8.830	9.414	
$\overline{C}/(\text{m}^{\frac{1}{2}}/\text{s})$	74.78	72.07	70.66	69.57	69.00	68.69	
$\overline{J}$	0.00318	0.00686	0.0108	0.0159	0.0201	0.0237	
$\overline{J}\,\Delta l/\text{m}$	0.0318	0.0686	0.216	0.318	0.403	0.474	
$E_{sd}+\overline{J}\,\Delta l/\text{m}$	3.033	3.508	4.447	5.236	5.923	6.542	

项 目 学 习 小 结

本项目主要介绍了明渠非均匀流的基本概念、明渠水流流态及其判别、水跃的分析、水跃的水力计算、明渠恒定非均匀渐变流基本方程、棱柱体渠道恒定非均匀渐变流水面曲线的定性分析和水力计算、天然河道水面曲线计算及有关问题等内容。其中明渠水流流态及其判别、水跃跃前和跃后水深的计算、棱柱体渠道恒定非均匀渐变流水面曲线的定性分析和计算等内容是教学的重点和难点。通过本项目的学习，学生应当理解明渠非均匀流的基本概念，熟悉明渠水流流态、水跃与水跃的发生条件及其区别、棱柱体渠道恒定非均匀渐变流水面曲线的类型，掌握明渠水流流态及其判别方法、水跃的水力计算原理、柱体渠道恒定非均匀渐变流水面曲线的分析方法和计算原理，并学会解决相关工程实际问题。

职业能力训练七

一、单项选择题

1. 当水流流速 v 小于干扰波速 v_w 时，则明渠水流应为（　　　）。

A. 急流　　　　　B. 缓流　　　　　C. 临界流　　　　　D. 管流

2. 某均匀流正常水深 h_0 小于临界水深 h_k 时，则该明渠均匀流应为（　　　）。

A. 急流　　　　　B. 缓流　　　　　C. 临界流　　　　　D. 管流

3. 当某水流的佛汝德数 Fr 等于 1 时，该水流应为（　　　）。

A. 急流　　　　　B. 缓流　　　　　C. 临界流　　　　　D. 管流

4. 某渠道底坡大于临界底坡（即为陡坡），则该渠道上发生的均匀流应为（　　　）。

A. 急流　　　　　B. 缓流　　　　　C. 临界流　　　　　D. 管流

5. 明渠水流从急流过渡到缓流，将发生的局部水力现象为（　　　）。

A. 水跌　　　　　B. 水跃　　　　　C. 断面环流　　　　　D. 堰流

二、多项选择题

1. 明渠水流根据水流流速和干扰波速的关系可分为（　　　）等三种流态。

A. 高速水流　　　B. 低速水流　　　C. 急流　　　　　D. 缓流

E. 临界流

2. 明渠水流流态判别方法主要功能有（　　　）。

A. 干扰波速法　　B. 佛汝德数法　　C. 断面比能法　　D. 临界水深法

E. 临界底坡法

3. 在一定流量下能形成恒定均匀流动的渠道底坡有三种情形：（　　　）。

A. 陡坡　　　　　B. 缓坡　　　　　C. 临界坡　　　　　D. 平坡

E. 逆坡

4. 棱柱体渠道恒定非均匀渐变流水面曲线定性分析中，渠道底坡分（　　　）种，每种底坡上一般分（　　　）个区域，每个区域发生一种水面曲线，共有（　　　）种水面曲线。（注意选项顺序）

A. 1　　　　　　B. 3　　　　　　C. 5　　　　　　D. 12

E. 15

5. 采用分段法进行棱柱体渠道恒定非均匀渐变流水面曲线计算的公式有（　　　）。

A. $\Delta l = \dfrac{\Delta E_s}{i - \bar{J}}$　　　　B. $\Delta l = \dfrac{E_{sd} - E_{su}}{i - \bar{J}}$　　　C. $\dfrac{\mathrm{d}E_s}{\mathrm{d}l} = i - J$　　　D. $\Delta E_s = (i - \bar{J})\Delta l$

E. $E_{su} + i\Delta l = E_{sd} + \bar{J}\Delta l$

三、判断题

1. 佛汝德数 Fr 反映了过水断面上单位重量的液体所具有的平均动能与平均势能之比。

（　　　）

2. 临界水深与渠底坡度、渠道糙率无关，完全取决于渠道通过的流量及明渠的断面形状。

（　　　）

3. 临界底坡 i_k 与流量、断面形状及尺寸、糙率有关，与渠道的实际底坡 i 无关。

                                                      （   ）

4. 水跌是明渠水流由缓流过渡到急流产生的水面连续跌落现象。   （   ）

5. 在恒定流下，任何一种底坡的明渠都能产生均匀流和临界流。   （   ）

四、简答题

1. 明渠水流有哪三种流态？请简述水流流态的判别方法。

2. 请写出计算水跃共轭水深和水跃长度的几组计算公式？

3. 请简述棱柱体渠道恒定非均匀渐变流的 12 种水面曲线。

4. 水面曲线定性分析时应注意哪些问题？

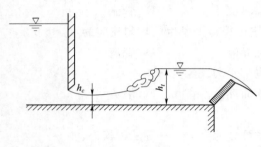

5. 试验水槽中的水流现象如图 7 - 16 所示，流量保持不变，若升高或降低尾门，试分析水跃位置是否移动，如果移动，向哪边移动？为什么？若流量增大，调整闸门和尾门，使闸后收缩断面的水深 h_c 和跃后水深 h'' 不变，问水跃位置是否变化？为什么？

图 7 - 16 简答题 5

五、作图题

1. 试定性分析图 7 - 17 所示的渠道纵坡变化时，上下游渠道水面线的型式并注出其名称。已知渠道为断面形状、尺寸及糙率沿程不变的长直棱柱体渠道（各段均充分长）。

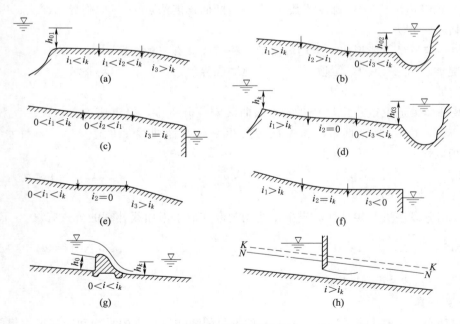

图 7 - 17 作图题 1

2. 试定性分析图 7 - 18 所示渠道中的水面线，并指出不同型式的水面线其断面比能沿流程如何变化。已知渠道的断面型式及尺寸沿流程不变，且各段均充分长。

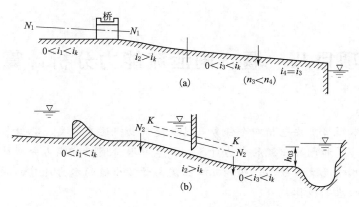

图 7-18   作图题 2

六、计算题

1. 某梯形渠道，底宽 $b=5\text{m}$，边坡系数 $m=1.5$，当通过流量 $Q=28\text{m}^3/\text{s}$ 时，正常水深 $h_0=2.58\text{m}$。求：①干扰波波速；②佛汝德数；③临界底坡；④判别水流的流态。

2. 已知无压圆管，$d=4\text{m}$，$Q=15.3\text{m}^3/\text{s}$ 时的正常水深 $h_0=3.25\text{m}$。求：①临界水深；②临界流速；③佛汝德数；④判别均匀流动的流态。

3. 已知梯形断面渠道的底宽 $b=1\text{m}$，边坡系数 $m=1$。在水平渠段上发生的水跃共轭水深分别为 $h'=0.2\text{m}$ 和 $h''=0.6\text{m}$，求通过渠道的流量 q $\left[\text{梯形断面形心的深度 } h_c=\dfrac{h(3b+2bh)}{6(b+mh)}\right]$。

4. 有一梯形断面的土渠，底宽 $b=7.5\text{m}$，边坡系数 $m=2$，底坡 $i=0.00035$，糙率 $n=0.025$。试作该渠道水深与流量的关系曲线。当流量 $Q=40\text{m}^3/\text{s}$ 时，正常水深是多少？今在该渠道上修建一节制闸，已知当水闸通过上述流量时的闸前水深 $h=3.8\text{m}$，试计算节制闸上游水面线的壅水长度并绘制水面线。（注：水深从大于 h_0 趋近于 h_0 时，水面线计算长度可计算到 $h=1.01h_0$；水深从小于 h_0 趋近 h_0 时，水面线可计算到 $h=0.99h_0$。）

5. 某溢洪道由 3 段组成，断面为矩形，底宽 $b=12\text{m}$，糙率 $n=0.015$，流量 $Q=600\text{m}^3/\text{s}$。各渠段的长度及底坡如图 7-19 所示。求：①1、2 渠段的水面线；②若下游水深 $h_t=6.5\text{m}$，确定下游水跃发生的位置，并绘制出溢洪道的水面曲线。

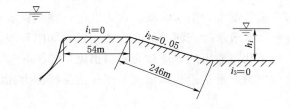

图 7-19   计算题 5

项目八　堰、闸泄流能力分析计算

项目描述： 本项目主要包括四个任务：过流建筑物概述及分类、孔口与管嘴出流水力计算、堰流的水力计算和闸孔出流的水力计算。要学习堰、闸泄流能力分析计算，首先要了解过流建筑物的基本情况及其分类，明确孔口出流与管嘴出流的水力计算的联系与区别，掌握堰流和闸孔出流的基本规律。

项目学习目标： 通过本项目的学习，了解过流建筑物的基本情况，明确过流建筑物的分类及孔口出流与管嘴出流水力计算的区别，领会堰流和闸孔出流水力计算的基本原理，掌握堰流和闸孔出流的水力计算方法，并学会其在工程运用。

项目学习的重点： 孔口出流、管嘴出流、堰流和闸孔出流的水力计算及其工程运用。

项目学习的难点： 堰流和闸孔出流的水力计算及其工程运用。

任务一　过流建筑物概述及分类

任务描述： 本任务主要介绍了过流建筑物的基本情况及分类。通过此任务的介绍，为后续的孔口出流、管嘴出流、堰流和闸孔出流的水力计算及其工程应用等内容的学习打下基础。

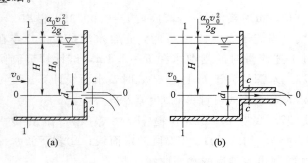

图 8-1　孔口出流与管嘴出流

实际工程中有各种过流泄水建筑物。在装有液体的容器壁上开设孔口，液体经孔口泄流的水力现象，称为**孔口出流**，如图 8-1（a）所示。若器壁较厚或在孔口上加设短管，且器壁厚度或加设短管的长度是孔口尺寸的 3～4 倍，则称为管嘴，液体经管嘴泄出的水流现象称为**管嘴出流**，如图 8-1（b）所示。

在水利工程中，为了泄放洪水、引水灌溉、水力发电、城镇供水等目的，常修建各种挡水和泄水建筑物，以控制和调节水库或河渠的水位和流量，如闸和堰。当闸门部分开启，水流受到闸门控制而从闸门下孔口泄出的水流称为**闸口出流**，如图 8-2（a）、（c）所示。闸孔出流实质上就是一种孔口出流，通常把孔口出流与闸孔出流统称为**孔流**，水流流出孔口时四周都受到孔口的约束。

凡对水流有局部约束，且顶部自由溢流的建筑物，称为**堰**。经堰顶自由下泄的水流称**堰流**，如图 8-2（b）、（d）所示。堰流与闸孔出流是两种不同的水力现象，但它们既有区别又有联系。堰流由于不受闸门的控制，水面线为一光滑连续的降水曲线；闸孔出流由于受闸门的控制，闸孔上、下游的水面是不连续的。也正是由于堰流及闸孔出流这种边界条件的差异，它们的水流特征及过水能力也各不相同。

堰流与闸孔出流的相同点：①堰流和闸孔出流都是建筑物对水流的局部阻碍，使上游水位壅高，从能量的角度上看，出流的过程都是一种势能转化为动能的过程；②这两者都是在较短的距离内流线发生急剧弯曲的急变流，离心惯性力对建筑物表面的压强分布及建筑物的过水能力均有一定影响，能量损失主要是局部水头损失，沿程水头损失可忽略不计。

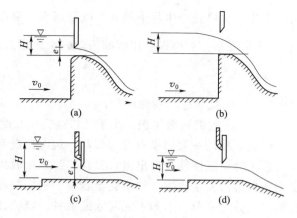

图 8-2　堰流与闸孔出流

在实际工程中，装有闸门的堰上，可能发生堰流或闸孔出流，这两种水流转换时与闸底坎型式、门型、闸门的相对开度、闸门在堰顶的位置等因素有关。

设 e 为闸门开启高度（闸门绝对开度），H 为堰顶水头，可根据堰闸型式和实测的闸门相对开度 e/H 值来判别闸孔出流与堰流：

（1）闸底坎为平顶坎时，$\dfrac{e}{H} \leqslant 0.65$ 时，为闸孔出流；$\dfrac{e}{H} > 0.65$ 时，为堰流。

（2）闸底坎为曲线型坎时，$\dfrac{e}{H} \leqslant 0.75$ 时，为闸孔出流；$\dfrac{e}{H} > 0.75$ 时，为堰流。

任务二　孔口与管嘴出流水力计算

任务描述：本任务阐述了孔口出流与管嘴出流水力计算。通过此任务的完成，熟悉孔口出流与管嘴出流水力计算的联系与区别，掌握明确孔口与管嘴出流的基本规律及其水力计算方法。

工程实践中孔口与管嘴的应用较为广泛，如小型水库卧管放水、船闸充水与放水、农业喷灌及水力施工等。对于孔口、管嘴出流，如果出流不受下游水位影响，直接流入大气，则称为**自由出流**；若出口在下游水面以下，出流受到下游水位影响，称为**淹没出流**。

一、恒定孔口出流水力计算

孔口出流分为恒定流与非恒定流，本任务主要说明恒定孔口出流。

在实际工程中，孔口的断面形状以圆形为主。孔口边缘有薄壁（锐缘）、厚壁和修圆等不同情况。若孔口具有尖锐边缘，称为**薄壁孔口**。

对于圆形孔口，根据孔径 d 与孔口的水头 H（孔口中心到上游自由水面的高度，见图 8-3）之比，把孔口分为两类：①当 $\dfrac{d}{H} \leqslant \dfrac{1}{10}$ 时，为小孔口；②当 $\dfrac{d}{H} > \dfrac{1}{10}$ 时，为大孔口。

对于小孔口而言，由于孔口直径 d 比水头 H 小得多，故可假定孔口断面上各点的水头 H 均相等。上述假定对大孔口不适应。

（一）薄壁小孔口的自由出流

薄壁小孔口自由出流现象，如图 8-3（a）所示。由于惯性作用，出流时流线呈逐渐弯曲，水流在出口处产生收缩现象。收缩断面一般在离孔口约 $\dfrac{d}{2}$ 处，且流线成平行直线，一般用 c—c 来表示，收缩程度用收缩系数 ε' 来表示：

$$\varepsilon' = \frac{A_c}{A} \tag{8-1}$$

式中　A——孔口过水断面面积；

　　　A_c——收缩断面面积，小于孔口在完全收缩时断面面积。

影响 ε' 值的主要因素有孔口形状、边缘情况和孔口离开边界的距离（图 8-4）。当孔口在位置 I 时，液体经孔口出流，仅在局部发生收缩，称为**不完全收缩**。当孔口在位置 II 时，水流在各边均发生收缩，称为**完全收缩**。不完全收缩的收缩系数要比完全收缩的大些。完全收缩，又分为完善收缩和不完善收缩两种。经验证明，当孔口边界与最近的边界距离大于孔口尺寸的 3 倍以上时，边界则不再影响垂直收缩系数 ε'，此时称为完善收缩；否则称为不完善收缩。

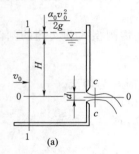 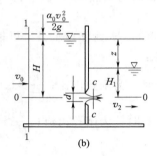　　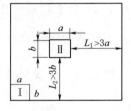

图 8-3　孔口的自由出流与淹没出流　　　　图 8-4　孔口位置

试验测得，薄壁圆形小孔口在完全完善收缩时，$\varepsilon' = 0.60 \sim 0.64$。

下面推导恒定薄壁小孔口自由出流的流量公式。

取符合渐变流条件的断面 1—1 与断面 c—c，并取通过孔口中心的水平面 0—0 为基准面 [图 8-3（a）]，写出能量方程如下：

$$H + 0 + \frac{\alpha_0 v_0^2}{2g} = 0 + 0 + \frac{\alpha_c v_c^2}{2g} + \zeta \frac{v_c^2}{2g}$$

式中　v_0——上游断面的行近流速；

　　　v_c——收缩断面的流速；

　　　ζ——孔口局部阻力系数。

令 $H_0 = H + \dfrac{\alpha_0 v_0^2}{2g}$，上式整理得

$$v_c = \frac{1}{\sqrt{1+\zeta}} \sqrt{2gH_0} = \varphi \sqrt{2gH_0}$$

令 $\varphi = \dfrac{1}{\sqrt{1+\zeta}}$，$\varphi$ 称为流速系数，$A_c = \varepsilon' A$，又 $Q = A_c v_c$，则有

$$Q = A_c v_c = \varepsilon' A \varphi \sqrt{2gH_0}$$

令 $\mu = \varepsilon' \varphi$，$\mu$ 称为流量系数，则薄壁小孔口自由出流量公式为

$$Q = \mu A \sqrt{2gH_0} \qquad (8-2)$$

式（8-2）说明：在孔口面积一定的情况下，孔口的过水能力与作用水头的平方根成正比。

薄壁圆形小孔口自由出流，在完全完善收缩情况下，孔口的局部阻力系数 ζ、流速系数 φ、垂直收缩系数 ε' 及流量系数 μ 等变化较小。实验资料表明，它们的数值分别为：$\zeta = 0.06$，$\varphi = 0.97$，$\varepsilon' = 0.61 \sim 0.64$，$\mu = 0.58 \sim 0.62$。初步计算时，流量系数可取 $\mu = 0.60$。

（二）薄壁小孔口的淹没出流

当下游水位高出孔口，出流水股淹没在下游水面以下，则为淹没出流 [图 8-3（b）]。取符合渐变流条件的断面 1—1 及断面 c—c，以通过孔口中心的水平线 0—0 为基准面，利用能量方程和连续性方程可推得

$$Q = \mu A \sqrt{2gZ_0} \qquad (8-3)$$

式中　Z_0——上游总水头，$Z_0 = Z + \dfrac{\alpha_0 v_0^2}{2g}$；

　　　　Z——上下游水位差，$Z = H - H_1$；

　　　　μ——孔口淹没出流时的流量系数，其值与孔口自由出流时的流量系数值相同。

式（8-3）表明：在淹没出流情况下，通过孔口的流量与上下游水位差 Z 有关。

比较自由出流与淹没出流的计算公式可知，它们具有相同的形式，所不同的是：自由出流时，孔口的作用水头为 H_0，而淹没出流时的作用水头为 Z_0。对于同一孔口而言，自由出流时的流量大于淹没出流时的流量。

二、恒定管嘴出流水力计算

（一）管嘴的分类及出流特征

管嘴出流也分为恒定流与非恒定流，本任务主要说明恒定管嘴出流。

恒定管嘴出流又分自由出流与淹没出流两类。图 8-5（a）为恒定的圆柱形管嘴自由出流的示意图，图 8-5（d）为管嘴淹没出流，图 8-5（b）和（c）为管嘴的另外两种形式。

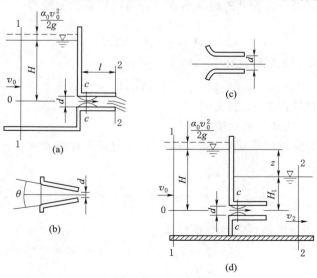

图 8-5　管嘴的自由出流与淹没出流

159

图 8-5（a）中，上游水头为 H_0，水流进入管嘴后，由于水流的惯性作用发生收缩现象，形成收缩断面 c—c。水流经断面 c—c 后充满全管流到大气中。由于 $A_c < A$，故 $v_c > v_2$，即水流在断面 c—c 的动能大于管嘴出口断面的动能。因此，收缩断面的压强必然小于出口断面 2—2 处的压强，即在断面 c—c 处产生真空现象。由于管嘴内真空的存在，从而加大了作用水头，作用水头的增大，超过了加管嘴后水头损失的增加值，致使在相同的条件下，管嘴比孔口出流的过流能力大。

对于断面 1—1 及断面 c—c 写能量方程，则可得到断面 c—c 的真空表达式，然后写断面 c—c 与断面 2—2 的连续性方程，可得管嘴内收缩断面处的真空度为 $h_{真} = 0.75H_0$。

保证管嘴正常工作应满足以下两个条件：

（1）管嘴的长度 $l = (3 \sim 4)d$。若 $l < (3 \sim 4)d$，则管嘴出口附近水股不与管壁接触，这时的水流动仍为孔口出流。

（2）断面 c—c 处的真空度不能过大。理论上最大真空值为 10m 水柱高，但实际上，当管嘴内收缩断面的真空值大于 7m 时，管段中的液体会发生汽化作用，使水流不稳定，并且空气将从管嘴出口处进入，导致收缩断面处真空破坏，从而会失去管嘴的作用。由 $h_{真} = 0.75H_0$ 可知，圆柱形外管嘴的作用水头 H_0 不能大于 9.0m。

（二）管嘴自由出流与淹没出流的流量公式

在图 8-5（a）中，取管嘴上游符合渐变流条件的断面 1—1 与管嘴出口断面 2—2，以管嘴中心线为基准面，列能量方程

$$H + \frac{\alpha_0 v_0^2}{2g} = \frac{\alpha v^2}{2g} + \zeta \frac{v^2}{2g}$$

令 $H_0 = H + \dfrac{\alpha_0 v_0^2}{2g}$，取 $\alpha_0 = \alpha$，整理得

$$v = \frac{1}{\sqrt{\alpha + \zeta}} \sqrt{2gH_0}$$

令 $\varphi_{管} = \dfrac{1}{\sqrt{\alpha + \zeta}}$，$\varphi_{管}$ 为管嘴的流速系数，则通过管嘴的流量为

$$Q = vA = \varphi_{管} A \sqrt{2gH_0}$$

令 $\mu_{管}$ 为管嘴的流量系数，此时 $\mu_{管} = \varphi_{管}$，则有

$$Q = \mu_{管} A \sqrt{2gH_0} \tag{8-4}$$

式中　A——管嘴出口断面 2—2 的面积；

v——断面 2—2 的断面平均流速。

因管嘴出口断面为满流，不发生收缩，$\varepsilon' = 1.0$。对于圆柱形管嘴，可取 $\zeta = 0.5$，设 $\alpha = 1.0$，则管嘴流量系数为

$$\mu_{管} = \varphi_{管} = \frac{1}{\sqrt{\alpha + \zeta}} = \frac{1}{\sqrt{1.5}} = 0.82$$

同理，管嘴淹没出流时流量公式可推导得

$$Q = \mu_{管} A \sqrt{2gZ_0} \tag{8-5}$$

其中

$$Z_0 = Z + \frac{\alpha_0 v_0^2}{2g}$$

式中 Z_0—— 淹没出流时的作用水头。

从上式可看出，淹没出流公式与自由出流时的流量公式的形式一样，流量系数也相同，自由出流的作用水头为 H_0，而淹没出流的作用水头为 Z_0。

在实际工程中，管嘴有许多不同的类型，它们的流量系数也各不相同。如锥形管［图8－5（b）］流量系数为0.94，流线型管嘴［图8－5（c）］流量系数为0.98。

三、孔口与管嘴出流应用举例

【例8－1】 有一圆形薄壁孔口，直径 $d=18\text{mm}$，在作用水头 $H=2\text{m}$ 条件下，恒定自由出流。试求：

（1）孔口出流的流量；

（2）在孔口处外接一等直径圆柱形管嘴后的流量；

（3）管嘴收缩断面处的真空高度。

解：（1）求孔口出流的流量。

因 $\dfrac{d}{H}=\dfrac{0.018}{2}=0.009<0.1$，为小孔口出流。

取孔口流量系数 $\mu=0.62$，$H_0\approx H=2\text{m}$，则有

$$Q=\mu A\sqrt{2gH_0}=0.62\times\frac{\pi}{4}\times(0.018)^2\times\sqrt{2\times9.8\times2}$$
$$=0.99\times10^{-3}(\text{m}^3/\text{s})=0.99(\text{L}/\text{s})$$

（2）求管嘴出流量。取圆柱形外管嘴的流量系数 $\mu=0.82$，则

$$Q=\mu_{管}A\sqrt{2gH_0}=0.82\times\frac{\pi}{4}\times(0.018)^2\times\sqrt{2\times9.8\times2}$$
$$=1.31\times10^{-3}(\text{m}^3/\text{s})=1.31(\text{L}/\text{s})$$

（3）求管嘴收缩断面处的真空高度。

$$h_{真}=0.75H_0=0.75\times2=1.5(\text{m 水柱})$$

任务三　堰流的水力计算

任务描述：本任务阐述了堰流的水力计算。学生通过完成此任务，领会堰流的基本规律，掌握堰流的水力计算原理与方法，并学会其在工程中的应用。

如前所述，凡是对水流有局部约束，且顶部溢流的建筑物称为**堰**。水流经过堰顶溢流称为**堰流**。堰流的水力特征是：上游水位壅高，水流趋近堰顶时，流线收缩，流速增大，具有明显的水面降落。

一、堰流的类型及其水力计算基本公式

（一）堰流的类型

在实际工程中，根据不同的使用要求和施工条件，常将堰做成不同的形状，如图8－6所示。

一般根据堰顶厚度 δ 与堰顶水头 H 的比值 $\dfrac{\delta}{H}$ 分类。

（1）**薄壁堰流**：堰厚度较薄，$\dfrac{\delta}{H}<0.67$ 时，过堰水流不受堰顶厚度的影响，水舌下缘

与堰顶呈线性接触，水面呈单一降落曲线，这种堰流称为薄壁堰流，如图 8-6（a）所示。

（2）**实用堰流**：堰顶厚度加大，$0.67 < \frac{\delta}{H} < 2.5$ 时，过堰水流受到堰的约束和顶托作用，水舌与堰顶呈面接触，但顶托力影响很小，溢流水面仍为单一的降水曲线，这种堰流称为实用堰流。工程中的实用堰分曲线型和折线型两种，如图 8-6（b）、（c）所示。

（3）**宽顶堰流**：堰顶厚度较大，$2.5 < \frac{\delta}{H} < 10$ 时，过堰水流受堰顶顶托力的约束明显，使得水流在进口处有第一次跌落，形成收缩断面，然后在堰顶形成与堰顶接近平行的水面，堰后下游水面较低时，出堰时形成第二次水面降落，如图 8-6（d）所示。

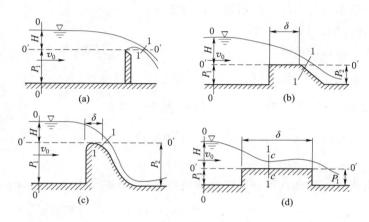

图 8-6　堰型与堰流

（4）**明渠水流**：当 $\frac{\delta}{H} > 10$ 时，该建筑物过流段很长，流入的水流可归属为"明渠渐变流"或"明渠渐变流＋明渠均匀流"，其主要特征不再属于堰流。如渡槽中的水流。

注意：δ——堰顶沿水流方向的厚度；

$\qquad H$——堰顶水头，为距堰上游 $(3 \sim 5)H$ 处的水面与堰顶的高差；

$\qquad P_1$、P_2——上、下游堰高；

$\qquad v_0$——上游行近流速。

由于三种堰流具有不同的水流特征，影响水流的因素不相同，因此需要分别研究。

（二）堰流水力计算基本公式

如图 8-6 所示，对各种堰取堰顶水平面为基准面，列断面 0—0、断面 1—1 的能量方程如下：

$$z_0 + \frac{p_0}{\gamma} + \frac{\alpha_0 v_0^2}{2g} = z_1 + \frac{p_1}{\gamma} + \frac{\alpha_1 v_1^2}{2g} + \zeta \frac{v_1^2}{2g}$$

令

$$H_0 = H + \frac{\alpha_0 v_0^2}{2g}$$

式中　v_0、v_1——断面 0—0 和断面 1—1 的流速；

$\qquad \alpha_0$、α_1——断面 0—0 和断面 1—1 的动能改正系数。

堰前断面 0—0 符合渐变流条件，而断面 1—1 为急变流断面，断面上有垂直收缩，该断面上的压强不按静水压强分布，则测压管水头不为常数，故用 $\overline{z_1 + \dfrac{p_1}{\gamma}}$ 表示断面 1—1 的平均测压管水头，则有

$$H_0 = \overline{z_1 + \frac{p_1}{\gamma}} + (\alpha_1 + \zeta)\frac{v_1^2}{2g}$$

令 $\overline{z_1 + \dfrac{p_1}{\gamma}} = \xi H_0$，$\varphi = \dfrac{1}{\sqrt{\alpha + \zeta}}$，经整理可得

$$v_1 = \varphi\sqrt{2g(H_0 - \xi H_0)} = \varphi\sqrt{1-\xi}\cdot\sqrt{2gH_0}$$

又设堰顶过水断面净宽度为 B，断面 1—1 的水舌厚度为 kH_0，则断面 1—1 的面积为 $A_1 = kH_0 B$，通过断面 1—1 的流量为 $Q = A_1 v_1 = kH_0 B\varphi\sqrt{1-\xi}\sqrt{2gH_0} = k\varphi B\sqrt{1-\xi}\sqrt{2g}\,H_0^{\frac{3}{2}}$

令 $m = \varphi k\sqrt{1-\xi}$ 为堰流的流量系数，则

$$Q = mB\sqrt{2g}\,H_0^{\frac{3}{2}} \tag{8-6}$$

上式说明，过堰流量与堰上总水头的 3/2 次方成正比，即 $Q \propto H^{\frac{3}{2}}$。流量系数 m 与 φ、k、ξ 系数值有关。流速系数 φ 值主要反映流速分布不均匀的程度和局部阻力对堰流的影响；k 值主要反映过堰水流垂直收缩程度；ξ 值反映急变流过水断面 1—1 上动水压强不按直线分布的影响。由以上分析可知，φ、k、ξ 三个系数的值主要取决于堰的边界条件及堰前水头 H。而堰的边界条件变化多样，因此堰流流量系数对于不同的边界具有不同的实验数值。在后面的内容中，对于不同的堰型，将结合具体条件分别讲解。

在堰流水力计算中，要注意以下几个方面：

（1）根据下游水位是否影响堰的过流，将堰流分为两类：自由出流和淹没出流。**自由出流**是指下游水位较低，不影响堰的过流能力时的水力现象；而当下游水位较高时，影响堰的过流能力时，称**淹没出流**。但在什么情况下，下游水位才影响堰的过流能力，对于不同的堰型有不同的确定方法，在计算时用淹没系 σ_s 数来表示淹没程度。当堰流为淹没出流时，$\sigma_s <$ 1.0；为自由出流时，$\sigma_s = 1.0$。

（2）当堰顶的过流宽度 B 小于堰前的引水渠宽 B_0 时（如堰顶设有闸墩和边墩等），如图 8-7 所示，引起过流的侧向收缩，影响了堰的过流能力，这种堰流称为**有侧收缩的堰流**。侧收缩的影响程度用侧收缩系数 ε 来表示。当有侧向收缩时，$\varepsilon < 1.0$；当无侧向收缩时，$\varepsilon = 1.0$。

（3）当为低堰且进口不正时，则水流的流态将发生变化，其对流量的影响用流态系数 K 来表示。本教材均按进水渠顺直、正向进流条件，$K = 1$。

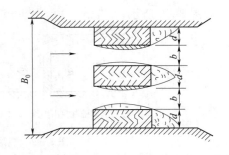

图 8-7　闸（边）墩对过闸水流的影响

考虑各种因素的影响，堰流的一般流量公式为

$$Q = Km\sigma_s\varepsilon B\sqrt{2g}\,H_0^{\frac{3}{2}} \tag{8-7}$$

其中 $\qquad\qquad\qquad\qquad B = nb$

式中　B——当有闸墩时，堰顶过水断面总净宽；

　　　n——孔数；

b——单孔宽度。

通过研究分析及堰流计算公式可知，影响堰流流量的主要因素即关键系数有流量系数、淹没系数和侧收缩系数。因此，堰流水力计算中，关键环节是根据堰流的几何边界条件和水流条件，确定相应的流量系数 m、淹没系数 σ_s 和侧收缩系数 ε。

二、薄壁堰流水力计算

常见的薄壁堰，根据堰板的开口形状，分为矩形薄壁堰、三角形薄壁堰和梯形堰等，如图 8-8 所示。

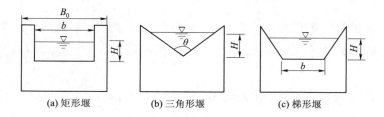

(a) 矩形堰   (b) 三角形堰   (c) 梯形堰

图 8-8 薄壁堰堰口形式

由于薄壁过堰水流不受堰顶厚度的影响，水舌下缘与堰顶呈线性接触，水面为单一跌落曲线。实践证明，自由出流时具有稳定的压强分布和流速分布，作用水头与流量的关系非常稳定，量测流量的精度高，故薄壁堰一般用于实验室和小型渠道上的流量测量。

（一）矩形薄壁堰流

利用矩形薄壁堰测流量时，为了得到较高的测量精度，一般要求：

（1）单孔无侧收缩。

（2）自由出流（下游水位较低，不影响堰的出流）。当下游水位超过堰顶一定高度时，堰的过水能力开始减小，这种溢流状态为淹没出流。在淹没出流时，水面有较大的波动，水头不易测准，作为测流设备不宜在淹没条件下工作。为了保证薄壁堰不被淹没，一般要求 $Z/P_2>0.7$，其中 Z 为上、下游水位差，P_2 为下游堰高。

（3）堰上水头 $H>2.5\text{cm}$。因为当 H 过小时，水流将贴堰溢出，不起挑，出流将不稳定，如图 8-9 所示。

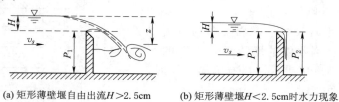

(a) 矩形薄壁堰自由出流 $H>2.5\text{cm}$ (b) 矩形薄壁堰 $H<2.5\text{cm}$ 时水力现象

图 8-9 矩形薄壁堰顶水头与出流情况

（4）自由水舌下缘的空间应与大气相通。否则，由于溢流水舌把空气带走，压强降低，水舌下面形成局部真空，出流将不稳定。

在无侧收缩、自由出流时，矩形薄壁堰流的流量公式可用式（8-6）。但实践中，为使用方便，将行近流速的影响计入流量系数，则把式（8-6）改写为

$$H>2.5\text{cm}, \quad Q=m_0 B\sqrt{2g}\,H^{\frac{3}{2}} \tag{8-8}$$

式中 m_0——考虑行近流速影响在内的流量系数，可用雷伯克公式计算

$$m_0 = 0.4034 + 0.0534 \frac{H}{P} + \frac{1}{1610H - 4.5} \tag{8-9}$$

适用条件：$H \geqslant 0.025$m。

有侧收缩的矩形薄壁堰的流量系数可用板谷-手岛公式确定：

$$m_0' = 0.4032 + \frac{0.0066}{P} + 0.0534 \frac{H}{P} - 0.0967 \sqrt{\frac{(B_0 - B)H}{B_0 P}} + 0.00768 \sqrt{\frac{B_0}{P}} \tag{8-10}$$

（二）三角形薄壁堰流

在实验室量测较小流量时，若用矩形堰时水头过小，测量精度降低。为了提高测量精度，常采用三角形薄壁堰，如图 8-8 所示。三角形薄壁堰在小水头时堰口水面宽度较小，流量的微小变化将引起显著的水头变化，在量测小流量时比矩形堰的精度高。

直角（$\theta = 90°$）三角形薄壁堰的流量计算公式为

$$Q = 1.343 H^{2.47} \tag{8-11}$$

式中，H 以 m 计，Q 以 m³/s 计。

适用条件：渠宽 $B_0 > 5H$；堰高 $P \geqslant 2H$，$H = 0.06 \sim 0.65$。

三、实用堰流水力计算

在实际工程中，实用堰根据剖面形状，可分为折线形实用堰和曲线形实用堰两类。折线型常用于中、小型溢流坝，具有取材方便和施工简单等优点。曲线型实用堰在水利工程中应用广泛，常用于混凝土修筑的中、高水头溢流坝，堰顶的曲线形状与自由溢流水舌下缘形状相符合，可提高过水能力，下面主要介绍曲线型实用堰。

曲线型实用堰，常有边墩和中墩，同时下游水位对堰的过流能力也可能产生影响，因此，须考虑侧收缩和淹没出流，故仍按式（8-7）计算。

（一）曲线型实用堰的剖面组成

曲线型实用堰的剖面形状如图 8-10（a）所示。一般由上游直线段 AB、堰顶曲线段 BC、下游斜坡段 CD 和反弧段 DE 组成。上游直线段 AB，可以做成铅直，也可以做成倾斜坡线；下游斜坡段 CD 的坡度主要依据堰的稳定和强度要求选定，一般采用 1：0.6～1：0.7；反弧段 DE 的反弧半径可根据堰的设计水头及下游堰高确定。

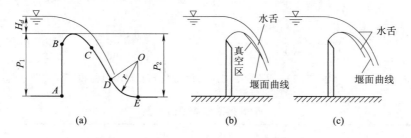

图 8-10　曲线型实用堰示意图

（二）曲线型实用堰堰面分类

堰顶曲线段 BC 对过流能力影响最大，是设计曲线型实用堰剖面形状的关键。堰顶曲线段常根据矩形薄壁堰自由出流时水舌下缘面的形状来设计的，分为真空堰和非真空堰两类。

真空堰即水流溢过堰顶时，溢流水舌部分脱离堰面，堰顶表面出现真空（负压）现象的剖面，如图 8-10（b）所示。其优点是：堰顶真空的存在可相应地增大堰的溢流量；缺点是：堰面可能受到正负压力的交替作用，增加了动荷载，且造成水流的不稳定；当真空达到一定的程度时，堰面还可能发生气蚀而遭到破坏。所以，真空剖面堰一般较少使用。**非真空型堰**是水流溢过堰顶时不出现负压现象的剖面，如图 8-10（c）所示。

曲线型实用堰有许多剖面形状，其流量系数的确定与堰的剖面形状、特征尺寸（如标准堰的定型水头 H_d）、堰高（包括上游堰高 P_1 和下游堰高 P_2）及实际水头等因素有关。本节重点介绍常用的 WES 剖面实用堰，公式参照《水利技术标准汇编》"水利水电卷——普通建筑物设计"和"水文卷：水工建筑物测流规范"中相应的图表。

（三）WES 实用堰水力计算

1. WES 型实用堰堰顶曲线确定

WES 实用堰是美国陆军工程兵团水道实验站（Waterways Experiment Station）研究出的标准剖面。其剖面为曲线方程，便于施工控制，且堰的剖面较瘦，可节省工程量。下面主要介绍 WES 剖面实用堰的水力设计及计算问题。

（1）WES 剖面堰顶 O 点下游采用幂曲线，按以下方程计算：

$$x^n = kH_d^{n-1}y \tag{8-12}$$

式中　H_d——堰剖面的设计水头；

x、y——原点下游堰面曲线横、纵坐标；

　　n——与上游堰坡有关的指数，见表 8-1；

　　k——系数；当 $P_1/H_d > 1.0$ 时，k 值见表 8-1；当 $P_1/H_d \leqslant 1.0$ 时，取 $k = 2.0 \sim 2.2$。

（2）WES 剖面堰 O 点上游一般为三段圆弧如图 8-11（a）所示。两段复合圆弧型曲线如图 8-11（b）所示，图中 R_1、R_2、k、n、a、b 等参数见表 8-1。

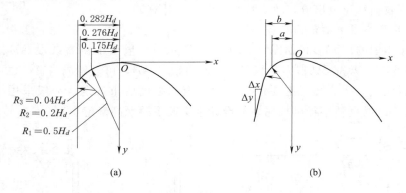

图 8-11　WES 型剖面堰顶面及上下游堰面曲线

表 8-1　　　　　　　　　　　　　　　　　WES 剖面堰面曲线参数

上游堰面坡度 $\Delta y : \Delta x$	k	n	R_1	a	R_2	b
3：0	2.000	1.850	$0.50H_d$	$0.175H_d$	$0.20H_d$	$0.282H_d$
3：1	1.936	1.836	$0.68H_d$	$0.139H_d$	$0.21H_d$	$0.237H_d$
3：2	1.939	1.810	$0.48H_d$	$0.115H_d$	$0.22H_d$	$0.214H_d$
3：3	1.873	1.776	$0.45H_d$	$0.119H_d$		

（3）堰剖面设计水头 H_d 的确定。一般情况下，对于上游堰高 $\dfrac{P_1}{H_d} \geqslant 1.33$ 的为**高堰**，取 $H_d = (0.75 \sim 0.95)H_{max}$；对于 $\dfrac{P_1}{H_d} < 1.33$ 的为**低堰**，取 $H_d = (0.65 \sim 0.85)H_{max}$，$H_{max}$ 为校核流量时的堰上最大水头。有时，在确定 WES 堰剖面的定型设计水头时，还应结合堰面允许负压值综合考虑。

2. WES 剖面实用堰流量系数 m

（1）实验表明，当上游堰面为铅直时，WES 剖面实用堰的流量系数 m 主要取决于上游堰高与堰剖面设计水头之比 P_1/H_d（称为相对堰高）和堰顶全水头与设计水头之比 H_0/H_d（称为相对水头），m 值可按表 8-2 确定。

注意：在高堰时，可不计行近流速水头的影响，但低堰时要考虑行近流速水头。

表 8-2　　　　　　　　　　　　WES 剖面实用堰的流量系数 m

H_0/H_d ＼ P_1/H_d	0.2	0.4	0.6	1.0	$\geqslant 1.33$
0.4	0.425	0.430	0.431	0.433	0.436
0.5	0.438	0.442	0.445	0.448	0.451
0.6	0.450	0.455	0.458	0.460	0.464
0.7	0.458	0.463	0.468	0.472	0.476
0.8	0.467	0.474	0.477	0.482	0.486
0.9	0.473	0.480	0.485	0.491	0.494
1.0	0.479	0.486	0.491	0.496	0.501
1.1	0.482	0.491	0.496	0.502	0.507
1.2	0.485	0.495	0.499	0.506	0.510
1.3	0.496	0.498	0.500	0.508	0.513

注　表中 m 值适用于二圆弧、三圆弧和椭圆曲线堰头。

（2）当 WES 剖面为高堰时（上游堰面铅直），其流量系数也可用以下经验公式计算：

$$m = 0.385 + 0.149\frac{H}{H_d} - 0.040\left(\frac{H}{H_d}\right)^2 + 0.004\left(\frac{H}{H_d}\right)^3 \tag{8-13}$$

上式适用范围为 $\dfrac{H}{H_d} = 0 \sim 1.8$。

3. 上游堰坡影响系数 C

当上游堰面为斜坡时，流量系数将受到影响，则在流量系数前乘以一个上游坡面影响系数 C 即可，C 值可查表 8-3。上游坡面为铅直时，$C = 1.0$，则流量公式可写成

$$Q = Cm\sigma_s\varepsilon B\sqrt{2g}\,H_0^{\frac{3}{2}} \tag{8-14}$$

表 8 - 3   上游堰面坡度影响系数 C 值

上游堰面坡度	P_1/H_d						
$\Delta y : \Delta x$	0.3	0.4	0.6	0.8	1.0	1.2	1.3
3:1	1.009	1.007	1.004	1.002	1.000	0.998	0.997
3:2	1.015	1.011	1.005	1.002	0.999	0.996	0.993
3:3	1.021	1.014	1.007	1.002	0.998	0.993	0.988

4. WES 堰侧收缩系数 ε

实践证明：侧收缩系数 ε 与边墩、闸墩头部的型式、闸孔的尺寸和数目以及堰前总水头 H_0 有关。可用下面经验公式计算：

$$\varepsilon = 1 - 0.2[\zeta_k + (n-1)\zeta_0]\frac{H_0}{nb} \tag{8-15}$$

式中 n——闸孔数；

H_0——上游全水头；

b——单孔宽度；

ζ_k、ζ_0——边墩和闸墩形状系数。

ζ_k 取决于边墩头部形状及进流方向。对于正向进水情况，可按图 8 - 12 选取。ζ_0 值取决于闸墩头部形状、闸墩伸向上游堰面的距离 L_u 及淹没程度 h_s/H_0，可查表 8 - 4。闸墩头部形状如图 8 - 13 所示。

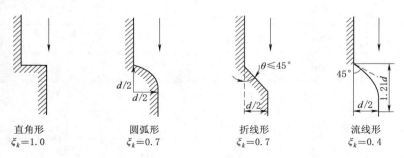

直角形   圆弧形   折线形   流线形
$\xi_k=1.0$ $\xi_k=0.7$ $\xi_k=0.7$ $\xi_k=0.4$

图 8 - 12 边墩形状平面示意图及形状系数

注意：式（8-15）在应用中，若 $\dfrac{H_0}{b} > 1.0$ 时，不论 $\dfrac{H_0}{b}$ 数值为多少，均按 $\dfrac{H_0}{b} = 1.0$ 计算。

表 8 - 4   闸 墩 形 状 系 数 ζ_0 值

墩头形状	$L_u = H_0$	$L_u = 0.5H_0$	$L_u = 0$			
			$h_s/H_0 \leqslant 0.75$	$h_s/H_0 = 0.80$	$h_s/H_0 = 0.85$	$h_s/H_0 = 0.90$
矩形	0.20	0.40	0.80	0.86	0.92	0.98
楔形或半圆形	0.15	0.30	0.45	0.51	0.57	0.63
尖圆形	0.15	0.15	0.25	0.32	0.39	0.46

注 h_s 为超过堰顶的下游水深。

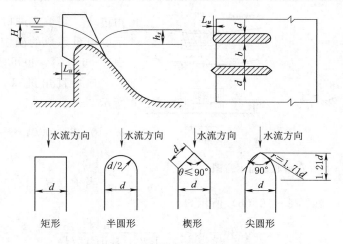

图 8-13　闸墩墩头形状平面示意图

5. 淹没条件及淹没系数 σ_s

在实际工程中，一般高堰多为自由出流，而低堰存在淹没出流现象。以下两种情况可以导致淹没出流：①当下游水位超过堰顶，且 $h_s/H_0 > 0.15$ 时；②当 $h_s/H_0 < 0.15$，同时 $P_2/H_0 < 2$ 时（这种情况属于下游护坦较高，即下游堰高 P_2 较小，使下游水位低于堰顶，受护坦影响，也产生淹没出流）。淹没出流时过堰水流受到下游水位的顶托，使流量降低。水力计算时用淹没系数 σ_s 反映其对过堰流量的影响，$\sigma_s < 1.0$。故实际堰流计算中要注意淹没条件。

对于 WES 剖面，σ_s 可由图 8-14 查得。淹没系数 σ_s 与 h_s/H_0（纵坐标）及 P_2/H_0（横坐标）有关。其中，h_s 为下游水深 h_t 超过堰顶的高度，即 $h_s = h_t - P_2$。由图 8-14可知，当 $h_s/H_0 \leqslant 0.15$，且 $P_2/H_0 \geqslant 2$ 时，为自由出流，$\sigma_s = 1.0$。

总之，实用堰过流能力水力计算中，关键的问题还是根据不同边界和水流条件，确定相应的流量系数 m、淹没系数 σ_s 和侧收缩系数 ε。

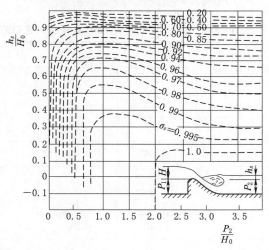

图 8-14　σ_s 与 h_s/H_0、P_2/H_0 的关系曲线图

四、宽顶堰流水力计算

泄水建筑物和引水建筑物中，除了采用曲线型实用堰外，采用宽顶堰的也很多，如水库的溢洪道进口，闸孔全开或无压涵管和涵洞进口、隧洞进口、施工围堰的水流等均发生宽顶堰流，如图 8-15 所示。

宽顶堰流量计算公式与实用堰相同，即

$$Q = m\sigma_s\varepsilon B\sqrt{2g}\,H_0^{\frac{3}{2}}$$

（一）有坎宽顶堰流量系数 m

宽顶堰的流量系数取决于堰的进口形状和相对高度 $\dfrac{P_1}{H}$，进口堰头形式有直角进口、圆

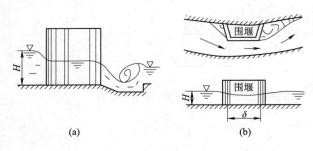

图 8-15　宽顶堰过流示意图

角进口、斜坡式进口等，如图 8-16 所示。流量系数的确定，可按表 8-5 和表 8-6 查得，也可按下式计算：

（1）直角进口：如图 8-16（a）所示，

$$m = 0.32 + 0.01 \times \frac{3 - P_1/H}{0.46 + 0.75 P_1/H}$$

$$(8-16)$$

当 $P_1/H \geqslant 3.0$ 时，取 $m = 0.32$。

（2）圆角进口：如图 8-16（b）所示，

$$m = 0.36 + 0.01 \times \frac{3 - P_1/H}{1.2 + 1.5 P_1/H}$$

$$(8-17)$$

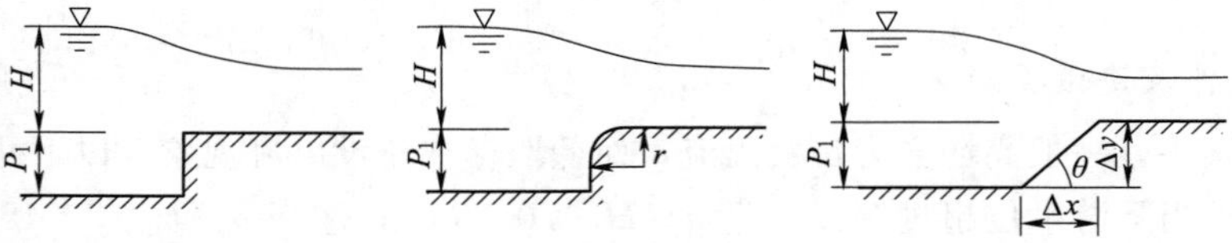

(a) 直角进口　　**(b) 圆角进口**　　**(c) 斜坡式进口**

图 8-16　宽顶堰进口（堰头）形状

当 $P_1/H \geqslant 3.0$ 时，取 $m = 0.36$。

表 8-5　　　　　　　　　　直角和斜坡式进口的宽顶堰流量系数 m 值

P_1/H	$\cot\theta$（Δx，Δy）					
	0	0.5	1.0	1.5	2.0	$\geqslant 2.5$
≈ 0	0.385	0.385	0.385	0.385	0.385	0.385
0.2	0.366	0.372	0.377	0.380	0.382	0.382
0.4	0.356	0.365	0.373	0.377	0.380	0.381
0.6	0.350	0.361	0.370	0.376	0.379	0.380
0.8	0.345	0.357	0.368	0.375	0.378	0.379
1.0	0.342	0.355	0.367	0.374	0.377	0.378
2.0	0.333	0.349	0.363	0.371	0.375	0.377
4.0	0.327	0.345	0.361	0.370	0.374	0.376
6.0	0.325	0.344	0.360	0.369	0.374	0.376
8.0	0.324	0.343	0.360	0.369	0.374	0.376
$\approx \infty$	0.320	0.340	0.358	0.368	0.373	0.375

（二）有坎宽顶堰侧收缩系数 ε

宽顶堰的侧收缩系数仍可用实用堰的侧收缩系数计算公式（8-15）计算。

表 8-6　　　　　　　　　　　圆角进口的宽顶堰流量系数 m 值

P_1/H ＼ r/H	0.025	0.05	0.100	0.200	0.400	0.600	0.800	≥1.000
≈0	0.385	0.385	0.385	0.385	0.385	0.385	0.385	0.385
0.2	0.372	0.374	0.375	0.377	0.379	0.380	0.381	0.382
0.4	0.365	0.368	0.370	0.374	0.376	0.377	0.379	0.381
0.6	0.361	0.364	0.367	0.370	0.374	0.376	0.378	0.380
0.8	0.357	0.361	0.364	0.368	0.372	0.375	0.377	0.379
1.0	0.355	0.359	0.362	0.366	0.371	0.374	0.376	0.378
2.0	0.349	0.354	0.358	0.363	0.368	0.371	0.375	0.377
4.0	0.345	0.350	0.355	0.360	0.3666	0.370	0.373	0.376
6.0	0.344	0.349	0.354	0.359	0.366	0.369	0.373	0.376
≈∞	0.340	0.346	0.351	0.357	0.364	0.368	0.372	0.375

（三）有坎宽顶堰淹没条件和淹没系数 σ_s

当下游水位较低，宽顶堰自由出流时，水面呈两次跌落，从堰口到堰顶有一次跌落，并在距进口约 $2H$ 处形成收缩断面且收缩断面水深 $h_c < h_k$，堰顶水流为急流；从堰顶到下游又一次跌落，为自由出流；当下游水位高于堰顶 $(h_s/H_0) < 0.8$，但低于临界水深 $K—K$ 线时，收缩断面水深仍小于临界水深，堰顶水流继续保持急流状态，仍为自由出流，如图 8-17（a）所示。

当下游水位继续上升至高于临界水深线时，堰顶产生波状水跃，如图 8-17（b）所示。随着下游水位不断上升，水跃位置向上移动。实践证明：当堰顶以上水深 $h_s \geq (0.75 \sim 0.85)H_0$ 时，水跃移至收缩断面上游，收缩断面水深大于临界水深，堰顶水流为缓流状态，堰流为淹没出流，如图 8-17（c）所示。故宽顶堰**淹没出流**的**判别条件**为 $h_s \geq 0.8H_0$。淹没系数 σ_s 可根据表 8-7 查得。

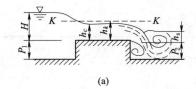
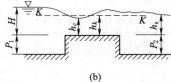
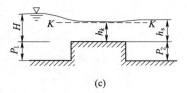

(a)　　　　　　　　　　(b)　　　　　　　　　　(c)

图 8-17　宽顶堰淹没过程示意图

表 8-7　　　　　　　　　　　宽顶堰淹没系数 σ_s 值

h_s/H_0	≤0.80	0.81	0.82	0.83	0.84	0.85	0.86	0.87	0.88	0.89
σ_s	1.00	0.995	0.990	0.98	0.97	0.96	0.95	0.93	0.90	0.87
h_s/H_0	0.90	0.91	0.92	0.93	0.94	0.95	0.96	0.97	0.98	
σ_s	0.84	0.82	0.78	0.74	0.70	0.65	0.59	0.50	0.40	

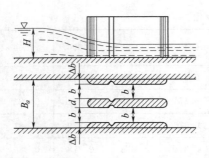

图 8-18　无坎宽顶堰示意图

（四）无底坎宽顶堰

实际工程中，当明渠水流流经桥墩、渡槽、隧洞的进口建筑物时，由于进口段的过水断面在平面上收缩，使过水断面减少，流速加大，部分势能转化为动能，也会形成水面跌落，这种水流现象称为**无坎宽顶堰流**（图 8-18）。无坎宽顶堰流的流量计算时，仍可使用宽顶堰的公式。但在计算中不再单独考虑侧向收缩的影响，而是把它包含在流量系数中，即

$$Q = \sigma_s m_0 nb \sqrt{2g} H_0^{\frac{3}{2}} \qquad (8-18)$$

式中　m_0——包含侧收缩影响在内的流量系数，可根据上游翼墙和闸墩的形状，闸孔宽度 b 与行近槽宽 B_0 的比值等因素，查表 8-8 可得。

（1）多孔闸堰流。流量系数按下式计算（参考《水利技术标准汇编》）：

$$m_0 = \frac{m_p(n-1) + m_a}{n} \qquad (8-19)$$

式中　m_p——中孔流量系数，查表 8-8 时，$\dfrac{b}{B_0}$ 用 $\dfrac{b}{b+d}$ 代替，d 为墩厚；

　　　m_a——边孔流量系数，查表 8-8 时，$\dfrac{b}{B_0}$ 用 $\dfrac{b}{b+\Delta b}$ 代替。当多孔闸只开少数孔时，Δb 为边墩边缘与上游引渠水边线之间的水平距离。

（2）单孔闸堰流流量系数。因进口翼墙形式（图 8-19）不同而异，查表 8-8。

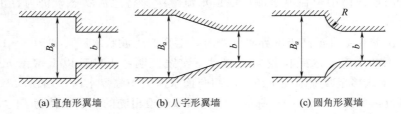

(a) 直角形翼墙　　　　　(b) 八字形翼墙　　　　　(c) 圆角形翼墙

图 8-19　无坎宽顶堰（进口）翼墙形式

表 8-8　　　　　　　　　　　无坎宽顶堰的流量系数 m_0 值

b/B_0	直角形翼墙	八字形翼墙				圆角形翼墙				
		$\cot\theta$				R/b				
		0.5	1.0	2.0	3.0	0.1	0.2	0.3	0.4	$\geqslant 0.5$
0	0.320	0.343	0.350	0.353	0.350	0.342	0.349	0.354	0.357	0.360
0.1	0.322	0.344	0.351	0.354	0.351	0.344	0.350	0.355	0.358	0.361
0.2	0.324	0.346	0.352	0.355	0.352	0.345	0.351	0.356	0.359	0.362
0.3	0.327	0.348	0.354	0.357	0.354	0.347	0.353	0.357	0.360	0.363
0.4	0.330	0.350	0.356	0.358	0.356	0.349	0.355	0.359	0.362	0.364
0.5	0.334	0.352	0.358	0.360	0.358	0.352	0.357	0.361	0.363	0.366
0.6	0.340	0.356	0.361	0.363	0.361	0.354	0.360	0.363	0.365	0.368

b/B_0	直角形翼墙	八字形翼墙				圆角形翼墙				
		$\cot\theta$				R/b				
		0.5	1.0	2.0	3.0	0.1	0.2	0.3	0.4	≥0.5
0.7	0.346	0.360	0.364	0.366	0.364	0.359	0.363	0.366	0.368	0.370
0.8	0.355	0.365	0.369	0.370	0.369	0.365	0.368	0.371	0.372	0.373
0.9	0.367	0.373	0.375	0.376	0.375	0.373	0.375	0.376	0.377	0.378
1.0	0.385	0.385	0.385	0.385	0.385	0.385	0.385	0.385	0.385	0.385

无坎宽顶堰的淹没系数 σ_s 可由表 8-7 查得。

注意：宽顶堰计算时，要注意行近流速水头的影响。宽顶堰在堰高较小或无坎的情况下，行近流速水头往往可占总水头相当大的比重。

五、堰流水力计算应用举例

【例 8-2】　当堰口断面水面宽度为 60cm，堰高 $P=50cm$，水头 $H=20cm$ 时，分别计算无侧收缩矩形薄壁堰、直角三角形薄壁堰的过流量。

解：（1）无侧收缩矩形薄壁堰：$B=b=0.6m$，$H=0.2m$，$P=50cm=0.5m$，由式（8-9）得流量系数

$$m_0 = 0.4034 + 0.0534\frac{H}{P} + \frac{1}{1601H - 4.5}$$
$$= 0.4034 + 0.0534 \times \frac{0.2}{0.5} + \frac{1}{1601 \times 0.2 - 4.5} = 0.428$$

由式（8-8）得

$$Q = m_0 B\sqrt{2g}H^{\frac{3}{2}} = 0.428 \times 0.6 \times \sqrt{2 \times 9.8} \times 0.2^{\frac{3}{2}} = 0.1017(\text{m}^3/\text{s}) = 101.7(\text{L/s})$$

（2）直角三角形薄壁堰：$H=0.2m$ 时，由式（8-11）有

$$Q = 1.343H^{2.47} = 1.343 \times 0.2^{2.47} = 0.0252(\text{m}^3/\text{s}) = 25.2(\text{L/s})$$

由上面的例题可以看出，在同样水头作用下，矩形薄壁堰的过流量大于三角形薄壁堰的过流量。

【例 8-3】　宽 150m 的河道设有 WES 型实用堰，上游堰面垂直，如图 8-20 所示。闸墩头部为圆弧形，边墩为半圆形，共 7 孔，每孔净宽 10m。当设计流量为 5600m³/s 时，相应的上游水位为 58.0m，下游水位为 40m，上下游河床高程为 20.0m。确定该实用堰堰顶高程。

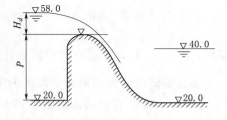

图 8-20　WES 型实用堰水力计算（单位：m）

解：因堰顶高程等于上游水位减去堰上水头，则应先计算设计水头，再计算堰顶高程。由堰流公式可得

$$H_0 = \left(\frac{Q}{\sigma_s \varepsilon m B\sqrt{2g}}\right)^{\frac{2}{3}}$$

（1）初步估算 H。

可假定 $H_0 \approx H$。由于侧收缩系数与上游作用水头有关，则可先假设侧收缩系数 ε，求出 H，再核算侧收缩系数 ε 值。因堰顶高程和水头 H_0 未知，先按自由出流计算，则取 $\sigma_s = 1.0$，然后再校核。由题意可知 $Q = 5600 \text{m}^3/\text{s}$，设 $\varepsilon = 0.90$，则有

$$H_0 = \left(\frac{5600}{1.0 \times 0.90 \times 0.502 \times 7 \times 10 \times \sqrt{2 \times 9.8}} \right)^{\frac{2}{3}} = 11.70 (\text{m})$$

（2）计算实际水头 H_0。

查图 8-12 得边墩形状系数为 0.7，闸墩形状系数为 0.45，因 $\dfrac{H_0}{b} = \dfrac{11.70}{10} = 1.17 > 1.0$，应按 $\dfrac{H_0}{b} = 1.0$ 计算 ε，即 $\varepsilon = 1 - 0.2[\zeta_k + (n-1)\zeta_0] \dfrac{H_0}{nb} = 1 - 0.2 \times [(7-1) \times 0.45 + 0.70] \times \dfrac{1}{7} = 0.903$。

用求得的 ε 近似值代入上式重新计算 H_0：

$$H_0 = \left(\frac{5600}{1.0 \times 0.903 \times 0.502 \times 70 \times \sqrt{2 \times 9.8}} \right)^{\frac{2}{3}} = 11.67 (\text{m})$$

又因 $\dfrac{H_0}{b} = \dfrac{11.67}{10} = 1.167 > 1.0$，仍按 $\dfrac{H_0}{b} = 1.0$ 计算，则所求的 ε 值不变，这说明以上所求的 $H_0 = 11.67 \text{m}$ 是正确的。

已知上游河道宽为 150m，上游设计水位为 58.0m，河床高程为 20.0m，近似按矩形断面计算上游过水断面面积：

$$A_0 = 150 \times (58.0 - 20.0) = 5700 (\text{m}^2)$$

$$v_0 = \frac{Q}{A_0} = \frac{5600}{5700} = 0.98 (\text{m/s})$$

则堰的设计水头　$H_d = H_0 - \dfrac{v_0^2}{2g} = 11.67 - \dfrac{0.98^2}{2 \times 9.8} = 11.67 - 0.049 = 11.62 (\text{m})$

（3）堰顶高程。

$$\text{堰顶高程} = \text{上游设计水位} - H_d = 58.0 - 11.62 = 46.38 (\text{m})$$

因下游堰高 $P_2 = 46.38 - 20.0 = 26.38$（m），$\dfrac{P_2}{H_0} = \dfrac{26.38}{11.67} = 2.26 > 2.0$，下游水面比堰顶低，$\dfrac{h_s}{H_0} < 0.15$，满足自由出流条件，以上按自由出流计算的结果是正确的。

最终确定该实用堰的堰顶高程为 46.38m。

【例 8-4】　在河道上修建拦河坝一座，溢流坝采用 WES 型实用剖面。已知上游水头 $H = 10 \text{m}$，上、下游堰高均为 35m，溢流坝上设闸，闸墩头部为半圆形，边墩为圆弧形，溢流量为 3000 m^3/s。初选闸门宽度不大于 8m。求闸孔总净宽、孔数和单孔宽度（按自由出流计算）。

解：根据实用堰流量计算公式 $Q = \sigma_s \varepsilon m B \sqrt{2g} H_0^{\frac{3}{2}}$，得

$$B = \frac{Q}{\sigma_s \varepsilon m \sqrt{2g} H_0^{\frac{3}{2}}}$$

（1）初估孔数。已知 $Q=3000\text{m}^3/\text{s}$，$H=10\text{m}$，$P_1=35\text{m}$，则 $P_1/H=3.5>1.33$ 为高堰，则可忽略行近流速水头的影响，$H_0\approx H$。在设计情况下的流量系数 $m=0.502$，初选闸门宽 $b=8\text{m}$，侧收缩系数 $\varepsilon=0.90$，$\sigma_s=1.0$，则闸孔总净宽为

$$B=\frac{Q}{\sigma_s\varepsilon m\sqrt{2g}H^{\frac{3}{2}}}=\frac{3000}{1.0\times0.90\times0.502\times\sqrt{19.6}\times10^{\frac{3}{2}}}=47.43\,(\text{m})$$

则孔数 $n=\dfrac{B}{b}=\dfrac{47.43}{8}=5.93$（孔），因孔数不能为小数，则取孔数为 6 孔。

（2）计算总净宽和单孔宽度。

根据闸墩形状和边墩形状查得 $\zeta_k=0.7$，$\zeta_0=0.45$，则侧收缩系数为

$$\varepsilon=1-0.2[\zeta_k+(n-1)\zeta_0]\frac{H_0}{nb}=1-0.2\times[0.7+(6-1)\times0.45]\times\frac{10}{6\times b}=1-\frac{0.9833}{b}$$

将此值代入 $Q=\sigma_s\varepsilon m B\sqrt{2g}H_0^{\frac{3}{2}}$，并将所有已知数代入有

$$3000=1.0\times\left(1-\frac{0.9833}{b}\right)\times0.502\times6\times b\times\sqrt{19.6}\times10^{\frac{3}{2}}$$

解得 $b=8.1\text{m}$，则闸门总净宽 $B=8.1\times6=48.6$（m）。

该溢流坝经计算得闸门总净宽为 48.6m，单孔宽为 8.1m，孔数 6 孔。

【例 8-5】　某灌溉渠道上的进水闸，闸底坎为具有圆角进口的宽顶堰，堰顶高程为 25.0m，渠底高程为 24.0m。共 7 个孔，每孔净宽 8m，闸墩头部为半圆形，边墩头部为流线形。当闸门全开时，上游水位为 29.0m，下游水位为 25.0m，闸前河道宽度为 90m，求过闸流量。

解：（1）求流量系数 m。

因为圆角进口，则采用式（8-17）：

堰高　　　　　　　　　$P_1=25.0-24.0=1.0$（m）

堰顶水头　　　　　　　$H=29.0-25.0=4.0$（m）

$$m=0.36+0.01\times\frac{3-P_1/H}{1.2+1.5P_1/H}=0.36+0.01\times\frac{3-1/4}{1.2+1.5\times1/4}=0.377$$

（2）求侧收缩系数。

查图 8-12 得边墩形状系数 $\zeta_k=0.4$，又因 $h_s=25.0-24.0=1.0$（m），先忽略行近流速水头的影响，$h_s/H=1.0/3.5=0.2857<0.75$，查表 8-4 得 $\zeta_0=0.45$，则侧收缩系数为

$$\varepsilon=1-0.2[\zeta_k+(n-1)\zeta_0]\frac{H_0}{nb}=1-0.2\times[0.4+(7-1)\times0.45]\times\frac{4}{7\times8}=0.956$$

（3）判别下游是否淹没。

因 $h_s/H_0=1.0/4=0.25<0.8$，则为自由出流，$\sigma_s=1.0$。

（4）因为流量未知，则行近流速无法求出，先设 $H_0\approx H$，求第一次流量。

$$Q=m\sigma_s\varepsilon B\sqrt{2g}H_0^{\frac{3}{2}}=0.377\times1.0\times0.956\times7\times8\times\sqrt{19.6}\times4.0^{\frac{3}{2}}=714.83(\text{m}^3/\text{s})$$

（5）计入上游行近流速，求第二次流量。

$$v_0=\frac{Q}{A}=\frac{Q}{B_0(H+P)}=\frac{714.83}{90\times(4.0+1)}=1.59(\text{m/s})$$

$$H_0=H+\frac{v_0^2}{2g}=4.0+\frac{1.59^2}{19.6}=4.13(\text{m})$$

$h_s/H_0 = 1.0/4.13 = 0.242 < 0.8$，为自由出流，淹没系数为 1.0。

查表 8-4 得 $\zeta_0 = 0.45$，则侧收缩系数为

$$\varepsilon = 1 - 0.2[\zeta_k + (n-1)\zeta_0]\frac{H_0}{nb} = 1 - 0.2[0.4 + (7-1) \times 0.45]\frac{4.13}{7 \times 8} = 0.954$$

则流量为

$$Q = m\sigma_s\varepsilon B\sqrt{2g}H_0^{\frac{3}{2}} = 0.377 \times 1.0 \times 0.954 \times 7 \times 8 \times \sqrt{19.6} \times 4.13^{\frac{3}{2}}$$
$$= 748.40(\text{m}^3/\text{s})$$

表 8-9 由于第二次流量值与第一次的流量［例 8-5］计算表值不等，故再求流量方法同上，列表 8-9 计算如下。

表 8-9　　　　　　　　　　　　　　　　［例 8-5］计算表

试算次数	$v_0/(\text{m/s})$	H_0/m	h_s/H_0	ζ_0	σ_s	ε	m	$Q/(\text{m}^3/\text{s})$
1	0	4.0	0.25	0.45	1.0	0.956	0.377	714.83
2	1.59	4.13	0.242	0.45	1.0	0.954	0.377	748.40
3	1.66	4.14	0.242	0.45	1.0	0.954	0.377	751.11
4	1.67	4.14	0.242	0.45	1.0	0.954	0.377	751.11

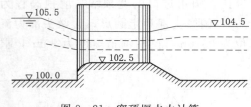

图 8-21　宽顶堰水力计算

最后确定闸孔出流量为 $751.11\text{m}^3/\text{s}$。

【例 8-6】　某单孔的进水闸，闸底坎为宽顶堰式，如图 8-21 所示，边墩墩头为圆弧形，上游引水水渠为矩形过水断面，宽度 $B_0 = 25\text{m}$，渠底高程为 100.0m，闸底坎高程为 102.5m，闸的设计流量为 $110.0\text{m}^3/\text{s}$，相应的上下游水位分别为 105.5m 和 104.5m，求闸的溢流宽度。

解：（1）判别宽顶堰的出流情况。

堰前水头　　　　　　　　$H = 105.5 - 102.5 = 3.0(\text{m})$

上游引渠过水断面面积

$$A = B_0(P + H) = 25 \times (105.5 - 100.0) = 137.5(\text{m}^2)$$

行近流速　　　　　　$v_0 = \frac{Q}{A} = \frac{110}{137.5} = 0.80(\text{m/s})$

堰前总水头　　　　$H_0 = H + \frac{v_0^2}{2g} = 3.0 + \frac{0.80^2}{19.6} = 3.03(\text{m})$

下游超高　　　　　　$h_s = 104.5 - 102.5 = 2.0(\text{m})$

则　　$h_s/H_0 = 2.0/3.03 = 0.66 < 0.8$，宽顶堰为自由出流，$\sigma_s = 1.0$。

（2）流量系数确定。

$$m = 0.36 + 0.01 \times \frac{3 - P_1/H}{1.2 + 1.5P_1/H} = 0.36 + 0.01 \times \frac{3 - 2.5/3}{1.2 + 1.5 \times 2.5/3} = 0.369$$

（3）确定闸的溢流孔宽度。

根据堰流公式 $Q = m\sigma_s\varepsilon B\sqrt{2g}H_0^{\frac{3}{2}}$，可得闸的溢流宽度。

由上式可知闸的溢流宽度 B 与堰的收缩系数 ε 有关，而要求 ε，闸的溢流宽度 B 就必须为已知，故只能试算求解。查图 8-12 得边墩形状系数为 $\zeta_k = 0.7$，则

$$\varepsilon = 1 - 0.2[\zeta_k + (n-1)\zeta_0]\frac{H_0}{nb} = 1 - 0.2 \times 0.7 \times \frac{3.03}{B} = 1 - \frac{0.4242}{B}$$

将已知代入流量公式得

$$110 = 0.369 \times 1.0 \times \left(1 - \frac{0.4242}{B}\right) \times B \times \sqrt{19.6} \times 3.03^{1.5}$$

解得
$$B = 13.2\text{m}$$

因 $H_0/b = 3.03/13.2 = 0.30 < 1$，则所得结果正确。

任务四　闸孔出流的水力计算

任务描述：本任务阐述了闸孔出流的水力计算。学生通过完成此任务，领会闸孔出流的基本规律，掌握闸孔出流的水力计算原理与方法，并学会其在工程中的应用。

在实际水利工程中，引水建筑物、分水建筑物以及泄水建筑物中常设置闸门来控制水位和流量。水闸底坎有宽顶堰型和实用堰型两种；闸门型式主要有平板闸门和弧形闸门两类。如果闸前水头 H 和闸门的开启高度 e 不随时间而变，则闸孔出流的流速和流量也不随时间变化，为恒定闸孔出流，否则为非恒定闸孔出流。闸孔出流水力计算的目的是：研究恒定闸孔出流过闸流量的大小与闸孔尺寸、闸门的开启高度、上下游水位、闸门类型及底坎型式等的关系，并给出相应的水力计算公式。下面分别进行阐述。

一、闸孔出流的水力特征

（一）宽顶堰上闸孔出流水力特征

为了简化，先分析平底渠槽的平板闸门闸孔出流，如图 8 - 22 所示。水流经闸孔出流后，由于水流惯性作用，受闸门的约束，大约在距闸门 $(0.5 \sim 1.0)e$ 处出现水深最小的收缩断面。收缩断面 c—c 处的水深 h_c 一般小于临界水深 h_k，水流为急流状态，而闸孔下游渠槽中的水深 h_t 一般大于临界水深 h_k，水流为缓流，因此闸后必然发生水跃现象。水跃的位置随下游水深的大小而变，发生的位置不同对闸孔出流的影响就不一样，使得闸孔出流分为自由出流和淹没出流两类。

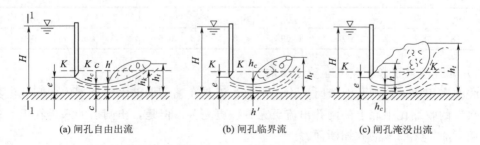

|(a) 闸孔自由出流|(b) 闸孔临界流|(c) 闸孔淹没出流|

图 8 - 22　平底坎（宽顶堰）闸孔的出流及其水跃形式

设 h_c'' 为收缩面水深 h_c 的跃后共轭水深。当下游水深较小且 $h_t < h_c''$ 时，闸后发生远离式水跃，如图 8 - 22 （a）所示；而当 $h_t = h_c''$ 时，闸后发生临界式水跃，如图 8 - 22 （b）所示。以上两种水跃下游水位不影响闸孔的过流能力，闸孔为**自由出流**。当下游水深较大且 $h_t > h_c''$ 时，闸后产生淹没式水跃［图 8 - 22 （c）］，下游水位影响了闸孔泄流，称为闸孔**淹没出流**。

注意：对于有坎宽顶堰上的闸孔出流，只要闸孔断面位于宽顶堰进口后一定距离处，且

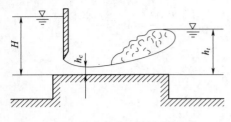

图8-23　有坎宽顶堰闸孔出流

收缩断面仍位于堰顶之上，如图8-23所示，上述判别条件也完全适用。也就是说，宽顶堰上闸孔出流无论有坎还是无坎，当下游水深不大且$h_t \leqslant h_c''$时，下游水位不影响闸孔的过流能力，闸孔为**自由出流**。当下游水深较大且$h_t > h_c''$时，下游水位影响了闸孔泄流，称为**闸孔淹没出流**。

闸孔出流收缩程度可用垂直收缩系数ε'表示，其值的大小主要取决于闸门门型、闸门的相对开度$\dfrac{e}{H}$以及闸底坎形式：

$$\varepsilon' = \frac{A_c}{A} = \frac{h_c}{e} \qquad (8-20)$$

平板闸门的垂直收缩系数可由理论分析求得，并已经实验验证，可按表8-10选用。

表8-10　　　　　　　　　　　　　平板闸门垂直收缩系数ε

e/H	0.10	0.15	0.20	0.25	0.30	0.35	0.40
ε'	0.615	0.618	0.620	0.622	0.625	0.628	0.630
e/H	0.45	0.50	0.55	0.60	0.65	0.70	0.75
ε'	0.638	0.645	0.650	0.660	0.675	0.690	0.705

闸底板为平底的弧形闸门垂直收缩系数ε'主要取决于闸门底缘切线与水平线的夹角θ。ε'与θ之间（图8-24）的关系可查表8-11。

θ值可按下式计算：

$$\cos\theta = \frac{c - e}{R} \qquad (8-21)$$

式中　c——弧形闸门的转轴高度；

　　　R——弧形闸门的旋转半径。

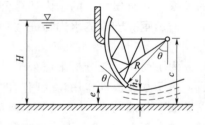

图8-24　平底坎弧形闸门下出流

表8-11　　　　　　　　　　　　弧形闸门的垂直收缩系数

θ	35	40	45	50	55	60	65	70	75	80	85	90
ε'	0.789	0.766	0.742	0.720	0.698	0.678	0.622	0.646	0.635	0.627	0.622	0.620

（二）曲线型实用堰上闸孔出流水力特征

曲线型实用堰上的闸孔泄流时，由于闸前水流是在整个堰前水深范围内向闸孔汇集，因此出孔水流的收缩比平底上的闸孔出流更充分、更完善。但是，出闸后的水舌在重力作用下紧贴堰面下泄，无明显的收缩断面。

曲线型实用堰上的闸孔出流也分为自由出流和淹没出流（图8-25）。当闸下水位高于闸门底坎时，闸下出现淹没式水跃，水跃前端接触闸门底缘，则产生闸孔淹没出流。但一般情况下，实用堰为高堰，闸孔出流多为自由出流，只有为低堰闸孔出流时，才可能产生淹没出流。

二、闸孔出流的水力计算

（一）闸孔出流水力计算基本公式

如图8-22（a）所示平板闸门下自由出流，在上游取断面1—1和闸后断面c—c列能量

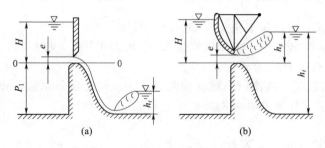

图 8-25　曲线型实用堰闸孔出流

方程：

$$H + 0 + \frac{\alpha_0 v_0^2}{2g} = h_c + \frac{\alpha_c v_c^2}{2g} + \zeta \frac{v_c^2}{2g}$$

整理得

$$v_c = \frac{1}{\sqrt{1+\zeta}} \sqrt{2g(H_0 - h_c)}$$

令 $\varphi = \dfrac{1}{\sqrt{1+\zeta}}$，$\varphi$ 称为流速系数，设闸孔的宽度为 b，则收缩断面面积 $A_c = b\varepsilon' e$，则通过闸孔的流量为

$$Q = \varphi\varepsilon' be \sqrt{2g(H_0 - h_c)} \qquad (8-22)$$

为了便于应用，式（8-22）还可以简化为更简单的形式，整理上式得

$$Q = \varphi\varepsilon' \sqrt{1 - \varepsilon' \frac{e}{H_0}} be \sqrt{2gH_0}$$

令 $\mu = \varphi\varepsilon' \sqrt{1 - \varepsilon' \dfrac{e}{H_0}}$，$\mu$ 称为闸孔出流的流量系数，则得

$$Q = \mu be \sqrt{2gH_0} \qquad (8-23)$$

式（8-22）、式（8-23）即为闸孔自由出流水力计算基本公式。式（8-23）形式简单，更方便使用。

当闸孔泄流发生淹没出流时，如图 8-22（c）、图 8-25（b）所示，下游水位变化将影响闸孔过流能力，淹没出流时的流量计算公式为

$$Q = \sigma_s \mu be \sqrt{2gH_0} \qquad (8-24)$$

式中　σ_s——闸孔出流的淹没系数，它反映下游水深对过闸水流的淹没影响程度。

式（8-24）为闸孔淹没出流水力计算基本公式。

工程实践中运用基本公式进行闸孔出流水力计算时，需注意以下几点：

（1）对于多孔、有边墩或闸墩的闸孔出流，因为侧向收缩相对垂直收缩程度来说，影响很小，一般情况下不必考虑，但流量公式中的 b 应变为 $B = nb$。

$$Q = \sigma_s \mu Be \sqrt{2gH_0} \qquad (8-25)$$

式中　n——闸孔数；

　　　b——单孔宽度。

（2）对于有坎宽顶堰、实用堰底坎的闸孔出流，上述公式同样适用，主要区别在于出流边界条件发生变化，造成流量系数的不同。

（3）由式（8-24）可知，闸孔出流的流量与上游作用水头 H 的 1/2 次方成正比例，即

$Q \propto H_0^{\frac{1}{2}}$。这一点与堰流的流量水头关系 $Q \propto H_0^{\frac{3}{2}}$ 不同。

（4）当闸前水头 H 较大或上游闸底坎高度 P_1 较大而开度 e 较小时，行近流速水头可忽略不计，即可取 $H_0 \approx H$ 代入公式计算。

（5）闸孔淹没出流时，其流量系数 μ 值与自由出流时的流量系数值相同。

（二）闸孔出流水力计算中的有关系数

1. 流量系数 μ

（1）宽顶堰上闸孔出流流量系数。

由上述推导过程可知，平底或宽顶堰上的闸孔出流流量系数的表达式为

$$\mu = \varphi \varepsilon' \sqrt{1 - \varepsilon' \frac{e}{H_0}} \qquad (8-26)$$

式中　ε'——垂直收缩系数，查表 $8-10$、表 $8-11$；

　　　φ——流速系数，反映了过闸水流的局部水头损失和收缩断面或闸孔断面的流速分布不均匀性的影响。φ 值取决于闸孔入口的边界条件，与闸坎型式、闸门底缘形状和闸门的相对开度 $\dfrac{e}{H}$ 等因素有关，目前尚无准确的计算方法，一般可查相应资料中的表格，见表 $8-12$。

表 8 - 12　　　　　　　　　　　　平板闸门的流速系数 φ 值

闸坎型式	水流图形	φ
闸孔出流的跌水		0.97～1.00
闸下底孔出流		0.95～1.00
堰顶有闸门的曲线形实用堰流		0.80～50.95
闸底坎高于渠底的闸孔出流		0.85～0.95

流量系数也可以由经验公式计算（根据《水利技术标准汇编》中公式）。

1）平底平板闸门（下游平坡）：

$$\mu = 0.454 \left(\frac{e}{H} \right)^{-0.138} \qquad (8-27)$$

2）弧形门平底闸（下游平坡）：

$$\mu = 1 - 0.0166 \theta^{0.723} - (0.582 - 0.0371 \theta^{0.547}) \frac{e}{H} \qquad (8-28)$$

经验公式中 $\dfrac{e}{H} \geqslant 0.03$。

（2）曲线型实用堰上闸孔出流流量系数。

对于曲线型实用堰上的闸孔出流，如果取闸孔断面代替断面 $c—c$，类似上述推导可得其流量系数的表达式为

$$\mu=\varphi\sqrt{1-\beta\frac{e}{H_0}} \tag{8-29}$$

式中　β——闸孔断面的平均测压管水头与闸孔开度的比值，它也取决于闸孔入孔边界条件和闸孔的相对开度 $\dfrac{e}{H}$。

综上所述，闸孔自由出流的流量系数 μ 值，取决于闸底坎形式、闸门形式及闸孔相对开度 $\dfrac{e}{H}$ 的大小。

利用经验公式求 μ 值。

1）平板门曲线型实用堰闸：

$$\mu=0.530\left(\frac{e}{H}\right)^{-0.120} \tag{8-30}$$

2）弧形门曲线型实用堰闸：

$$\mu=0.531\left(\frac{e}{H}\right)^{-0.139} \tag{8-31}$$

经验公式中 $\dfrac{e}{H}\geqslant 0.03$。

2. 淹没条件及淹没系数

由前面的图 8-22（c）、图 8-25（b）所示，闸孔出流的淹没条件为当下游水深 h_t 较大，且 $h_t>h''_c$ 时，闸后产生淹没式水跃，闸孔为淹没出流。闸孔淹没出流时下游水位变化将影响闸孔过流能力，淹没系数 σ_s 就是用来反映下游水深对过闸水流的淹没影响程度，它也体现了下游水位变化对闸孔过流能力的影响程度。

对于平板闸门判别为淹没出流时，可利用 e/H、$\Delta Z/H$ 查图 8-26 得淹没系数。

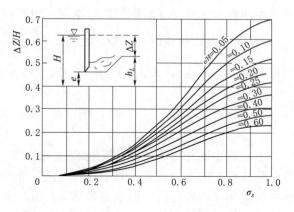

图 8-26　σ_s 与 e/H、$\Delta Z/H$ 关系曲线图

【例 8-7】 某矩形渠道中修建一水闸，共 3 孔，每孔宽度 3m，闸门为平板闸门，闸底板与渠底齐平，闸前水深 5m，闸门开度 1.2m，求闸孔自由出流时的流量。当下游水位升高为 4.0m 时，其他条件不变，试求此情形下的闸孔出流量。

解：（1）闸孔自由出流时的流量计算。

1）判别是否为闸孔出流。因为 $\dfrac{e}{H}=\dfrac{1.2}{5}=0.24<0.65$，故为闸孔出流，忽略闸上游流速水头的影响，$H\approx H_0$。

2）计算流量系数。

a) 利用公式 $\mu = \varphi \varepsilon' \sqrt{1 - \varepsilon' \dfrac{e}{H_0}}$，由 $\dfrac{e}{H} = 0.24$ 查表 8-10 内插得 $\varepsilon' = 0.6216$，查表 8-12 取流速系数 $\varphi = 0.97$，则流量系数为

$$\mu = \varphi \varepsilon' \sqrt{1 - \varepsilon' \frac{e}{H_0}} = 0.97 \times 0.6216 \times \sqrt{1 - 0.6216 \times 0.24} = 0.556$$

b) 用经验公式计算流量系数：

$$\mu = 0.454 \left(\frac{e}{H} \right)^{-0.138} = 0.454 \times (0.24)^{-0.138} = 0.553$$

由上可知，两种计算流量系数的方法所得的值基本相同。

3）计算流量。

$$Q = \mu B e \sqrt{2gH_0} = 0.55 \times 3 \times 3 \times 1.2 \times \sqrt{2 \times 9.8 \times 5} = 58.8 (\text{m}^3/\text{s})$$

（2）下游水位升高时的闸孔出流量计算。

1）判别闸后水跃形式。因闸后的水深 $h_t = 4.0\text{m} > e = 1.20\text{m}$，则可能为淹没出流。

由 $\dfrac{e}{H} = 0.24$ 查表 8-10 内插得 $\varepsilon = 0.6216$，查表 8-12 流速系数 $\varphi = 0.97$，则

$$h_c = \varepsilon' e = 0.6216 \times 1.2 = 0.746 (\text{m})$$

$$v_c = \varphi \sqrt{2g(H_0 - h_c)} = 0.97 \times \sqrt{19.6 \times (5 - 0.746)} = 8.86 (\text{m/s})$$

$$h_c'' = \frac{h_c}{2} \left(\sqrt{1 + 8 \frac{v_c^2}{gh_c}} - 1 \right) = \frac{0.746}{2} \left(\sqrt{1 + 8 \times \frac{8.86^2}{9.8 \times 0.746}} - 1 \right) = 3.10 (\text{m}) < h_t$$

即下游水深大于临界式水跃的跃后水深，为淹没水跃，则闸孔为淹没出流。

2）闸孔淹没出流时的流量。由 $\dfrac{\Delta Z}{H} = \dfrac{5-4}{5} = 0.2$，$\dfrac{e}{H} = 0.24$，查图 8-26 得 $\sigma_s = 0.56$。

实际流量：$Q = \sigma_s \mu b e \sqrt{2gH_0} = 0.56 \times 0.556 \times 3 \times 3 \times 1.2 \times \sqrt{2 \times 9.8 \times 5} = 33.3 (\text{m}^3/\text{s})$

项 目 学 习 小 结

本项目主要介绍了过流建筑物概述及分类、孔口与管嘴出流水力计算、堰流的水力计算、闸孔出流的水力计算。其中孔口出流、管嘴出流、堰流和闸孔出流的水力计算及其在工程中的运用等内容是教学的重点和难点。通过本项目的学习，学生应当了解过流建筑物的基本情况，熟悉过流建筑物的分类及孔口出流与管嘴出流水力计算的区别，领会堰流和闸孔出流的基本规律，掌握堰流和闸孔出流的水力计算原理和方法，并学会其在工程中的运用。

职 业 能 力 训 练 八

一、单项选择题

1. 在装有液体的容器壁上开设孔口，再加设短管或器壁较厚，且器壁厚度或加设短管长度是孔口尺寸的 3～4 倍，液体经此泄出的水流现象称为（　　）。

A. 孔口出流　　　　B. 管嘴出流　　　　C. 闸孔出流　　　　D. 堰流

2. 某水闸闸门下水流为堰流，闸底坎为曲线型坎，则其闸门相对开度 e/H 应为（　　）。

A. $e/H \leqslant 0.75$　　　B. $e/H \leqslant 0.65$　　　C. $e/H > 0.75$　　　D. $e/H > 0.65$

3. 对于圆形孔口，把孔径 d 与孔口水头 H 之比为（　　）时，称为小孔口。

A. $d/H \leqslant 0.5$　　　B. $d/H \leqslant 0.1$　　　C. $d/H > 0.5$　　　D. $d/H > 0.1$

4. 一般根据堰顶厚度 δ 与堰顶水头 H 的比值为（　　）时，过堰水流为薄壁堰流。

A. $\delta/H < 0.67$　　B. $0.67 < \delta/H < 2.5$　　C. $2.5 < \delta/H < 10$　　D. $\delta/H > 10$

5. 过堰水流流量 Q 与堰顶总水头 H_0 成正比，关系为（　　）。

A. $Q \propto H_0^{\frac{1}{2}}$　　　　B. $Q \propto H_0^2$　　　　C. $Q \propto H_0^{\frac{3}{2}}$　　　　D. $Q \propto H_0^3$

二、多项选择题

1. 工程实际中，装有闸门的堰上是发生堰流还是发生闸孔出流，与（　　）等因素有关。

A. 闸底坎型式　　　　　B. 闸门门型　　　　C. 闸门高度

D. 闸门相对开度　　　　E. 闸门在堰顶的位置

2. 保证管嘴正常工作应满足的条件是（　　）。

A. 管嘴直径 d 与孔口水头 H 的比值 $d/H \leqslant 0.5$

B. 管嘴直径 d 与孔口水头 H 的比值 $d/H > 0.5$

C. 管嘴长度 l 与直径 d 的关系为 $l = (3 \sim 4)d$

D. 管嘴长度 l 与直径 d 的关系为 $l = (1 \sim 2)d$

E. 管嘴内收缩断面 $c—c$ 处真空度不能太大

3. 管嘴出流流量 Q 与出口断面中心水头 H_0 或 H 的关系有（　　）。

A. $Q \propto H^{\frac{1}{2}}$　　　　　　B. $Q \propto H_0^{\frac{1}{2}}$　　　　　C. $Q \propto H_0^2$

D. $Q \propto H^2$　　　　　　　　E. $Q \propto AH$

4. 堰流水力特征有（　　）。

A. 上游水位壅高　　　　　B. 水流四周均受到边界约束

C. 具有明显的水面降落　　D. 水流趋近堰顶时流线收缩、流速增大

E. 下泄水流收缩断面 $c—c$ 处有一定真空度

5. 闸孔出流流量 Q 与上游作用水头 H_0 或 H 的关系有（　　）。

A. $Q \propto H_0^2$　　　　　　B. $Q \propto H^2$　　　　　C. $Q \propto H_0^{\frac{1}{2}}$

D. $Q \propto H^{\frac{1}{2}}$　　　　　　E. $Q \propto AH$

三、判断题

1. 堰流与闸孔出流是两种相同的水力现象。　　　　　　　　　　　　　　　（　　）

2. 堰流或闸孔出流流段上所发生的能量损失主要是局部水头损失，沿程水头损失可忽略不计。　　　　　　　　　　　　　　　　　　　　　　　　　　　　　　　　（　　）

3. 当闸底坎为平底坎，闸门相对开度 $e/H \leqslant 0.75$ 时，过流为闸孔出流。　　（　　）

4. 当堰顶厚度与堰顶水头的比值 δ/H 为 $0.67 < \delta/H < 2.5$ 时，水流则为宽顶堰流。

　　　　　　　　　　　　　　　　　　　　　　　　　　　　　　　　　　（　　）

5. 闸孔出流流量 Q 与上游作用水头 H_0 的 3/2 次方成正比。　　　　　　（　　）

四、简答题

1. 什么叫堰流和闸孔出流？堰流和闸孔出流有何区别和联系？

2. 在孔口断面面积和上游水头相等的条件下，为什么管嘴比孔口过流能力大？

3. 宽顶堰下游产生淹没水跃时，是否一定是淹没出流？宽顶堰的淹没出流如何判别？

4. 闸孔出流发生淹没出流时，下游是否一定为淹没水跃？

5. 图 8-27 中的溢流坝只是作用水头不同，其他条件完全相同，试问：流量系数哪个大？哪个小？为什么？

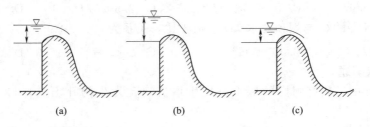

图 8-27　简答题 5

五、计算题

1. 有一薄壁小孔口，直径 $d=20\text{mm}$，水头 $H=2.0\text{m}$，现测得收缩断面的直径 $d_c=18\text{mm}$，在 20s 时间内，经孔口流出的水量为 24.5L，试求孔口的收缩系数 ε'、流速系数 φ、流量系数 μ。

2. 一矩形渠槽中设置一无侧收缩的矩形薄壁堰。已知堰宽 $b=0.5\text{m}$，上下游堰高相同，$P_1=0.70\text{m}$，下游水深 $h_t=0.6\text{m}$，当堰上水头 $H=0.4\text{m}$ 时，试求过堰流量。

3. 某电站溢洪道拟采用 WES 曲线型实用堰（图 8-28）。已知：上游设计水位高程为 267.85m；设计流量 $Q_d=684\text{m}^3/\text{s}$，对应的下游水位高程 210.5m；筑坝处河底高程为 180m；上游河道近似为矩形断面，水面宽度 $B=200\text{m}$，已确定溢流坝做成 3 孔，每孔净宽 $b=16\text{m}$；闸墩头部为半圆形，边墩头部为圆弧形。试确定：①堰顶高程；②假设堰顶高程为 240.50m，当通过流量 $Q=700\text{m}^3/\text{s}$ 所需的堰顶单孔净宽 b 为多少？③当上游水位高程分别为 267.0m 和 269.0m 时，自由出流情况下通过堰的泄流量。

4. 某矩形断面渠道上修建一宽顶堰（图 8-29）。堰宽 $b=2\text{m}$，堰高 $P_1=P_2=1.0\text{m}$，边墩头部为方形，堰顶头部为直角形。若 $H=2\text{m}$ 时，求下列情况下的过堰流量：①渠道宽度 $B=2\text{m}$，堰顶以上的下游水深 $h_s=1.0\text{m}$；②$B=3\text{m}$，$h_s=1.6\text{m}$。

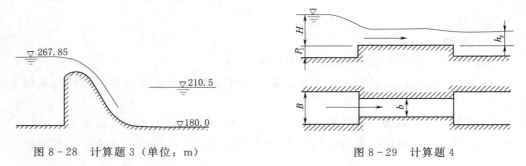

图 8-28　计算题 3（单位：m）

图 8-29　计算题 4

5. 在一梯形长渠道上建闸，建闸处为矩形断面，下游用渐变段与梯形渠道相连。过闸流量 $Q=40\text{m}^3/\text{s}$，渠道底宽 $b=12\text{m}$，边坡系数 $m=1.5$，渠底坡度 $i=0.0004$，粗糙系数 $n=0.025$。每孔闸宽 $b=4\text{m}$，共两孔，当闸门开度 $e=1.0\text{m}$ 时，问闸前水深 H 为多少？（提示：判别闸孔出流形式时，需要计算梯形渠道的正常水深 h_0。）若用平板闸门控制流量，闸底坎高度为零，闸墩头部为半圆形，墩厚 $d=0.8$m；边墩头部为矩形。试求闸孔开度 $e=0.6$m，闸前水深 $H=1.6$m 时，保证通过流量 $Q=10.0$m³/s 时，所需的闸孔宽度 b（下游为自由出流）。

6. 某水利枢纽设有平底冲沙闸，用弧形闸门控制流量。闸孔宽 $b=10$m，弧形门半径 $R=15$m，门轴高程为 16.0m，上游水位高程为 18.0m，闸底板高程为 6.0m。试计算：闸孔开度 $e=2.0$m，下游水位高程为 8.5m 及 14.0m 时，通过闸孔的流量（不计行近流速水头的影响）。

项目九　泄水建筑物下游消能分析计算

项目描述：本项目主要包括三个任务：泄水建筑物下游消能的主要形式与原理、底流式衔接与消能的水力计算和消力池的水力计算。通过本项目的学习，学生首先要熟悉泄水建筑物下游消能的主要形式，领会泄水建筑物下游消能的基本原理，掌握底流式衔接与消能及其消力池的水力计算方法，并学会初步应用。

项目学习目标：通过本项目的学习，了解泄水建筑物下游消能的主要形式，领会泄水建筑物下游消能的基本原理，掌握底流式衔接与消能及其消力池的水力计算方法，并学会其在工程中的运用。

项目学习的重点：泄水建筑物下游消能的基本原理、底流式衔接与消能及其消力池的水力计算。

项目学习的难点：底流式衔接与消能和消力池的水力计算及其工程运用。

任务一　泄水建筑物下游消能的主要形式与原理

任务描述：本任务主要介绍了泄水建筑物下游消能的主要形式与原理。通过此任务的介绍，为后续的底流式衔接与消能和消力池的水力计算及其工程应用等内容的学习打下必要的基础。

前面我们学习了堰、闸等过流建筑物泄流能力的分析计算，那么经泄水建筑物下泄水流还会对泄水建筑物及下游河道的运行安全产生一定的不利影响。若采取科学处理措施，不仅能使泄水建筑物自身安全得以保证，还能使下游河床不遭受冲刷破坏，那么采取什么处理措施才能使泄水建筑物安全，且下游河床也不受冲刷呢？本项目主要讨论和解决这个问题。

一、泄水建物下游水流衔接问题的重要性

为了控制、利用水流，在河、渠中修建了堰、闸、跌坎等泄水建筑物，使上游水位抬高，上下游形成明显的落差，从而改变了原河渠的水力特性。此外，考虑工程造价及建筑物的平面布置合理性等因素，泄水建筑物的泄流宽度一般都小于原河渠宽度，使下泄水流的流量集中，单宽流量增大，从而使下泄水流流速很高，动能很大，下泄至下游河道时与河道中的水流状态不相适应。如不妥善解决，将会导致以下严重的后果：

（1）下游河床及其岸坡将遭受高速水流的冲刷破坏，会危及建筑物本身的安全。

（2）因溢流宽度缩窄，单宽流量集中，下游水流运动的平面分布更加复杂化，不利于整个枢纽的运行。

因此，从水力分析与计算角度看，必须解决水流从高水位向低水位过渡时的水流衔接问题和减小因单宽流量集中以及较大的水位差转化为较大动能时水流对下游河道的冲刷（即消能）问题。

只有解决好上述问题，才可保证建筑物的安全以及避免下泄水流对枢纽其他建筑物（电

站和航运建筑物）的不利影响，这是研究水流衔接与消能的基本任务。

水流的衔接与消能是一个问题的两个方面，两者不是孤立的，一定的衔接形式恰好表明了相应消能机理的实质，解决了消能问题，同时也伴随着解决水流的衔接问题。

若不采取有效工程措施消除下泄水流能量，会冲刷紧接泄水建筑物的河槽，危及建筑物的安全。所以，需在泄水建筑物下游设置消能工程，以消除下泄水流能量，保护建筑物的安全。

二、泄水建筑物下游水流衔接与消能的主要形式

目前，工程实践中常采用的水流衔接与消能形式主要有以下几种。

1. 底流式衔接与消能

水流自闸、坝下泄时，势能逐渐转化为动能，流速增大，水深减小，到达断面 c—c，水深最小，称该断面为收缩断面，其水深以 h_c 表示，h_c 一般都小于临界水深，水流属于急流，而下游河渠中的水深 h_t 常大于临界水深，属于缓流。由急流向缓流过渡，必然要发生水跃，如图 9-1（a）所示。底流式衔接与消能就是在建筑物下游修建消力池［图 9-1（b）、(c)]，控制水跃在消力池内发生，利用水跃消能可消耗大部分下泄水流能量，同时可以减小急流范围，使水流安全地与下游缓流衔接。在这种衔接与消能过程中，因为水跃发生在消力池内，水流主流靠近河床底部，因此称这种衔接消能为**底流式衔接与消能**。底流式衔接与消能多用于中、低水头及下游地质条件较差的泄水建筑物的消能。

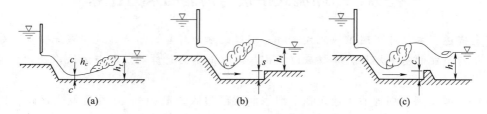

图 9-1 底流式衔接与消能形式

2. 挑流式衔接与消能

这种消能方式是利用在泄水建筑物末端修建的反弧坎，将下泄的水流挑离建筑物，使之落入下游较远的河道中，如图 9-2 所示。挑射的水流在空中受到空气阻力，水舌扩散，消耗一部分能量。落入下游水流中后，与下游水体碰撞，产生剧烈的混掺紊动，又消耗大量的能量，从而达到消能目的。因为是被挑向下游与

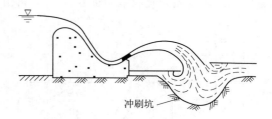

图 9-2 挑流式衔接与消能形式

下游水流进行衔接，因此称这种衔接与消能为**挑流式衔接与消能**。挑流式衔接与消能多用于高水头且下游河床地质条件好的泄水建筑物下游的消能。

3. 面流式衔接与消能

当下游水深较大且较稳定时，常将建筑物末端做成垂直跌坎，跌坎顶部低于下游水位，如图 9-3 所示。下泄的水流被送到下游水流表层，底部形成巨大的漩滚，然后主流在垂直方向逐渐扩散，并与下游水流衔接。其消能是在底部漩滚和主流扩散的过程中实现的。因为高流速的主流位于表层，故称这种消能衔接形式为**面流式衔接与消能**。

4. 其他衔接与消能形式

上述三种基本衔接消能形式虽在实际工程中被广泛采用，但除此外，还有戽流式消能、孔板式消能、竖井涡流消能、对冲式消能等形式，这些衔接消能方式一般都是基本衔接消能形式的结合或者是在具体工程条件下的发展应用。例如图9-4所示就是一种底流与面流相结合的形式，称为戽流式衔接与消能。消能方式的选择是比较复杂的问题，需要根据每个工程的泄流条件、工程运用要求以及下游河道的地形、地质条件进行综合分析研究。

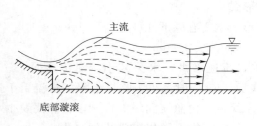

图9-3　面流式衔接与消能形式

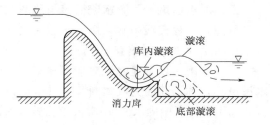

图9-4　戽流式衔接与消能形式

重要的水利工程往往需要进行水工模型试验确定衔接消能方式。本项目主要介绍常用的底流式衔接与消能的水力计算方法，其他衔接消能形式只作简单介绍。

任务二　底流式衔接与消能的水力计算

任务描述： 本任务阐述了底流式衔接与消能的水力计算。学生通过完成此任务，领会底流式衔接与消能的基本规律，掌握底流式衔接与消能水力计算的原理与方法，并学会其工程应用。

我们知道，闸、坝等泄水建筑物下泄水流要经过收缩断面 c—c 并且发生水跃，以水跃的形式与下游水流衔接，研究表明：当水跃发生在收缩断面前后的位置不同，将会发生不同的水跃衔接形式，而水跃衔接形式决定了是否需要采取消能措施。要判断会发生哪一种水跃衔接形式，需先知晓收缩断面水深 h_c，再由 h_c 推求 h_c'' 而后作判断。所以底流式衔接与消能的水力计算第一步要求计算 h_c，第二步由 h_c 计算 h_c''，并判断水跃衔接形式，由水跃衔接形式决定是否需要进行消能，第三步是进行消能水力计算。下面按步骤分别予以阐述。

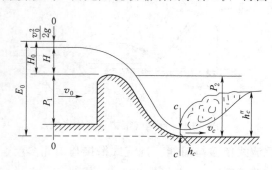

图9-5　底流式衔接与消能的水力计算

一、收缩断面水深 h_c 的计算

以图9-5所示的溢流坝为例，建立收缩断面水深计算的基本方程。通过收缩断面底部的水平面为基准面，对断面0—0和断面 c—c 列能量方程，可得下式：

$$E_0 = h_c + \frac{\alpha_c v_c^2}{2g} + h_\omega \qquad (9-1)$$

式中　h_c、v_c——收缩断面的水深与流速；

　　　　h_ω——断面0—0至断面 c—c 的水头损失；

E_0——堰前总水头。

由图 9-5 可以看出　　$E_0 = P_2 + H_0 = P_2 + H + \dfrac{\alpha_0 v_0^2}{2g}$

令 $h_\omega = \zeta v_c^2 / 2g$，流速系数 $\varphi = 1/\sqrt{\alpha_c + \zeta}$，则式（9-1）可写为

$$E_0 = h_c + \frac{v_c^2}{2g\varphi^2} = h_c + \frac{Q^2}{2g\varphi^2 A_c^2} \tag{9-2}$$

式中　Q——下泄流量；

　　　A_c——收缩断面面积。

式（9-2）为计算 h_c 的一般公式，可以看出，求 h_c 要解高次方程，需要用试算法求解。

对矩形断面，$A_c = b h_c$，取单宽流量 $q = \dfrac{Q}{b}$，则

$$E_0 = h_c + \frac{q^2}{2g\varphi^2 h_c^2} \tag{9-3}$$

得

$$h_c = \frac{\dfrac{q}{\varphi\sqrt{2g}}}{\sqrt{E_0 - h_c}} \tag{9-4}$$

式（9-3）虽是针对溢流堰导出的公式，但对闸孔出流也完全适用。

φ 为泄水建筑物的流速系数，φ 值的大小主要取决于建筑物的型式和尺寸，初估可按表 9-1 选；也可用经验公式计算，对于高坝可采用式（9-5）计算；对于坝前水流无明显掺气，且 $P_1/H < 30$ 的曲线型实用堰，可采用式（9-6）计算：

$$\varphi = \left(\frac{q^{\frac{2}{3}}}{s}\right)^{0.2} \tag{9-5}$$

表 9-1　　　　　　　　　　泄水建筑物的流速系数 φ 值

建筑物泄流方式		图　形	φ 值
表面光滑的曲线型实用堰平板闸闸孔自由出流			0.85~0.95
表面光滑的曲线型实用堰自由出流	（1）溢流面长度较短； （2）溢流面长度中等； （3）溢流面长度较长		1.00 0.95 0.90
平板闸闸孔自由出流			0.97~1.00
折线形断面实用堰自由出流			0.80~0.90

续表

建筑物泄流方式	图　形	φ 值
宽顶堰自由出流		0.85～0.95
无闸门跌水		1.00
末端设闸门的跌水		0.97～1.00

$$\varphi = 1 - 0.0155 \frac{P_1}{H} \tag{9-6}$$

式（9-4）是 h_c 的三次方程，不便直接求解，一般采用逐次渐近法或图解法求解 h_c。下面分别介绍其主要过程。

（一）逐次渐近法

逐次渐近法计算步骤如下：

（1）令 $h_c = 0$ 代入式（9-4）的右边计算得 h_{c1}。

（2）将 h_{c1} 仍代入式（9-4）的右边计算得 h_{c2}，比较 h_{c1} 和 h_{c2}，如两者相等，则 h_{c2} 即为所求 h_c。否则，再将 h_{c2} 代入式（9-4）的右边计算得 h_{c3}，再比较，如不满足，再计算，就这样逐次渐近，直至两者近似相等为止。求出收缩断面水深 h_c 之后，可由水跃方程算出 h_c''。

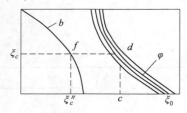

图 9-6　收缩断面水深与共轭水
深关系示意图

（二）图解法

对于矩形断面的 h_c，还可借助本书附录Ⅳ的曲线求解，图 9-6 为附录Ⅳ的示意图，图中右侧曲线是以流速系数 φ 为参数的 $\xi_c = f_1(\xi_0)$ 关系曲线；左单支曲线为 $\xi_c'' = f_2(\xi_0)$ 关系曲线。步骤如下：

（1）根据已知条件计算 $h_k \left(h_k = \sqrt[3]{\dfrac{q^2}{g}} \right)$ 和 $\xi_0 = \dfrac{E_0}{h_k}$。

（2）在附录Ⅳ的横坐标上找出与 ξ_0 值对应的点 c，通过 c 点作垂线，交已知 φ 值对应的曲线于 d 点，由 d 点作水平线，交左单支曲线于 f 点，f 点对应的横坐标为 ξ_c''，f 点对应的纵坐标为 ξ_c。

（3）由 $\xi_c = \dfrac{h_c}{h_k}$ 和 $\xi_c'' = \dfrac{h_c''}{h_k}$，解得 $h_c = \xi_c h_k$，$h_c'' = \xi_c'' h_k$。

以上给出的求解收缩断面水深 h_c 及其要求的共轭水深 h_c'' 的方法，不仅适用于溢流堰，对于水闸和其他泄水建筑物也完全适用。

对于梯形断面，求 h_c 及 h_c''，除用式（9-2）试算外，也可用图表求解。有关这方面的内容可参考有关的水力学书籍。

求出收缩断面的水深 h_c 及其共轭水深 h_c'' 之后，将 h_c'' 与下游水深 h_t 进行比较，即可判别建筑物下游水流的衔接形式。故在底流式衔接与消能水力计算中，h_c 的计算很关键，务必要熟练掌握。

二、水跃衔接形式的判断

闸、坝等泄水建筑物泄水时下游的水跃，发生的位置有三种情形：①正好在收缩断面处开始发生；②在收缩断面以前发生；③在收缩断面以后发生。

上述三种不同的位置情形会致使其发生何种水跃形式，取决于建筑物下游收缩断面水深 h_c 对应的共轭水深 h_c'' 与下游水深 h_t 的大小关系。判断方法是：先以 $h_c = h'$（即以收缩断面水深作为跃前水深），将 h_c 代入水跃方程求得跃后水深 h_c''，然后将所求的跃后水深 h_c'' 与下游水深 h_t 比较，可能出现 $h_t = h_c''$、$h_t < h_c''$、$h_t > h_c''$ 三种情况之一，由此可判断出发生何种水跃形式（h_c'' 求解方程见项目七任务三）。

（1）$h_t = h_c''$。

若 $h_t = h_c''$，表明此时下游水深 h_t 正好等于收缩断面水深 h_c 所对应的跃后水深 h_c''，水跃恰好在收缩断面处开始发生，称这种水跃为**临界式水跃**，这种水流衔接称为**临界式水跃衔接**，如图 9 - 7（a）所示。

（2）$h_t < h_c''$。

当 $h_t < h_c''$ 时，下游水深 h_t 小于与收缩断面水深 h_c 相对应的共轭水深 h_c''。下游水深 h_t 即为实际跃后水深，由水跃函数曲线可知，较小的跃后水深要求较大的跃前水深与之相对应，因而 h' 应大于 h_c，所以应从收缩断面后、在水深增大到正好等于 h_t 的共轭水深 h' 时开始发生水跃，如图 9 - 7（b）所示。这种水跃称为**远离式水跃**，这种衔接称为**远离式水跃衔接**。

（3）$h_t > h_c''$。

当 $h_t > h_c''$，此时的情况与上一种情况正好相反。即收缩水深要求的跃后水深比下游实际水深小，水跃被水深较大的下游水流向前推移，收缩断面被淹没，因而这种水跃称为**淹没式水跃**，这种衔接为**淹没式水跃衔接**。如图 9 - 7（c）所示。

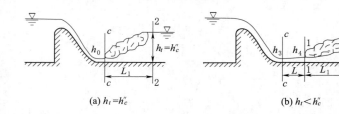
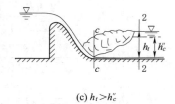

(a) $h_t = h_c''$ (b) $h_t < h_c''$ (c) $h_t > h_c''$

图 9 - 7 建筑物下游水跃衔接形式

令 $\sigma = \dfrac{h_t}{h_c''}$，称 σ 为水跃的**淹没系数**。它表示水跃的淹没程度。

理论分析和实验研究表明，临界式水跃的水流能量损失最大，其消能效果最好。但临界式水跃不稳定，当流量稍有增大或下游水深稍有减小时，很容易转变为远离式水跃，而远离式水跃其消能效果较差。而且从收缩断面到跃前断面为急流，流速较大，对河床的冲刷能力很强，不利于建筑物的安全。对于淹没式水跃，当淹没系数 $\sigma > 1.2$ 时，消能率降低，但当淹没系数 $\sigma = 1.05 \sim 1.10$ 时，淹没式水跃的消能效果接近临界式水跃，而且不易变为远离式水跃。

综上所述，远离式水跃衔接形式最为不利，工程实践中要避免出现；临界式水跃衔接形式不稳定，很容易转变为远离式水跃衔接，也应避免出现；所以最好选取**淹没系数 $\sigma = 1.05 \sim$**

1.10 的稍有淹没程度的**淹没式水跃**作为底流式衔接消能形式。因此，当建筑物下游水流的自然衔接形式经判断为远离式水跃或临界式水跃衔接时，则需要设置消能工（消能工程），即要进行相应的消能水力计算，避免出现这两种水流衔接形式。设置底流式消能工的目的就是迫使建筑物下游发生淹没系数 $\sigma=1.05\sim1.10$ 的稍有淹没程度的**淹没式水跃**，使水流成为稍有淹没程度的**淹没式水跃**衔接。

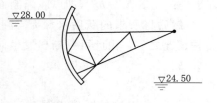

图 9-8　建筑物下游衔接形式水力计算

三、应用举例

【例 9-1】　某水闸单宽流量 $q=12.50\text{m}^3/(\text{s}\cdot\text{m})$，上游水位 28.00m，下游水位 24.50m，渠底高程 21.00m，闸底高程 22.00m，$\varphi=0.95$，如图 9-8 所示，试判断水闸下游的水流衔接形式。

解：（1）计算堰前总水头 E_0。

计算下游坝高：$P_2=22.00-21.00=1.00(\text{m})$

计算闸前水深 H_0：$H=28.00-22.00=6.00(\text{m})$

$$v_0=\frac{q}{H}=\frac{12.50}{6.00}=2.08(\text{m/s})$$

$$H_0=H+\frac{v_0^2}{2g}=6.00+\frac{2.08^2}{19.6}=6.22(\text{m})$$

故　　　　　　$$E_0=P_2+H_0=1.00+6.22=7.22(\text{m})$$

（2）计算收缩断面水深 h_c。

1）逐次渐进法。

计算　　　　$$h_c=\frac{q/\varphi\sqrt{2g}}{\sqrt{E_0-h_c}}=\frac{12.5/0.95\sqrt{2\times9.8}}{\sqrt{E_0-h_c}}=\frac{2.972}{\sqrt{E_0-h_c}}$$

令式中根号内的 $h_c=0$，进行逐次渐进计算。

第一次：$h_{c1}=\dfrac{2.972}{\sqrt{7.22-0}}=1.223(\text{m})$

第二次：$h_{c2}=\dfrac{2.972}{\sqrt{7.22-1.223}}=1.214(\text{m})$

第三次：$h_{c3}=\dfrac{2.972}{\sqrt{7.22-1.214}}=1.213(\text{m})$

因 h_{c3} 与 h_{c2} 很接近，故取 $h_c=1.213\text{m}$。

2）图解法。

计算临界水深 h_k（对于矩形断面）：$h_k=\sqrt[3]{\dfrac{q^2}{g}}=\sqrt[3]{\dfrac{12.5^2}{9.8}}=2.52(\text{m})$

计算 ξ_0：　　　　　　$$\xi_0=\frac{E_0}{h_k}=\frac{7.22}{2.52}=2.87$$

根据 $\xi_0=2.87$ 和 $\varphi=0.95$，查附录Ⅳ得 $\xi_c=0.477$，则

$$h_c=\xi_c h_k=0.477\times2.52=1.202(\text{m})$$

上述两种计算方法中，以利用公式采用逐次渐进法求得的值作为后续计算依据，即 h_c 取用 1.213m。

（3）计算跃后水深 h_c''。

$$h_c'' = \frac{h_c}{2}\left(\sqrt{1+\frac{8q^2}{gh_c^3}}-1\right) = \frac{1.213}{2}\left(\sqrt{1+\frac{8\times12.5^2}{9.8\times1.213^3}}-1\right) = 4.56(\text{m})$$

下游水深 $h_t = 24.50 - 21.00 = 3.50(\text{m}) < h_c'' = 4.56\text{m}$

因此，水闸下游发生远离式水跃需设置底流式消能工。

任务三　消力池的水力计算

任务描述：本任务阐述了消力池的水力计算。学生通过学习此任务，熟悉消力池常见的形式，掌握消力池水力计算的原理与方法，并学会其在工程中的应用。

如果判定泄水建筑物下游发生临界式或远离式水跃，则需增加下游水深迫使其能发生淹没系数 $\sigma = 1.05\sim1.10$ 的**淹没式水跃**，但没有必要增加整个河道的水深，只需在靠近建筑物下游较短的距离内建一个**消力池**（即水池），使池内水深增大到能够产生 $\sigma = 1.05\sim1.10$ 的淹没式水跃即可，底流式消能就是利用上述建消力池的方法，使池内恰好产生淹没式水跃达到消能的目的。**消力池的水力计算**就是求消力池的池深和池长。由于池内水流湍急，池底需进行强化加固，这种加固结构称为"护坦"。

工程实践中常见的消力池有以下三种：

（1）挖深式消力池（又称消力池）。主要适用于河床易开挖且造价又比较经济的情况，在泄水建筑物下游原河床下挖即降低护坦高程，形成所需消力池，使池内产生所需水跃，如图 9-9（a）所示。

（2）筑坎式消力池（又称消力坎）。当河床不易开挖或开挖太深造价不经济时，可在原河床上修筑一道坎（墙），使坎前形成消力池，壅高池内水深，使池内产生所需水跃，如图9-9（b）所示。

（3）综合式消力池。当单纯开挖，开挖量太大，而单纯建坎，坎又太高，不经济，且坎后易形成远离式水跃，冲刷河床，可两者兼用。这种既降低护坦高程，又修建消力坎的消力池称为综合式消力池，如图 9-9（c）所示。

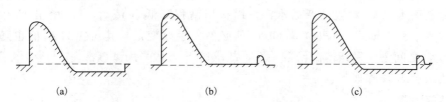

图 9-9　底流式消能的消力池形式

学习中要注意上述三种池形的区别。本任务只讨论矩形横断面的挖深式消力池和筑坎式消力池的水力计算，主要包括池深（或坎高）及池长的计算。

一、挖深式消力池的水力计算

（一）消力池池深 S 的确定

将下游河床下挖一深度 S 后，形成消力池，池内水流现象如图9-10所示。出池水流由于垂向收缩，过水断面减小，动能增加，形成一水面跌落 ΔZ，其出池水流可视为宽顶堰

流，由图 9-10 中可得池末水深 h_T，即

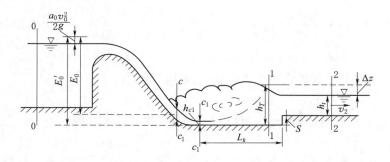

图 9-10 挖深式消力池水力计算

$$h_T = S + h_t + \Delta Z \tag{9-7}$$

为保证池内发生稍有淹没的淹没式水跃，要求池末水深 $h_T > h_c''$，即要求

$$h_T = \sigma h_c'' = S + h_t + \Delta Z$$

式中 σ——淹没系数，通常取 $1.05 \sim 1.10$。

由上述条件可得池深 S 的计算公式为

$$S = \sigma h_c'' - (h_t + \Delta Z) \tag{9-8}$$

水面跌落 ΔZ 的计算公式，可通过对消力池出口断面 1—1 及下游断面 2—2 列能量方程（以通过断面 2—2 底部的水平面为基准面）得

$$\Delta Z + \frac{v_1^2}{2g} = \frac{v_2^2}{2g} + \zeta \frac{v_2^2}{2g}$$

以 $v_1 = \dfrac{q}{h_T}$，$v_2 = \dfrac{q}{h_t}$，$\varphi' = \dfrac{1}{\sqrt{1+\zeta}}$ 代入上式得

$$\Delta Z = \frac{q^2}{2g} \left[\frac{1}{(\varphi' h_t)^2} - \frac{1}{(\sigma h_c'')^2} \right] \tag{9-9}$$

式中 φ'——消力池出口的流速系数，一般取 0.95。

应当注意的是，应用式（9-8）和式（9-9）求解池深 S 时，式中的 h_c'' 应是护坦降低以后的收缩断面水深 h_c 对应的跃后水深。而护坦高程降低 S 值后，E_0 增至 $E_0' = E_0 + S$，收缩断面位置下移，据式（9-4）可知 h_c 值必然发生改变，与其对应的 h_c'' 值也随之改变。显然，S 与 h_c'' 之间是一复杂的隐函数关系，故求解 S 一般采用试算法。

试算法求解 S 步骤如下：

（1）估算池深 S。

初估时可用略去 ΔZ 的近似式 $\qquad S = \sigma h_c'' - h_t \tag{9-10}$

式中 σ——水跃的淹没系数，取 $\sigma = 1.05$；

h_c''——近似用建池前 h_c'' 代替建池后 h_c''，仅供估算用。

（2）计算建池后的 h_c 和 h_c''。

$$h_c = \frac{\dfrac{q}{\varphi \sqrt{2g}}}{\sqrt{E_0' - h_c}} \quad (\text{式中 } E_0' = E_0 + S) \tag{9-11}$$

$$h''_c = \frac{h_c}{2} \left[\sqrt{1 + \frac{8q^2}{gh_c^3}} - 1 \right]$$

（3）计算 ΔZ（建池后 h''_c）。

$$\Delta Z = \frac{q^2}{2g} \left[\frac{1}{(\varphi' h_t)^2} - \frac{1}{(\sigma h''_c)^2} \right]$$

（4）计算 σ（建池后 h''_c）。

$$\sigma = \frac{S + h_t + \Delta Z}{h''_c} \tag{9-12}$$

若 σ 为 1.05～1.10，则消力池深度 S 满足要求，否则调整 S，重复上述步骤（2）～（4），直到满足要求为止。

（二）消力池池长 L_k 的计算

消力池除需具有足够的深度外，还需有足够的长度，以保证水跃不冲出池外，而对下游河床产生不利影响。试验表明，池内淹没水跃因受池末端竖立壁坎产生的反向作用力，由池内收缩断面算起的水跃长度 L'_j 比平底渠道中产生的同样的自由水跃长度 L_j 要短 20%～30%，则

$$L'_j = (0.7 \sim 0.8) L_j$$

当泄水建筑物为曲线型实用堰时，消力池长度 L_k 等于池内水跃长度 L'_j，即

$$L_k = L'_j = (0.7 \sim 0.8) L_j \tag{9-13}$$

式中，L_j 为平底渠中自由水跃长度，详见项目七任务三，$L_j = 6.9(h''_c - h_c)$（h''_c 和 h_c 分别为建池后的跃后水深与跃前水深）。

当泄水建筑物为跌坎或宽顶堰时，消力池长度还应考虑跌坎或宽顶堰到收缩断面间的距离，具体计算请参阅《水力计算手册》或其他有关水力学书籍和参考文献。

上述挖深式消力池池长的计算方法同样适用于筑坎式消力池（消力坎）长度的计算。

（三）消力池的设计流量 Q_s、Q_L

上述消力池池深、池长的计算是在某一固定流量情况下进行的，而实际工程中的消力池则需要通过一定范围内的各种流量，那么用哪一个流量来计算池深和池长，才能使全部流量变化范围内都能保证在池内发生稍有淹没的淹没式水跃呢？显然，应考虑最不利的情况，即要选取具有最大池深和最大池长的流量作为消力池的设计流量。设 Q_s 为池深设计流量，即池深 S 下设计流量；Q_L 为池长设计流量，即池长 L_k 下设计流量。

由简化公式（$S = \sigma h''_c - h_t$）可知，（$\sigma h''_c - h_t$）差值最大时池深 S 最大，因此（$\sigma h''_c - h_t$）差值最大时所对应的流量就是设计流量，所以，只要在包含 Q_{max}、Q_{min} 在内的流量变化范围内选取几个 Q 值，算出相应的 h''_c、h_t，绘出 Q 与（$\sigma h''_c - h_t$）的关系曲线，从曲线上选取最大（$\sigma h''_c - h_t$）对应的流量，即为消力池池深设计流量 Q_s。实践表明，池深设计流量一般比 Q_{max} 小。

需注意，池长设计流量不等于池深设计流量，即 $Q_L \neq Q_s$，一般情况，水跃长度随流量增大而增大，因此，池长设计流量 Q_L 就是建筑物所通过的最大流量 Q_{max}。

综上所述,给出底流式衔接与消能水力计算的思路步骤:

(1) 求建池前 h_c,利用式 (9-4)。

(2) 求建池前 h_c'',判断水跃衔接形式,依据式 (7-23)。

(3) 经判别为临界或远离式水跃时拟建消力池。

1) 求池深 S,依次应用式 (9-9)、式 (9-10)、式 (7-23)、式 (9-11)、式 (9-12) 5 个公式。

2) 求池长 L_k,利用式 (9-13)。

二、筑坎式消力池的水力计算

1. 消力坎高 C 的计算

当河床不易开挖或开挖不经济时,可在护坦末端修筑消力坎,壅高坎前水位形成消力池,以保证在建筑物下游产生稍有淹没的淹没式水跃。池内水流现象,如图 9-11 所示,筑坎式消力池池内水流现象与挖深式消力池基本相同,但出池水流是折线型实用堰流。同理,为保证池内产生稍有淹没的淹没式水跃,坎前水深 h_T 应为 $h_T = \sigma h_c''$。

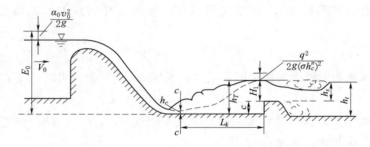

图 9-11 坎式消力池水力计算

由图 9-11 可知
$$h_T = C + H_1$$

则坎高
$$C = \sigma h'' - H_1$$

式中 C——坎高;

H_1——坎顶水头。

坎顶水头 H_1 可用堰流公式计算:

$$H_1 = H_{10} - \frac{v_0^2}{2g} = \left(\frac{q}{\sigma_s m_1 \sqrt{2g}} \right)^{2/3} - \frac{q^2}{2g \ (\sigma h_c'')^2}$$

则

$$C = \sigma h_c'' + \frac{q^2}{2g \ (\sigma h_c'')^2} - \left(\frac{q}{\sigma_s m_1 \sqrt{2g}} \right)^{2/3} \tag{9-14}$$

其中

$$\sigma_s = f \left(\frac{h_t - c}{H_{10}} \right) = f \left(\frac{h_s}{H_{10}} \right)$$

式中 m_1——折线型实用堰流量系数,一般取 $m_1 = 0.42$。

σ_s——消力坎淹没系数,其大小与下游水深和坎高有关。

试验表明:当 $\frac{h_s}{H_{10}} \leqslant 0.45$ 时,出池水流为堰流自由出流,$\sigma_s = 1$;当 $\frac{h_s}{H_{10}} > 0.45$ 时,出池水流为堰流淹没出流,σ_s 值可根据相对淹没度 $\frac{h_s}{H_{10}}$ 查表 9-2 确定。

表 9 - 2　　　　　　　　　　　　　**消力坎的淹没系数 σ_s 值**

h_s/H_{10}	≤0.45	0.50	0.55	0.60	0.65	0.70	0.72	0.74	0.76	0.78
σ_s	1.00	0.990	0.985	0.975	0.960	0.940	0.930	0.915	0.900	0.885
h_s/H_{10}	0.80	0.82	0.84	0.86	0.88	0.90	0.92	0.95	1.00	
σ_s	0.865	0.845	0.815	0.785	0.750	0.710	0.651	0.535	0.000	

计算时，开始坎高尚未确定，无法判别过坎水流是否为堰流淹没出流，一般先按堰流自由出流考虑，取 $\sigma_s = 1$，利用式（9 - 14）可求出坎高 c_1。而后再求出 $\dfrac{h_t - c_1}{H_{10}}$ 的数值，判别过坎水流是否为堰流自由出流。

若 $\dfrac{h_t - c_1}{H_{10}} \leqslant 0.45$，为堰流自由出流，$c_1$ 即为所求的消力坎高度。

应当指出的是：如果消力坎出池水流为自由出流，则应校核坎后的水流衔接情况，如坎后为临界或远离式水跃衔接时，必须设置第二道消力坎或采取其他消能措施。

若 $\dfrac{h_t - c_1}{H_{10}} > 0.45$，为堰流淹没出流。淹没的影响会使坎上水头 H_1 增大，要使消力池内水跃的淹没系数 σ_s 不变，需要降低坎高 c_1。重新计算坎高见［例 9 - 3］。消力坎的流速系数一般取 0.90～0.95。

2. 筑坎式消力池池长 L_k 的计算

方法同挖深式消力池。

3. 筑坎式消力池设计流量 Q_C、Q_L 的确定

坎高 C 的设计流量 Q_C 的确定：选取包括 Q_{max} 和 Q_{min} 在内的若干 Q 值，分别计算出其相应的坎高 C 值，绘制 $Q - C$ 曲线，最大 C 值对应的流量即为坎高的设计流量。实践表明一般情况 $Q_C < Q_{max}$。

筑坎式消力池池长的设计流量 Q_L 即是消力坎通过的最大流量，须知 $Q_L \neq Q_C$。

三、底流式衔接与消能微机求解法简介

底流式衔接与消能的微机求解法，目前有好几种，这里只给大家介绍一种，即 Microsoft Excel（简称 Excel）计算方法。

"拖动填充" 是 Excel 的重要计算工具，操作为：在活动单元格或当前选定区域的右下角有一个黑色的小方框 "♯"，将鼠标移到黑色的小方框 "♯" 附近，当鼠标指针变成黑十字形时，按住鼠标左键拖动至需要填充数据的单元格，最后放开鼠标按键。在拖动过程中引用的相对单元格会随行和列的变化而变动，如果引用绝对单元格，则单元格不随行和列的改变而变化。实现 Excel 拖放填充操作，必须保证 "单元格拖放功能" 处于打开状态，如果处于关闭状态，可以按以下操作步骤打开：在 "工具" 菜单上单击 "选项"，再单击 "编辑" 选项卡，选中或清除 "单元格拖放功能" 复选框，Excel 默认功能处于启动状态。

"单变量求解" 是一组命令的组成部分，这些命令有时也称作假设分析工具。如果已知单个公式的预期结果，而确定此公式结果的输入值未知，则可使用 "单变量求解" 功能反求

输入值。使用"单变量求解"功能，通过单击"工具"菜单上的"单变量求解"即可。当进行单变量求解时，Microsoft Excel 会不断改变特定单元格中的值，直到依赖于此单元格的公式返回所需的结果为止。

计算方法一般采用迭代法。首先计算收缩断面水深 h_c，然后计算对应的跃后水深 h_c''，再判断是否需要修建消力池。具体步骤是，先输入已知数据，任意设收缩断面水深 h_c，按表 9-3 在 B3 单元格中输入计算 E_0 的 Excel 计算公式，求得与之相应的堰上总水头 E_0。计算所得 E_0 值和已知 E_0 值不相符，重设 h_c 值，再利用 Excel "单变量求解"功能求解 h_c 值，直至计算所得 E_0 值和已知的 E_0 值相等或很近似，所假设 h_c 值即为所求收缩断面水深 h_c。然后按表 9-3 公式在 B3 单元格中输入计算 h_c'' 的 Excel 计算公式，求得对应的跃后水深，判断是否需要修建消力池。

若根据判断需要修建挖深式消力池，则需计算池深 S。即任意设池深 S，并按表 9-3 的公式在 B3 单元格中输入计算 E_0'、h_c、h_c''、ΔZ、h_T、σ 的 Excel 计算公式，通过 Excel 计算，直至计算所得 σ 值在 1.05～1.10 时，所设的 S 值即为设计池深。

表 9-3　　　　　　　　　　　　计算消力池池深的 Excel 计算公式

计算内容	计算公式	相应的 Excel 计算公式	备注
E_0	$E_0 = h_c + \dfrac{q^2}{2gh_c^2\varphi^2}$	＝A3＋\$B\$1*\$B\$1/(2*9.8*\$F\$1^2*A3^2)	
E_0'	$E_0 + S$	＝\$D\$1＋A3	
h_c	$\sqrt{\dfrac{q^2}{2g\varphi^2(E_0'-h_c)}}$	＝SQRT〔\$B\$1*\$B\$1/(2*9.8*\$F\$1*\$F\$1)/\$B\$3−C3〕	C4 单元格的公式
h_c''	$\dfrac{h_c}{2}\left[\sqrt{1+\dfrac{8q^2}{gh_c^3}}-1\right]$	＝\$C\$10/2*〔SQRT(1＋8*\$B\$1*\$B\$1/(9.8*\$C\$10^3))〕−1	
ΔZ	$\dfrac{q^2}{2g\,(\varphi'h_t)^2} - \dfrac{q^2}{2g\,(\sigma h_c'')^2}$	＝\$B\$1*\$B\$1/(2*9.8*0.95^2*\$H\$1^2)−\$B\$1*\$B\$1/(2*9.8*1.05^2*\$D\$3*\$D\$3)	
h_T	$S + h_t + \Delta Z$	＝A3＋G3＋\$H\$1	
σ	$\dfrac{S + h_t + \Delta Z}{h_c''}$	＝H3/D3	

四、底流式消能的其他形式及辅助设施

（一）特例的消力池形式

1. 斜坡消力池

所谓**斜坡消力池**，是指消力池护坦不采用平底，而采用有一定坡度的倾斜护坦，如图 9-12 所示。当下游水位偏高时，水跃发生在倾斜护坦较后的某个位置。

目前，斜坡护坦上水跃的水力计算尚无完善的方法。设计时可采用试算法，先假定跃前水深 h'，计算跃前断面的佛汝德数 Fr_1；根据 Fr_1 和护坦的倾斜坡度 i_0 值，由图 9-13（a）求出两个共轭水深的比值 $\dfrac{h''}{h'}$，进而求得 h''；由图 9-13（b）可求出水跃长度 L_j 与第二共轭

水深 h'' 的比值 L_j/h''，算出水跃长度 L_j；根据 h'' 和 L_j 反求跃前水深 h'，用以与假定的跃前水深 h' 相比较，如不符合，则重设 h'，再次计算，直到假定的 h' 与算得 h' 近似相等为止。

2. 戽式消力池

当下游水深较大，且有一定变化范围时，可在泄水建筑物末端修建一个具有较大反弧半

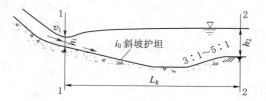

图 9-12 斜坡消力池

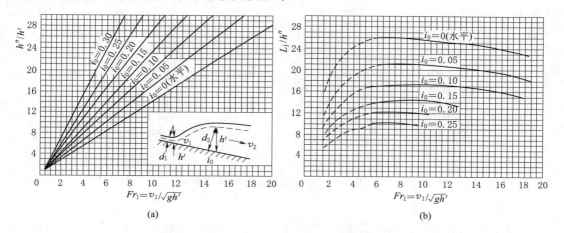

图 9-13 斜坡消力池水跃水深和跃长求解

径和挑角的低鼻坎的凹面戽斗，即消力戽。受一定下游水深的顶托作用，从泄水建筑物下泄的高速水流在戽内形成剧烈的表面漩滚，主流沿鼻坎挑起，形成涌浪并向下游扩散，戽坎下出戽主流与河床之间产生一个反向漩滚，有时涌浪之后还会产生一个微弱的表面漩滚。**消力戽**就是利用这 3 个漩滚和一个涌浪产生强烈的紊动摩擦和扩散作用，取得良好的消能效果，典型的戽流流态如图 9-14（a）所示。

当下泄单宽流量过大时，为了加大戽内漩滚体积，增加消能效果，从戽体最低断面开始，设置一段水平池底，使戽体形似消力池，但却保持戽流特点，因而称为**戽式消力池**，如图 9-14（b）所示。其水力计算请参阅有关水力计算手册或文献。

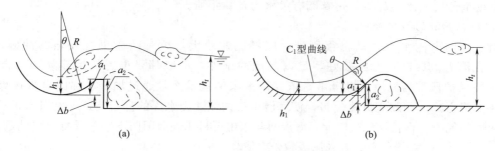

图 9-14 戽式消力池示意图

3. 窄缝式消能

窄缝式消能工是一种高效的收缩式消能工，它借助侧壁的收缩，迫使水流变形，增强紊动和掺气，形成竖向和纵向扩散的挑流流态，减小单位面积的入水能量，减轻对下游河床的

冲刷，特别适合解决高山狭谷河流的消能泄洪问题。另外，窄缝式消能工也便于水流转向，容易顺应下游河道。自 1954 年葡萄牙的卡勃利尔（Cabril）拱坝首先采用窄缝消能工以来，至少已有 20 多个枢纽采用了窄缝消能技术，但是到现在为止，窄缝消能工并无成熟的设计方法，一般都是参照已有的工程经验，选择收缩段的体型和尺寸，然后通过水力模型试验进行检验、修改和最终定案。

（二）底流消能的辅助消能工

为提高消能效果，可在消力池中设置辅助消能工，如趾墩、消力墩、尾坎等，如图 9 - 15 所示。

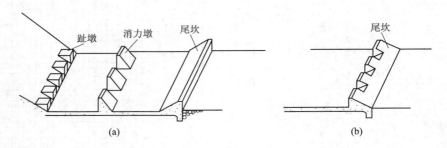

图 9 - 15　底流式消能之辅助消能工

1. 趾墩

趾墩又称为**分流墩**，常布置在消力池入口处。它的作用是发散入池水股，加剧消力池中水流的紊动混掺作用，提高消能效率。对于单独加设的趾墩，可以增大收缩断面水深 h_c，使共轭水深 h''_c 减小，因此可以减小消力池的深度 S。

2. 消力墩

消力墩常布置在消力池内的护坦上。它的作用除了分散水流、形成更多漩涡以提高消能效果外，还有迎拒水流、对水流产生反冲击力的作用。根据动量方程分析可知，消力墩对水流的反冲击力将降低水跃的共轭水深，从而可以减小消力池的池深 S。

3. 尾坎

其作用是将池末流速较大的底部水流挑起，改变下游的流速分布，使面层流速较大，底部流速较小，从而减轻出池水流对池后河床或海漫的冲刷作用。

辅助消能工的水力计算，可查阅有关水力计算手册。

4. 护坦下游的河床加固

由于出消力池水流紊动仍很剧烈，底部流速较大，故对河床仍有较强的冲刷能力。所以，在消力池后，除岩质较好，足以抵抗冲刷外，一般都要设置较为简易的河床保护段，这段保护段称为海漫。海漫不是依靠旋滚来消能，而是通过加糙、加固过流边界，促使流速加速衰减，并改变流速分布，使海漫末端的流速沿水深的分布接近天然河床，以减小水流的冲刷能力，保护河床。因此，海漫通常用粗石料或表面凹凸不平的混凝土块铺砌而成，如图 9 - 16 所示。海漫长度一般采用经验公式估算。

海漫下游水流仍具有一定冲刷能力，会在海漫末端形成冲刷坑。为保护海漫基础的稳定，海漫后一般应设置比冲刷坑略深的齿槽或防冲槽。具体设计可参阅有关书籍。

五、应用举例

【**例 9 - 2**】　已知条件同［例 9 - 1］，拟在闸下游建一挖深式消力池，求消力池尺寸（出

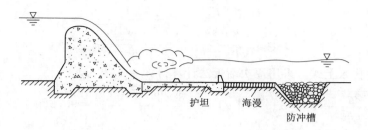

图 9-16 护坦下游河床加固（海漫、防冲槽）

池水流流速系数 $\varphi' = 0.95$）。

解：1. 确定池深 S

（1）估算池深 S。

$$S = \sigma h_c'' - h_t = 1.05 \times 4.56 - 3.50 = 1.288(\text{m})$$

（2）计算建池后的 h_c''。

$$E_0' = E_0 + S = 7.22 + 1.288 = 8.508(\text{m})$$

将 E_0'、q、φ 代入 $h_c = \dfrac{\dfrac{q}{\varphi\sqrt{2g}}}{\sqrt{E_0' - h_c}}$，经计算求得 $h_c = 1.091\text{m}$，并代入下式计算：

$$h_c'' = \frac{h_c}{2}\left(\sqrt{1 + \frac{8q^2}{gh_c^3}} - 1\right) = \frac{1.091}{2} \times \left(\sqrt{1 + \frac{8 \times 12.5^2}{9.8 \times 1.091^3}} - 1\right) = 4.89(\text{m})$$

（3）计算 ΔZ。

$$\Delta Z = \frac{q^2}{2g}\left[\frac{1}{(\varphi' h_t)^2} - \frac{1}{(\sigma h_c'')^2}\right] = \frac{12.5^2}{2 \times 9.8}\left[\frac{1}{(0.95 \times 3.5)^2} - \frac{1}{(1.05 \times 4.89)^2}\right] = 0.419(\text{m})$$

（4）计算 σ。

$$\sigma = \frac{S + h_t + \Delta Z}{h_c''} = \frac{1.288 + 3.5 + 0.419}{4.89} = 1.065$$

σ 在 $1.05 \sim 1.10$ 范围内，所以池深满足要求，为方便施工，池深取 $S = 1.3\text{m}$。

2. 确定池长

$$L_j = 6.9(h_c'' - h_c) = 6.9 \times (4.89 - 1.091) = 26.21(\text{m})$$

$$L_k = (0.7 \sim 0.8)L_j = 0.7 \times 26.21 \sim 0.8 \times 26.21 = 18.35 \sim 20.97(\text{m})$$

取池长 $L_k = 20\text{m}$。

【例 9-3】 某 WES 剖面堰堰顶高程 456.50m，下游河床底部高程 420.00m，泄流单宽流量为 $20.00\text{m}^3/(\text{s}\cdot\text{m})$ 时，堰上水头 4.50m，下游水深 8.30m，流速系数 $\varphi = 0.9$，试判断是否需建消力池，若需建请按消力坎式消力池设计尺寸。

解：1. 判断下游水流衔接情况

因为

$$\frac{P_1}{H} = \frac{456.50 - 420.00}{4.50} = 8.11 > 1.33$$

所以为高坝，可忽略行近流速水头，$H_0 \approx H = 4.50(\text{m})$。

$$E_0 = P_2 + H_0 = (456.50 - 420.00) + 4.50 = 41.00(\text{m})$$

$$h_c = \frac{\dfrac{q}{\varphi\sqrt{2g}}}{\sqrt{E_0 - h_c}} = \frac{\dfrac{20}{0.9 \times \sqrt{19.6}}}{\sqrt{41.00 - h_c}}$$

将已知条件代入上式，采用逐次渐近法计算得 $h_c = 0.79 \mathrm{m}$。

$$h_c'' = \frac{h_c}{2}\left[\sqrt{1 + \frac{8q^2}{gh_c^3}} - 1\right] = \frac{0.79}{2} \times \left[\sqrt{1 + \frac{8 \times 20^2}{9.8 \times 0.79^3}} - 1\right] = 9.78(\mathrm{m}) > h_t = 8.30(\mathrm{m})$$

故下游发生远离式水跃，需建消力池。

2. 确定消力坎式消力池尺寸

（1）坎高计算。

计算公式为 $H_{10} = \left(\dfrac{q}{\sigma_s m_1 \sqrt{2g}}\right)^{2/3}$，$C = \sigma h_c'' + \dfrac{q^2}{2g}\dfrac{1}{(\sigma h_c'')^2} - H_{10}$，$h_s = h_t - C$；$\sigma_s$ 由 $\dfrac{h_s}{H_{10}}$ 值查表 9-2 得。

设消力坎为自由出流，$\sigma_s = 1$，取 $m_1 = 0.42$，则

$$H_{10} = \left(\frac{20}{1 \times 0.42 \times \sqrt{2 \times 9.8}}\right)^{2/3} = 4.87(\mathrm{m})$$

$$C_1 = 1.05 \times 9.78 + \frac{20^2}{2 \times 9.8 \times (1.05 \times 9.78)^2} - 4.87 = 5.59(\mathrm{m})$$

$$h_s = h_t - C_1 = 8.30 - 5.59 = 2.71(\mathrm{m})$$

$$\frac{h_s}{H_{10}} = \frac{2.71}{4.87} = 0.556 > 0.45$$

所以消力坎为淹没出流，$\sigma_s < 1$，采用逐次渐近法重算坎高。

据 $\dfrac{h_s}{H_{10}} = 0.556$，查表 9-2 得 $\sigma_s = 0.984$，则依公式计算可得 $H_{10} = 4.92\mathrm{m}$，$C_2 = 5.54\mathrm{m}$，$h_s = 2.76\mathrm{m}$。

由 $\dfrac{h_s}{H_{10}} = \dfrac{2.76}{4.92} = 0.561$ 查表 9-2 得 $\sigma_s = 0.983$，则计算可得 $H_{10} = 4.93\mathrm{m}$，$C_3 = 5.53\mathrm{m}$，$h_s = 2.77\mathrm{m}$。

由 $\dfrac{h_s}{H_{10}} = \dfrac{2.77}{4.93} = 0.562$ 查表 9-2 内插得 $\sigma_s = 0.983$，则计算得 $H_{10} = 4.93\mathrm{m}$，$C_4 = 5.53\mathrm{m}$。

因 C_4 与 C_3 几乎相同，故取 $C = 5.53\mathrm{m}$，为方便工程施工，实际坎高可取为 $5.50\mathrm{m}$。

（2）池长计算。

$$L_j = 6.9(h_c'' - h_c) = 6.9 \times (9.78 - 0.79) = 62.03(\mathrm{m})$$

$$L_k = 0.7 \times 62.03 \sim 0.8 \times 62.03 = 43.42 \sim 49.62(\mathrm{m})$$

取池长为 $47\mathrm{m}$。

项 目 学 习 小 结

本项目主要介绍了泄水建筑物下游消能的主要形式与原理、底流式衔接与消能的水力计算和消力池的水力计算。其中泄水建筑物下游消能的基本原理，底流式衔接与消能和消力池

的水力计算及其工程运用等内容是本项目的重点和难点。通过本项目的学习，学生应当了解泄水建筑物下游消能的主要形式，领会泄水建筑物下游消能的基本原理，掌握底流式衔接与消能及其消力池的水力计算方法，并学会其在工程中的运用。

职业能力训练九

一、单项选择题

1. 水流自闸、坝下泄时，势能逐渐转化为动能，流速增大，水深减至最小，并小于临界水深，水流属于（　　　）。

A. 临界流　　　　　B. 急流　　　　　C. 缓流　　　　　D. 层流

2. 底流式衔接与消能就是在建筑物下游修建（　　　），使下泄水流在其内发生稍有淹没的水跃，利用水跃消耗大部分下泄水流能量，使水流安全地与下游缓流衔接。

A. 挑流坎　　　　　B. 挡水门　　　　　C. 过流底洞　　　　　D. 消力池

3. 底流式衔接与消能就是在建筑物下游修建消力池，使下泄水流在消力池内发生（　　　），以达到最大程度的消耗下泄水流能量。

A. 临界式水跃　　　B. 淹没式水跃　　　C. 远离式水跃　　　D. 挑起式水跃

4. 底流式衔接与消能方式使下泄水流在其消力池发生稍有淹没的水跃，此时跃后水深 h_c''（　　　）下游水深 h_t。

A. 等于　　　　　B. 大于　　　　　C. 小于　　　　　D. 都可以

5. 挑流式衔接与消能多用于（　　　）的泄水建筑物下游的消能。

A. 低水头且下游河床地质条件好　　　　　B. 高水头且下游河床地质条件好
C. 低水头但下游河床地质条件较差　　　　　D. 高水头但下游河床地质条件较差

二、多项选择题

1. 目前实际工程中，常用的水流衔接与消能形式主要有（　　　）。

A. 底流式衔接与消能　　　B. 阻流式衔接与消能　　　C. 面流式衔接与消能
D. 挑流式衔接与消能　　　E. 综合式衔接与消能

2. 闸、坝等泄水建筑物下游的水跃，从发生的位置不同，主要有（　　　）等形式。

A. 发散式水跃　　　　　B. 收缩式水跃　　　　　C. 远离式水跃
D. 临界式水跃　　　　　E. 淹没式水跃

3. 实际工程中，常见的消力池形式主要有（　　　）。

A. 不挖式消力池　　　　　B. 挖深式消力池　　　　　C. 浅挖式消力池
D. 筑坎式消力池　　　　　E. 综合式消力池

4. 底流式衔接与消能就是在建筑物下游修建（　　　）。

A. 挖深式消力池　　　　　B. 筑坎式消力池　　　　　C. 综合式消力池
D. 挑流鼻坎　　　　　E. 挡水闸门

5. 底流式衔接与消能多用（　　　）的泄水建筑物消能。

A. 高水头　　　　　B. 中水头　　　　　C. 低水头
D. 下游地质条件较好　　　　　E. 下游地质条件较差

三、判断题

1. 水流自闸、坝下泄时，水闸或坝下游河渠中水深大于临界水深，属于层流。（ ）

2. 底流式衔接与消能就是在建筑物下游修建消力池，控制水跃在消力池内发生，以达到最大程度的消耗下泄水流能量。（ ）

3. 当下游水深较大且较稳定时，常将建筑物末端做成垂直跌坎，跌坎顶部低于下游水位，下泄水流被送到下游水流表层，底部形成巨大漩滚，然后主流垂直方向逐渐扩散，并与下游水流衔接，其消能是在底部漩滚和主流扩散的过程中实现的。（ ）

4. 底流式衔接与消能方式的水跃发生在消力池内，主流在水面。（ ）

5. 水流从闸、坝下泄后，在下游形成了临界式水跃，则建筑物下游无需修建消力池。（ ）

四、简答题

1. 自闸、坝下泄的水流有何特点？下泄水流对建筑物有什么影响？

2. 工程中常见的水流衔接和消能措施有哪些？其消能原理是什么？如何防止冲刷破坏的发生？

3. 底流式消能要求泄水建筑物下游的水流衔接形式是什么？如不满足可采取哪些工程措施？

4. 计算 h_c 的目的是什么？简介常用的计算方法。

5. 底流式消能工的作用是什么？

五、计算题

1. 在河道上建一无侧收缩曲线型实用堰，堰高 $P_1 = P_2 = 10\text{m}$。当单宽流量 $q = 8\text{m}^3/(\text{s} \cdot \text{m})$ 时，堰的流量系数 $m = 0.45$，流速系数 $\varphi = 0.95$。若下游水深分别为：$h_{t1} = 5.00\text{m}$，$h_{t2} = 4.61\text{m}$，$h_{t3} = 3.5\text{m}$，试分别判别下游水流的衔接形式。

2. 某矩形单孔引水闸，闸门宽等于河底宽，闸前水深 $H = 8\text{m}$。闸门开度 $e = 2.5\text{m}$ 时，下泄单宽流量 $q = 12\text{m}^3/(\text{s} \cdot \text{m})$，下游水深 $h_t = 3.5\text{m}$，闸下出流的流速系数 $\varphi = 0.97$。要求判明下游水流的衔接情况。如需消能，请设计消力池池深、池长。

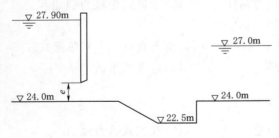

图 9-17 课后训练题（计算题 3）

3. 一单孔平板泄洪闸，上游水位为 27.90m，闸底高程和河床高程均为 24.0m，下游水位高程为 27.0m，初步设计消力池底部高程为 22.5m，消能段与闸孔等宽（如图 9-17 所示）。当闸门开度 $e = 1\text{m}$ 时，不计闸前行进流速，验算消力池的深度能否满足消能要求。

4. 在矩形河槽中筑一曲线型溢流坝，下游坝高 $P_2 = 12.5\text{m}$，流量系数 $m = 0.502$，侧收缩系数 $\varepsilon = 0.95$，溢流时坝上水头 $H = 3.5\text{m}$，下游水深 $h_t = 5\text{m}$，坝的流速系数 $\phi = 0.95$，试判别是否需建消力池，如需要请按消力坎式设计消力池尺寸。

5. 在某矩形渠道修建单孔泄洪闸，闸底板与渠底齐平，平板闸门，闸上游水深 $H = 5\text{m}$，下游水深 $h_t = 2.5\text{m}$，闸门开度 $e = 2\text{m}$，不计闸前行进流速。①试判断下游的衔接形式；②若为远驱式水跃，试设计消力坎式消力池。

项目十　渗　流　基　础

项目描述：本项目主要介绍渗流的基础知识，包括水利工程中常见的渗流问题及其特性、渗流模型及基本定律、地下河槽恒定渗流、集水廊道和井。渗流是在孔隙介质中流动的水流。地下水运动是水利工程最关注的渗流问题，渗流对水利工程设计、施工、管理等方面都十分重要。

项目学习目标：学生通过学习本项目，理解工程渗流的相关概念，领会地下河槽恒定渗流的基本知识，熟悉水利工程渗流的特性，掌握渗流的基本定律、地下河槽恒定渗流、集水廊道和井的渗流的一般规律及其水力计算方法，并学会分析和解决水利工程渗流的实际问题。

项目学习的重点：计算渗流量，绘制浸润线。

项目学习的难点：计算土坝、井的渗流量，分析、绘制地下河槽渗流浸润线。

任务一　概　　述

任务描述：围绕渗流基本概念这个任务，要求学生牢固掌握水利工程中的渗流问题、渗流的基本原理、土壤的渗流特性及渗流模型等内容。

一、水利工程中的渗流问题

由颗粒状或碎块状的固体材料组成，其内部包含着许多互相连通的孔隙或裂隙的物质，称为孔隙介质，液体在孔隙介质中的运动称为渗流，在水利、土建、石油、化工、采矿、地质等许多部门，都涉及渗流的问题。尤其对于水利工程建设，研究渗流问题有极其重要的意义。在水利工程中渗流的液体是水，孔隙介质是土壤、石子和岩基等。

水利工程中有许多问题都涉及渗流运动。例如，在透水地基上修建的水闸（坝）挡水后，在上、下游水位差的作用下，水将从上游河底进入建筑物的地基，通过地基土壤（或岩层）中的孔隙逐步渗向下游，从下游河床逸出。闸（坝）的基础一般是混凝土或其他不透水材料，闸（坝）地基的渗流一方面会对闸（坝）底面有压力作用，它是闸（坝）设计必须考虑的荷载之一；另一方面会造成水量的损失，特别当渗流流速过大时，会将构成立体骨架的土颗粒带走，造成闸（坝）失稳。

土（石）坝是由土壤、石子、砾石和块石堆积而成的。土（石）坝挡水后，水由上游坝面渗入坝体，并沿着坝体孔隙渗向下游，从下游坝面逸出，坝体中的渗流自由水面线称为浸润线。浸润线以下的坝体浸没在水中，正确确定坝体内浸润线的位置对于研究土（石）坝的稳定、水量损失是十分重要的，是土（石）坝设计的重要内容。

在灌溉或工业与民用给水中，常用井或廊道等汇集地下水，只有掌握了地下水的流动规律，才能正确选择集水建筑物的尺寸，计算集水建筑物的供水能力。

当水库建成蓄水后，通过渗流会使库区周围地下水位抬高，容易引起附近农田沼泽化和盐碱化，同时也会造成水库水量损失。

上述各方面的渗流问题，从工程水力学的角度，归纳起来要求解决的主要有以下几方面的问题：①确定渗流流量；②确定渗流浸润线的位置；③确定渗流压力；④估算渗流对土壤的破坏作用。

在水利工程建设中，必须正确估计可能出现的渗流问题，采取相应的处理措施，否则可能导致工程事故的发生。

二、水在土壤中的存在形式及土壤的渗流特性

（一）水在土壤中的存在形式

渗流既然是水在土壤孔隙中的运动，它的运动规律也就和水及土壤这两种物质的性质有关。水在土壤中有以下几种存在形式：气态水、附着水、薄膜水、毛细水和重力水。

气态水以水蒸气形式存在于土壤孔隙中，数量极微；附着水和薄膜水均受分子引力作用而包围在土壤颗粒四周，数量少而且运动困难。水利工程中一般不考虑气态水、附着水和薄膜水的作用。

毛细水是通过毛细管的作用而移动的水，它可以传递静水压力。由于毛细管的作用，将使地下水位高于重力水的水位。毛细作用的大小决定于土壤孔隙比的大小，在堆石中的作用极小，但在黏土中毛细水的高度可达数米。因此，在研究黏土渗流问题时，要注意毛细水的作用，对于一般的水利工程可以忽略不计。

重力水是指受重力作用在土壤孔隙中运动的水，它在工程实践中具有重要意义，本章主要研究重力水在土壤孔隙中的运动规律。

（二）土壤的渗流特性

土壤的性质对渗流有很大的影响，一切土壤均能透水，但不同的土壤透水性是不同的，有时相差很大。

透水性的大小主要与土壤的密实度和土壤颗粒的不均匀程度有关，密实的土壤比疏松的土壤透水性小，土壤颗粒均匀的土壤比不均匀的土壤的透水性大。土壤的密实度是用土壤的孔隙率反映的。孔隙率是一定体积的土壤中，孔隙体积与土壤总体积的比值。计算式为

$$n = \frac{V_v}{V} \times 100\% \qquad\qquad (10-1)$$

n 值越大，土壤的孔隙率就越大，土壤越疏松；n 值越小，土壤的孔隙率越小，土壤越密实。土壤颗粒的不均匀程度一般用土壤的不均匀系数 η 表示，即

$$\eta = \frac{d_{60}}{d_{10}} \qquad\qquad (10-2)$$

式中　d_{60}——对土壤进行筛分后，占 60％重量的土壤颗粒能通过的筛孔的直径；

　　　d_{10}——占 10％重量的土壤颗粒能通过的筛孔直径。

土壤透水性的大小与土的密实度和土颗粒不均匀程度有关。一般土壤的不均匀系数总大于 1，η 值越大，土壤颗粒越不均匀。土壤颗粒均匀时，η 值趋近于 1。自然界中的土壤结构相当复杂，按照渗流特性可以把土壤分为均质土和非均质土、各向同性土和各向异性土。若土壤中的渗流特性不随空间的位置而变化，称为均质土；否则称为非均质土。若土壤中各个方向的渗流特性都相同，称为各向同性土；否则称为各向异性土。自然状态下的土壤一般都是非均质各向异性的，但本项目着重研究最简单的均质各向同性土的渗流问题，这是研究渗

流的基础，掌握了它就不难分析和解决非均质各向异性土中的渗流问题。

任务二 渗流模型及基本定律

任务描述：围绕渗流模型及基本定律这个概念，通过理论介绍和图形模拟，理解渗流模型的基本概念，掌握达西定律的原理及其适用范围。

一、渗流模型

土壤孔隙的形状、大小、分布及连通情况较为复杂，要知晓水在孔隙中真实的流动是难以实现的［图 10 - 1（a）］，而且对于解决工程中的渗流问题也无十分必要。工程实践中注重的是研究对象范围内渗流的平均效果，为了使问题简化同时又能满足实际工程要求，研究中对实际渗流问题进行了简化。

（1）不考虑渗流的实际路径，只考虑它的主要流向。

（2）假定渗流是充满了整个孔隙介质区域的连续水流，包括土壤颗粒所占据的空间在内均有水充满，好像无土壤颗粒存在一样，如图 10 - 1（b）所示。

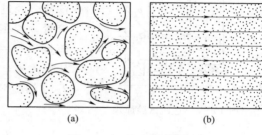

图 10 - 1 土壤渗流示意图

渗流简化模型的实质在于，把实际上并不充满全部空间的渗流运动看成是连续空间内的连续介质运动。这样就可以把水力学的一般概念引进到渗流的研究中来，如过水断面、流线、断面平均流速等。根据渗流简化模型的概念，某一微小过水断面上的渗流流速定义为

$$v = \frac{\Delta Q}{\Delta A} \tag{10-3}$$

式中 v——渗流模型定义的流速；

ΔQ——通过微小过水断面的渗流流量；

ΔA——由土壤颗粒和孔隙组成的微小过水断面面积，它比实际孔隙组成的过水断面面积 $\Delta A'$ 要大。

对于土壤中一微小过水断面，实际渗流流速 v' 可表示为

$$v' = \frac{\Delta Q}{\Delta A'} \tag{10-4}$$

根据水流运动的连续原理和孔隙率的定义可以得到

$$v = \frac{\Delta A'}{\Delta A} v' = nv'$$

式中 n——土壤孔隙率。

孔隙率 $n<1.0$，所以 $v<v'$，即模型流速小于真实渗流流速。今后研究的渗流流速就是指模型流速。

以渗流简化模型取代真实的渗流，必须遵守以下几个原则：

（1）通过渗流模型的流量必须和实际渗流的流量相等。

（2）对于某一确定的作用面，从渗流模型所得的动水压力应当和真实渗流的动水压力相等。

（3）渗流模型的阻力和实际渗流的阻力应当相等，也就是说水头损失应当相等。

二、达西试验与达西定律

早在 1855 年，首先由法国工程师达西通过试验研究，提出了渗流运动的基本规律——达西定律。

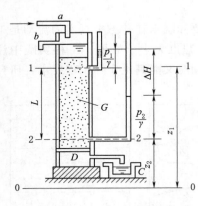

图 10-2　达西试验原理

达西试验原理如图 10-2 所示：一横截面面积为 A 的直立圆筒 G，上端开口，在相距为 L 的断面 1—1 和断面 2—2 分别装有测压管，筒底装一滤板 D，其上填以砂土。试验时水由管 a 注入圆筒，多余的水从溢流管 b 溢出，筒内水位不变，以保持通过筒内砂土的渗流为恒定渗流。经过砂层渗至筒底的水流入量杯 C，用来测量渗流量。若在 Δt 时间内流入量杯的水体体积为 ΔW，则渗流量为 $Q=\Delta W/\Delta t$。在试验过程中同时读取两断面的测压管水头，两测压管水头之差 ΔH 即断面 1—1 和断面 2—2 渗流的水头损失，则

$$\Delta H = h_w = \left(z_1 + \frac{p_1}{\gamma}\right) - \left(z_2 + \frac{p_2}{\gamma}\right)$$

达西用不同尺寸的圆筒和不同类型的土壤做试验，大量试验资料表明，渗流量 Q 与圆筒断面面积 A 及水头损失 h_w 成正比，与断面间距 L 成反比，即

$$Q \propto A\frac{h_w}{L}$$

引入比例系数，则
$$Q = kA\frac{h_w}{L} = kAJ \tag{10-5}$$

或
$$v = \frac{Q}{A} = kJ \tag{10-6}$$

其中
$$J = \frac{h_w}{L}$$

式中　J——断面 1—1、断面 2—2 之间的平均水力坡度，也称渗流坡降；

　　　k——反映土壤的透水性质的比例系数，称为渗流系数。

式（10-5）和式（10-6）所表示的关系称为达西定律，它是渗流的基本定律。

如果在任一过水断面 A 上围绕某点取一微小面积 $\mathrm{d}A$，通过 $\mathrm{d}A$ 的渗流量为 $\mathrm{d}Q$，利用式（10-6）可得到渗流点流速的表达式为

$$u = \frac{\mathrm{d}Q}{\mathrm{d}A} = kJ \tag{10-7}$$

如果取间距为 $\mathrm{d}s$ 的两个断面，其间水头损失为 $\mathrm{d}h_w$，以 H 表示断面上渗流的总水头，$\mathrm{d}H$ 为沿渗流方向总水头的增量，式（10-7）可表示为

$$u = k\frac{\mathrm{d}h_w}{\mathrm{d}s} = -k\frac{\mathrm{d}H}{\mathrm{d}s} \tag{10-8}$$

因为沿渗流方向总水头的增量为负值，为使流速为正值，需加负号。

一般渗流流速很小，渗流流速水头可以忽略不计，总水头 H 可用测压管水头代替，dH 则为测压管水头的增量。

三、达西定律的适用条件

由达西定律可知，渗流的水头损失和流速的一次方成正比。经研究证明，达西定律仅在一定范围内才能适用。很明显，水头损失和流速的一次方成正比是液体做层流运动所遵循的规律，由此可见达西定律只适用于层流渗流，即达西定律的适用条件是层流渗流。在水利工程中除堆石坝等大孔隙介质中的渗流为紊流外，绝大多数渗流均属于层流范围，达西定律都可运用。

经许多学者研究，达西定律的适用界限仍以渗流临界雷诺数来表示。由层流到紊流的临界雷诺数不是一个常数，而是随着颗粒直径、孔隙率等因素而变化。巴甫洛夫斯基指出，当 $Re < Re_k$ 时，渗流为层流。Re 为渗流雷诺数实际值，Re_k 为渗流雷诺数临界值。

$$Re = \frac{1}{0.75n + 0.23} \frac{vd}{v} \tag{10-9}$$

式中　　n——土壤的孔隙率；

d——土壤的有效粒径，cm，一般可用 d_{10} 来代表有效粒径，d_{10} 表示占土样 10% 的土粒过筛直径。

$$Re = 7 \sim 9 \tag{10-10}$$

对于非层流渗流，需要选用根据试验成果所拟定的公式进行渗流计算。如公式 $v = k J^{\frac{1}{m}}$，式中，当 $m = 1$ 时，为层流渗流；当 $m = 2$ 时，为紊流渗流；当 $1 < m < 2$ 时，为过渡区渗流。

应当指出，上述讨论的渗流规律都是对没有发生渗流变形的情况而言的，对于土壤颗粒因渗流作用失去稳定而发生运动的情况，均不符合上述规律。本章所讨论的内容仅限于符合达西定律的渗流。

四、渗流系数

在应用达西定律进行渗流计算时，需确定土壤的渗流系数 k 值。由式（10-6）可知，当 $J = 1$ 时，$k = v$，所以 k 的物理意义是表示水力坡度等于 1 的渗流速度。

渗流系数 k 是反映土壤渗水能力的系数。其值与土壤及水的性质有关，主要包括土壤的颗粒形状、粒径大小、孔隙大小、水的黏滞性及容重等。实际应用中准确确定渗流系数 k 的值是比较困难的。一般可通过以下三种方法得到。

（一）经验法

初步估算时，由于没有获得可靠的实际资料，可以参照有关规范或采用类比的方法来选定 k 值。各类土壤的 k 的参考值见表 10-1。

（二）实验室测定法

将需要测定 k 值的土壤带到实验室，采用达西试验装置测得渗流系数 k 的值。为准确、真实地反映原状土壤的渗透性质，现场取土样时不加扰动并密封以保持原土壤含水状况，在运输和试验操作过程中不让土壤的结构状态遭破坏。

表 10 - 1　　　　　　　　　　　　**土壤的渗流系数**

土壤名称	渗流系数	
	m/昼夜	cm/s
黏土	<0.005	$<6 \times 10^{-6}$
亚黏土	0.005~1	$6 \times 10^{-6} \sim 1 \times 10^{-4}$
轻亚黏土	0.1~0.5	$1 \times 10^{-4} \sim 6 \times 10^{-4}$
黄土	0.25~0.5	$3 \times 10^{-4} \sim 6 \times 10^{-4}$
细砂	0.5~1.05	$6 \times 10^{-4} \sim 1 \times 10^{-3}$
粉砂	1.0~5.0	$1 \times 10^{-3} \sim 6 \times 10^{-3}$
中砂	5.0~20.0	$6 \times 10^{-3} \sim 2 \times 10^{-2}$
均质中砂	35~50	$4 \times 10^{-2} \sim 6 \times 10^{-2}$
粗砂	20~50	$2 \times 10^{-2} \sim 6 \times 10^{-2}$
均质粗砂	60~75	$7 \times 10^{-2} \sim 8 \times 10^{-2}$
圆砾	50~100	$6 \times 10^{-2} \sim 1 \times 10^{-1}$
卵石	100~500	$1 \times 10^{-1} \sim 6 \times 10^{-1}$
无填充物卵石	500~1000	$6 \times 10^{-1} \sim 1 \times 10$
稍有裂隙岩石	20~60	$2 \times 10^{-2} \sim 7 \times 10^{-2}$
裂隙多的岩石	>60	$>7 \times 10^{-2}$

由于天然土壤不可能是完全均匀土，所取试验土样也不可能太多，因此试验成果不可能完全反映真实情况。但这种方法是利用现场土样测得的，比经验法可靠，且设备简单、易操作，在水利工程中测定渗流系数多用此法。

（三）野外测定法

在所研究的渗流区域的现场进行钻井或挖坑，进行抽水或压水试验，将试验数据代入相应的计算公式，即可求得大面积的平均渗流系数值。本法所得试验成果比较可靠，故对大型水利工程在研究地基、土坝体、库区等渗流问题时，多采用野外测定法确定 k 值。

任务三　地下河槽恒定渗流

任务描述：掌握地下河槽恒定渗流的分类及其基本概念。

一、基本概念

若位于地下不透水层上的透水区域内有地下水流动，且水流具有自由表面，如图 10 - 3 所示，这种水流称为地下河槽无压渗流。像明渠水流一样，地下河槽中的渗流也可分为均匀渗流和非均匀渗流。若渗流的流线为互相平行的直线，称为均匀渗流。若渗流的流线为不互相平行的直线，称为非均匀渗流。对于非均匀渗流，当流线的曲率小，近乎平行直线时，则称为渐变渗流，否则称为急变渗流。地下河槽中的渗流自由表面称为浸润面。浸润面与纵剖面的交线称为浸润线。均匀渗流的浸润线为直线，非均匀渗流的浸润线为曲线。

二、地下河槽中的均匀渗流

自然界中，地下不透水层的表面一般是不规则的，为了简单起见，假定不透水层为平面。图 10-3 所示为在底坡 i 的地下河槽中发生的均匀渗流，因均匀渗流的水深沿流程不变，断面平均流速在各断面上是相等的，水力坡度 J 和底坡 i 相等。按照达西定律，断面平均流速为

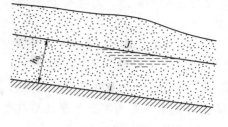

$$v = ki \tag{10-11}$$

通过过水断面的渗流量为

$$Q = kiA_0 \tag{10-12}$$

图 10-3　地下河槽的无压渗流

式中　A_0——均匀渗流时地下河槽的过水断面面积。

设地下河槽为矩形断面，宽度为 b，令 h_0 为均匀渗流的正常水深，则 $A_0 = bh_0$，于是

$$Q = kibh_0 \tag{10-13}$$

通过地下河槽的单宽流量则为

$$q = kih_0 \tag{10-14}$$

式 (10-12)、式 (10-13)、式 (10-14) 均是均匀渗流流量计算公式。

三、地下河槽中的无压渐变渗流

(一) 渐变渗流的基本公式

达西定律所给出的计算公式 (10-6) 和式 (10-8) 分别是对于均匀渗流的断面平均流

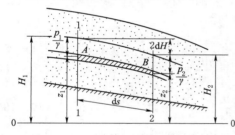

图 10-4　地下河槽无压渐变渗流

速和渗流区域内任意点上的渗流点流速的计算公式。为了研究非均匀渐变渗流的运动规律，还必须建立非均匀渐变渗流的计算公式。如图 10-4 所示为一非均匀渐变渗流，在相距为 ds 的过水断面 1—1 和过水断面 2—2 之间任意取微小流束 AB，在 A 点的测压管水头设为 H_1，B 点的测压管水头为 H_2，从 1 点至 2 点测压管水头的增量为 $dH = H_1 - H_2$。按照式 (10-8)，微小流束在 A 点处的流速为

$$u = -k \frac{\mathrm{d}H}{\mathrm{d}s} \tag{10-15}$$

断面 1—1 上的断面平均流速应为

$$v = \frac{1}{A} \int_A u \, \mathrm{d}A = \frac{1}{A} \int_A \left(-k \frac{\mathrm{d}H}{\mathrm{d}s} \mathrm{d}A \right) \tag{10-16}$$

对于渐变渗流，因在同一过水断面上的各点测压管水头等于常数，所以对于任意微小流束从断面 1—1 至断面 2—2，其测压管水头差均为 dH。又因为渐变渗流的流线近似为平行直线，从断面 1—1 至断面 2—2 间各流线的长度 ds 也近似相等，不同微小流束的水力坡度为一常数，式 (10-15) 可写作

$$v = -k \frac{\mathrm{d}H}{\mathrm{d}s} \tag{10-17}$$

式 (10-17) 就是渐变渗流的基本公式，是法国学者杜比 (Dupuit.J) 于 1857 年首先推导出来的，故称为杜比公式。杜比公式表明，在渐变渗流中，过水断面上各点流速相等并

等于断面平均流速，流速分布为矩形，但不同过水断面上的流速大小则是不相等的，如图 10-5 所示。

（二）渐变渗流的基本微分方程

图 10-6 所示为一渐变渗流，$E—F$ 线表示透水土层与不透水岩层的分界面，其坡度为 i。取基准面 0—0 及任意两个相距为 ds 的过水断面 1—1 及过水断面 2—2。由图可见，水头 H 为渗流水深 h 与不透水层面至基准面之间的铅直距离 z 之和，即

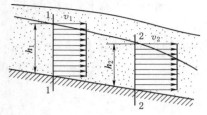
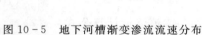　　　　　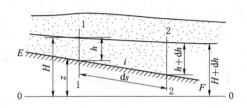

图 10-5　地下河槽渐变渗流流速分布　　　　图 10-6　渐变渗流微分方程推导

$$H = h + z$$

所以

$$\frac{\mathrm{d}H}{\mathrm{d}s} = \frac{\mathrm{d}}{\mathrm{d}s}(h+z) = \frac{\mathrm{d}h}{\mathrm{d}s} + \frac{\mathrm{d}z}{\mathrm{d}s}$$

由于底坡 $i = -\dfrac{\mathrm{d}z}{\mathrm{d}s}$，则上式可整理得 $\dfrac{\mathrm{d}H}{\mathrm{d}s} = \dfrac{\mathrm{d}h}{\mathrm{d}s} - i$

代入杜比公式得

$$v = -k\left(\frac{\mathrm{d}h}{\mathrm{d}s} - i\right) = k\left(i - \frac{\mathrm{d}h}{\mathrm{d}s}\right) \tag{10-18}$$

渗透流量为

$$Q = Av = Ak\left(i - \frac{\mathrm{d}h}{\mathrm{d}s}\right) \tag{10-19}$$

这就是渐变渗流的基本微分方程，可用以分析和计算非均匀渐变渗流浸润曲线。

任务四　集　水　廊　道　和　井

任务描述： 分析集水廊道与井的渗流浸润线，掌握其水力计算方法。

集水廊道和井是在给水工程中用以采集地下水的建筑物，应用广泛。从这些建筑物中抽水，会使附近的天然地下水位降落，也起着施工排水的作用。在地表透水层中打井，抽取无压地下水的井叫普通井；穿过一层或多层不透水层，在有压透水层中取水的井，称为承压井。这里主要对普通井的水力计算进行分析。普通井又分为完全井和非完全井。井底直达不透水层的井，称为完全井；没有达到不透水层的井，称为不完全井。

一、集水廊道

如图 10-7 所示，有一集水廊道，横断面为矩形，廊道底位于水平不透水层上，即底坡 $i=0$，由式（10-19）可得

$$Q = bhk\left(0 - \frac{\mathrm{d}h}{\mathrm{d}s}\right) \tag{10-20}$$

设 q 为集水廊道从一侧渗入的单宽流量，式（10-20）可写成

$$q = -kh \frac{\mathrm{d}h}{\mathrm{d}s} \qquad (10-21)$$

由于在 xOz 坐标系中，z 坐标与流向相反，如图 10-7 所示，故 $\frac{\mathrm{d}h}{\mathrm{d}s} = -\frac{\mathrm{d}z}{\mathrm{d}x}$，并将式（10-21）分离变量并积分，代入边界条件 $x=0$，$z=h_0$，得集水廊道浸润线方程为

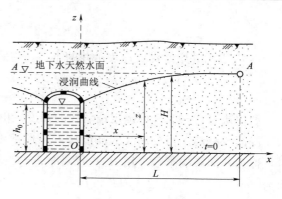

图 10-7　集水廊道示意图

$$z^2 - h_0^2 = \frac{2q}{k}x \qquad (10-22)$$

当 x 越大时，距离排水廊道越远，地下水位的降落就越小。当距离集水廊道 L 处，地下水位降落趋近于零时，z 等于含水层厚度 H，L 称为集水廊道的影响范围，距离超过 L 的区域地下水位不受影响。将 $x=L$、$z=H$ 代入式（10-22）中可得集水廊道从一侧流入的单位长度的渗流量（或称产水量）为

$$q = \frac{k(H^2 - h_0^2)}{2L} \qquad (10-23)$$

设 $\bar{J} = \frac{H - h_0}{L}$ 是浸润线的平均坡度，则式（10-23）可改写为

$$q = \frac{k}{2}(H + h_0)\bar{J} \qquad (10-24)$$

式（10-24）可用来初步估算 q。$\bar{J}$ 可根据以下数值选取：对于粗砂及卵石，$\bar{J}$ 为 $0.003 \sim 0.005$，砂土为 $0.005 \sim 0.015$，亚砂土为 0.03，亚黏土为 $0.05 \sim 0.10$，黏土为 0.15。

二、普通完全井

图 10-8 所示为水平不透水层上的普通完全井。当不从井中取水时，井内水面与原地下水位 H 齐平。从井中取水时，井中水位降低，周围的地下水向井中汇集，形成漏斗状浸润面。如果能够保证从井中提取的流量 Q 保持不变，经过一定时间，井中水位下降某一高度 S 后保持不变，井四周就会形成恒定渗流。如果地下渗流区域广阔，水的蕴藏量丰富，含水层为各向同性的均质土，那么井四周的渗流对井轴是对称的，渗流过水断面是半径不等的圆柱面，各径向的渗流情况相同，可以按一元流进行分析。在离井不远的地方，浸润线的曲率就很小，可视为非均匀渐变渗流，用杜比公式进行渗流分析和计算。设距井轴为 r 的浸润线高度为 z，则水力坡度可表示为 $J = \mathrm{d}z/\mathrm{d}r$，该断面上的径向平均流速为

$$v = kJ = k\frac{\mathrm{d}z}{\mathrm{d}r}$$

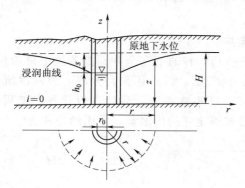

图 10-8　普通完全井示意图

过水断面面积为 $A = 2\pi rz$，故渗流量

$$Q = vA = 2\pi rzk \frac{dz}{dr} \qquad (10-25)$$

以 h_0 表示井中水深、r_0 表示井的半径，将式 (10-20) 分离变量，从 r_0 到 r 积分得

$$z^2 - h_0^2 = \frac{Q}{\pi k}\ln\frac{r}{r_0} = \frac{0.73Q}{k}\lg\frac{r}{r_0} \qquad (10-26)$$

利用式 (10-26) 可确定浸润线的高度。由式 (10-26) 可以看出，离井越远，即 r 越大，浸润线越高。当浸润线的高度接近原地下水位 H ($z \geqslant 0.95H$) 所对应的过水断面半径时，称为井的影响半径，用 R 表示。将 $r = R$、$z = H$ 代入式 (10-26)，井的出水量可表示为

$$Q = 1.36\frac{k(H^2 - h_0^2)}{\lg\dfrac{R}{r_0}} \qquad (10-27)$$

计算井的出水量必须首先确定井的影响半径 R，一般通过试验或根据经验求解。在初步计算时，根据实践经验，细砂可采用 $R = 100 \sim 200\text{m}$，中砂可采用 $250 \sim 500\text{m}$，粗砂可采用 $700 \sim 1000\text{m}$。也可用以下经验公式计算：

$$R = 3000s\sqrt{k} \qquad (10-28)$$

或

$$R = 575s\sqrt{Hk} \qquad (10-29)$$

式中 s——井中水位下降的高度，也称为抽水深度，$s = H - h_0$。

R、s、H 均以 m 计。将 s 代入式 (10-27) 整理可得

$$Q = 2.73\frac{kHs}{\lg\dfrac{R}{r_0}}\left(1 - \frac{s}{2H}\right)$$

当抽水深度 s 不大而含水层厚度 H 较大时，略去 $\dfrac{s}{2H}$，上式可简化为

$$Q = 2.73\frac{kHs}{\lg\dfrac{R}{r_0}} \qquad (10-30)$$

由此可以看出，井的出水量主要取决于渗流系数 k、含水层厚度 H 和抽水深度 s，影响半径 R 的变化相对影响要小得多。

三、不完全井

如图 10-9 所示，普通不完全井周围的地下渗流，不仅从井壁向井内汇集，而且还来自井底，因而渗流计算要复杂得多，已不能按一元渗流进行计算。工程中多采用经验公式确定井的出水量，常用的公式为

$$Q = 1.36\frac{k(H'^2 - t^2)}{\lg\dfrac{R}{r_0}}\left(1 + 7\sqrt{\frac{r_0}{2H'}}\cos\frac{\pi H'}{2H}\right)$$
$$(10-31)$$

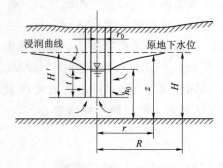

图 10-9 不完全井示意图

式中符号的意义如图 10-9 所示。

四、井群

在供水或基坑开挖中，常采用几口井同时抽水，井与井之间的距离又不很大，这种布置称为井群。多个井同时抽水时，由于存在相互干扰，渗流区域内的地下水浸润面非常复杂，其水力计算比单井要复杂得多。下面以普通完全井为例分析井群的近似计算方法。

设在一水平不透水层上打几个完全井，如图10-10所示。每个井单独抽水时所形成的浸润面均可按式（10-26）计算。如果所有的井同时抽水，就必然形成一个共同的浸润面，但浸润面上任一点的水位降落值并不等于各井单独工作时在该点形成的水位降落值之和。水力学中把不形成微小水质团转动的流动叫有势流动（也叫无涡流动），可以证明，在均质同性土壤中符合达西定律的渗流运动为有势流动（详见有关水力学教科书）。因此，所有的井同时抽水所形成的浸润面，应满足势流的叠加原理。将式（10-27）分离变量，积分可以得到

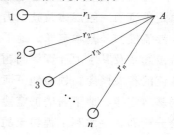

图10-10　井群示意图

$$\frac{1}{2}kz^2 = \frac{Q}{2\pi}\ln r + C$$

令 $\varphi = kz^2/2$，φ 称为完全井的势函数，则

$$\varphi = \frac{Q}{2\pi}\ln r + C$$

根据势流的叠加原理，n 个井同时工作时，任一点的势函数 φ 值等于各井单独工作时在该点的 φ 值之和，则

$$\varphi = \sum \varphi_i = \sum_{i=1}^{n} \frac{Q_i}{2\pi}\ln r_i + C$$

式中　Q_i——第 i 号井的抽水量；

r_i——该点距井轴的距离；

C——积分常量，由边界条件确定。

假定每个井的抽水量相同，均为 Q_0/n（Q_0 为 n 个井的总出水量），代入上式得

$$\varphi = \frac{Q_0}{2\pi n}\ln(r_1，r_2，r_3，\cdots，r_n) + C$$

设井群的影响半径为 R，一般情况而言，井群的影响半径远大于井群相互间的距离。若近似认为在影响半径处 $r_1 \approx r_2 \approx r_3 \approx \cdots \approx r_n \approx R$，代入上式，得井群影响半径处的势函数值为

$$\varphi_R = \frac{Q_0}{2\pi n}\ln R^n + C = \frac{Q_0}{2\pi}\ln R + C$$

$$\varphi_R - \varphi = \frac{Q_0}{2\pi}\left[\ln R - \frac{1}{n}\ln(r_1 r_2 \cdots r_n)\right]$$

把井群视为一个总体，按照势函数的定义有 $\varphi_R = \frac{1}{2}kH^2$，$\varphi = \frac{1}{2}kZ^2$，代入上式整理可得

$$z^2 = H^2 - 0.73\frac{Q_0}{k}\left[\lg R - \frac{1}{n}\lg(r_1 r_2 \cdots r_n)\right] \tag{10-32}$$

利用式（10-32）可求出渗流区域内任意一点的含水层厚度 z（浸润面高度）或已知某一点的含水层厚度，也可求出井群的出水量。

项 目 学 习 小 结

本项目主要介绍了常见的水利工程渗流问题及其特性、渗流模型及基本定律、地下河槽恒定渗流的一般规律及其水力计算、集水廊道和井等的渗流浸润线及其水力计算等内容。其中渗流模型及基本定律、地下河槽恒定渗流的一般规律及其水力计算、集水廊道和井等的渗流浸润线及其水力计算等问题是教学的重点和难点。通过本项目的学习，学生应当理解工程渗流的相关概念，领会地下河槽恒定渗流的基本知识，熟悉水利工程渗流的特性，掌握渗流的基本定律、地下河槽恒定渗流、集水廊道和井等渗流的一般规律及其水力计算方法，并学会分析和解决水利工程渗流的实际问题。

职 业 能 力 训 练 十

一、选择题

1. 在均质各向同性土壤中，渗流系数 k （　　　　）。

A. 在各点处数值不同　　B. 是个常量　　C. 数值随方向变化　　D. 以上三种答案都不对

2. 闸坝下有压渗流流网的形状与下列哪个因素有关：（　　　　）

A. 上游水位　　　　B. 渗流系数　　　C. 上下游水位差　　　D. 边界的几何形状

3. 在同一种土壤中，当渗流流程不变时，上下游水位差减小，渗流流速（　　　　）。

A. 加大　　　　　　B. 减小　　　　　C. 不变　　　　　　D. 不定

二、判断题

1. 渗流模型流速与真实渗流流速数值相等。　　　　　　　　　　　　　　　　　（　　　）

2. 达西定律既适用于层流渗流，又适用于紊流渗流。　　　　　　　　　　　　　（　　　）

3. 在无压渗流的自由表面线上，各点的压强相等，所以它是一根等水头线。　　　（　　　）

三、简答题

1. 什么是渗流模型？它与实际渗流有什么区别？并说明渗流流速的意义。

2. 简述达西试验的内容、达西定律及其表达式的物理含义和渗透系数 k 值的确定方法，并说明渗流达西定律的适用范围是什么？渗透系数与哪些因素有关？如何确定？

3. 试分析渗流达西定律与杜比公式的相同和不同之处以及应用条件。

四、计算题

1. 某河流由地下水补给水量，地下不透水层坡度 $i=0.0025$，断面 1—1 含水层厚度 h_1 为 3m，断面 2—2 含水层厚度 h_2 为 4m，两断面间距离 s 为 500m，土壤渗流系数 k 为 0.05cm/s。计算地下水的单宽渗流量（图 10-11）。

2. 在细砂层中有一普通无压完全水井，半径 $r_0=2$m，含水层厚度 $H=10$m。当井中水位降低 $s=3$m 时，$Q=8$m³/h，求细砂的渗流系数 k。

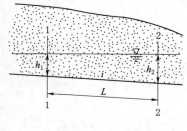

图 10-11　计算题 1

附 录

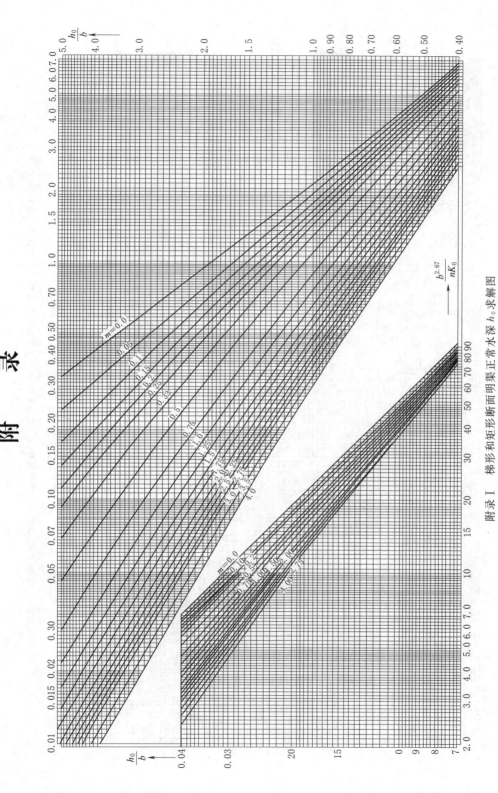

附录 I 梯形和矩形断面明渠正常水深 h_0 求解图

b—底宽；n—粗糙系数、糙率；K—流量模数；m—边坡系数；h_0—正常水深；长度均以 m 计；$C=\dfrac{1}{n}R^{\frac{1}{6}}$；$K_0=\dfrac{Q}{\sqrt{i}}$

217

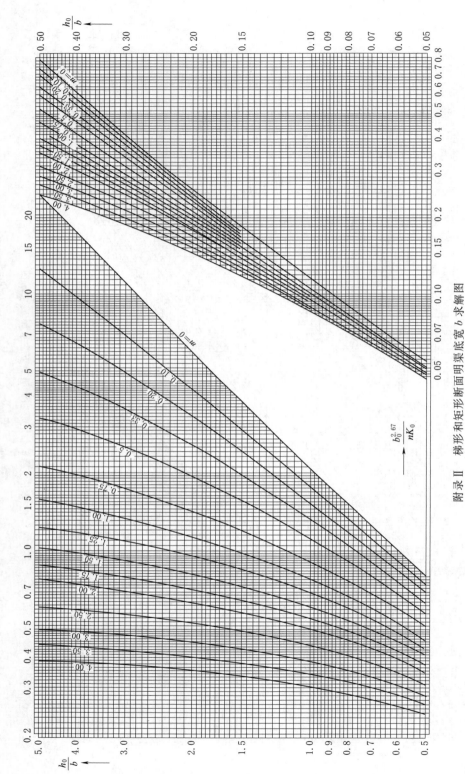

附录 Ⅱ 梯形和矩形断面明渠底宽 b 求解图

b—底宽；n—粗糙系数、糙率；K—流量模数；m—边坡系数；h_0—正常水深；长度均以 m 计；$C=\dfrac{1}{n}R^{\frac{1}{6}}$；$K_0=\dfrac{Q}{\sqrt{i}}$

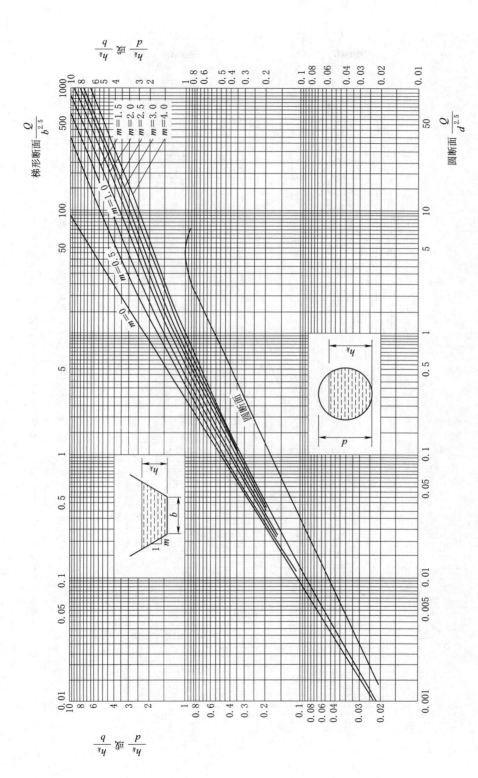

附录Ⅲ　梯形、矩形和圆形断面渠道临界水深 h_k 求解图（尺寸以 m 计，流量以 m^3/s 计）

b—底宽；m—边坡系数；d—圆形断面直径；h_k—临界水深；Q—流量

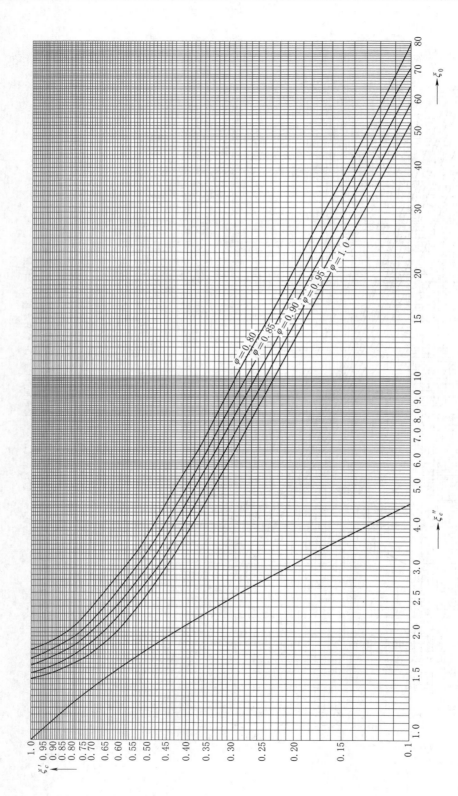

附录Ⅳ　建筑物下游河槽为矩形断面时收缩断面水深 h_c' 及其共轭水深 h_c'' 求解图

h_k—收缩断面临界水深；h_c'—收缩断面水深；h_c''—收缩断面共轭水深；水深均以 m 计；$\xi_c' = \dfrac{h_c'}{h_k}$；$\xi_c'' = \dfrac{h_c''}{h_k}$；$h_k = \sqrt[3]{\dfrac{q^2}{g}}$

参 考 文 献

［1］ 吴持恭 . 水力学［M］.3 版 . 北京：高等教育出版社，2003.
［2］ 清华大学水力学教研组 . 水力学［M］. 北京：高等教育出版社，1996.
［3］ 夏震寰 . 现代水力学［M］. 北京：高等教育出版社，1990.
［4］ 刘纯义，张耀先 . 水力学［M］. 北京：中国水利水电出版社，2001.
［5］ 刘纯义，熊宜福 . 水力学［M］. 北京：中国水利水电出版社，2005.
［6］ 徐正凡 . 水力学［M］. 北京：高等教育出版社，1986.
［7］ 李国庆 . 水力学［M］. 第二版 . 北京：中国广播电视大学出版社，2006.
［8］ 许荫椿，胡德保，薛朝阳 . 水力学［M］. 北京：科学出版社，1990.
［9］ 大连工学院水力学教研室 . 水力学［M］. 北京：高等教育出版社，1985.
［10］ 李序量 . 水力学［M］.3 版 . 北京：中国水利水电出版社，1999.
［11］ 孙道宗 . 水力学［M］. 北京：水利电力出版社，1992.
［12］ 刘润生，何建京，王忖，等 . 水力学［M］.2 版 . 南京：河海大学出版社，2007.
［13］ 武汉水利电力学院 . 水力学［M］. 北京：水利电力出版社，1990.
［14］ 张耀先，丁新求 . 水力学［M］. 郑州：黄河水利出版社，2002.
［15］ 刘智均 . 水力学［M］. 北京：水利电力出版社，1993.
［16］ 罗全胜，张耀先 . 水力计算［M］. 北京：水利电力出版社，2001.
［17］ 郑文康，刘翰湘 . 水力学［M］. 北京：水利电力出版社，1991.
［18］ 李大美，杨小亭 . 水力学［M］. 武汉：武汉大学出版社，2004.
［19］ 邓小玲 . 水力学［M］. 北京：科学出版社，2005.
［20］ 者建伦，张春娟，余金凤 . 工程水力学［M］. 郑州：黄河水利出版社，2009.
［21］ 罗全胜，王勤香 . 水力分析与计算［M］. 郑州：黄河水利出版社，2011.
［22］ 陈明杰，潘孝兵 . 水力分析与计算［M］. 北京：中国水利水电出版社，2010.
［23］ 武汉水利电力学院水力学教研室 . 水力计算手册［M］. 北京：水利电力出版社，1983.
［24］ 华东水利学院 . 水工设计手册（泄水与过坝建筑物）［M］. 北京：科学出版社，1984.
［25］ 华东水利学院 . 水工设计手册 . 第一卷［M］. 北京：水利电力出版社，1987.
［26］ 左东启主编 . 中国水利百科全书 . 水力学、河流及海岸动力学分册［M］. 北京：中国水利水电出版社，2004.
［27］ 南京水利科学研究院，水利水电科学研究院 . 水工模型试验［M］.2 版 . 北京：水利电力出版社，1984.
［28］ 冯广志 . 水利技术标准汇编（灌溉排水卷）［G］. 北京：中国水利水电出版社，2002.
［29］ 刘雅鸣 . 水利技术标准汇编（水文卷）［G］. 北京：中国水利水电出版社，2002.
［30］ 吴季松，冯广志 . 水利技术标准汇编（供水节水卷）［G］. 北京：中国水利水电出版社，2002.
［31］ 江苏省水利勘测设计院 . SL 265—2001 水闸设计规范［S］. 北京：中国水利水电出版社，2001.
［32］ 水利部天津水利水电勘测设计研究院 . SL 253—2000 溢洪道设计规范［S］. 北京：中国水利水电出版社，2000.
［33］ 丁新求 . 水力学习题集［M］. 北京：中国水利水电出版社，1995.